人工智能技术应用核心课程系列教材

数据标注工程

——概念、方法、工具与案例

聂　明　齐红威　主　编

电子工业出版社

Publishing House of Electronics Industry

北京·BEIJING

内 容 简 介

本书是人工智能技术应用核心课程系列教材之一，通过对人工智能数据标注的概念、方法、工具与案例的系统介绍，结合对图像、视频、语音、文本和3D点云等类别数据的具体标注案例的分析与操作，使初学者可以快速掌握数据标注的基础知识和常用方法，使从业者在提升数据标注技术水平的同时，掌握工程化数据标注的项目组织、管理和质量控制的技术与方法。

本书适合作为高校人工智能相关专业的教材，也可供人工智能、机器学习与深度学习爱好者阅读，还可作为人工智能改造升级项目的规划与实施者、人工智能数据服务从业者以及数据标注技术工程管理人员阅读和参考。

图书在版编目（CIP）数据

数据标注工程：概念、方法、工具与案例 / 聂明，齐红威主编. —北京：电子工业出版社，2021.1
ISBN 978-7-121-28634-6

Ⅰ. ①数… Ⅱ. ①聂… ②齐… Ⅲ. ①数据处理－高等学校－教材 Ⅳ. ①TP274

中国版本图书馆 CIP 数据核字（2021）第 011925 号

责任编辑：程超群
印　　刷：涿州市京南印刷厂
装　　订：涿州市京南印刷厂
出版发行：电子工业出版社
　　　　　北京市海淀区万寿路 173 信箱　邮编 100036
开　　本：787×1 092　1/16　印张：18.5　字数：474 千字
版　　次：2021 年 1 月第 1 版
印　　次：2024 年 12 月第 12 次印刷
定　　价：59.00 元

凡所购买电子工业出版社图书有缺损问题，请向购买书店调换。若书店售缺，请与本社发行部联系，联系及邮购电话：（010）88254888，88258888。

质量投诉请发邮件至 zlts@phei.com.cn，盗版侵权举报请发邮件至 dbqq@phei.com.cn。

本书咨询联系方式：（010）88254577，ccq@phei.com.cn。

"人工智能技术应用核心课程系列教材"
丛书编委会

推荐序

1947 年，艾伦·图灵在其技术报告《智能计算机器》中首次提出了机器智能的基本框架；1950 年，在他发表的《计算机器与智能》论文中，提出了著名的图灵测试——如果一台机器能够与人类展开对话，而不被辨别出其机器身份，那么就称这台机器具有智能。1956 年，约翰·麦卡锡、马文·闵斯基、克劳德·香农、艾伦·纽厄尔、赫伯特·西蒙等科学家齐聚达特茅斯学院，讨论"用机器来模仿人类学习以及其他方面的智能"，宣告了"人工智能"的诞生。

达特茅斯会议之后，大批人工智能领域专家及研发成果相继涌现。

20 世纪 50—80 年代，属于人工智能的"逻辑推理"时代：1962 年，IBM 的阿瑟·萨缪尔开发出西洋跳棋程序，战胜了一位盲人下棋高手；1966 年，麻省理工学院的约瑟夫·魏泽堡打造出史上第一个聊天机器人"Eliza"，它能理解简单的自然语言，并产生类似人类的互动；之后陆续出现知识工程、专家系统……

20 世纪 80—90 年代，是人工智能的"计算智能"时代：1982 年，约翰·霍普菲尔德提出了连续和离散的 Hopfield 神经网络模型（HNN），能解决一大类模式识别问题，还能给出一类组合优化问题的近似解，还有多层神经网络及其 BP 算法，直到今天的深度网络、对抗网络、图网络……

进入 21 世纪，人工智能再一次迎来大繁荣，智能翻译、智能客服、人脸识别、智能音箱、互联网娱乐、无人机、智能机器人、自动驾驶……大量的创新成果层出不穷。人工智能繁荣背后的机理，既有分布式计算大幅度提升算力的原因，也有多层神经网络模型深度学习技术不断成熟的原因，还有大规模数据采集、存储、处理水平大幅提高的原因。可以说，算力、算法、数据、场景是人工智能得以兴起的四大核心要素，尤其是数据的价值和作用不容忽视。

长期以来，高性能智能芯片、高可靠智能算法及系统都是人工智能前台的闪耀明星，而高质量数据则是默默无闻的幕后英雄。社会对人工智能产业的数据环节关注太少，吸引优秀人才团队从业服务的更少，优秀人才团队编写的人工智能数据服务类高质量教材更是少之又少，本书恰恰是众多"少"中的典型代表。本书以一线企业的实际项目为基础，系统介绍人工智能图像、视频、语音、文本、3D 点云等几大类别数据标注的不同方法和典型案例，深入分析工程化数据标注的组织管理、质量控制、进度管理、系统平台等具体实践，对于人工智能的爱好者、专业教师、学生和从业人员均具有一定的参考与指导作用。

这是一部业界迫切需要的、富含实践指导意义的专业教材。相信在有关教师的细致教学下，在各位同学、读者的认真学习下，人工智能数据服务行业将涌现一大批专业数据工程师；更相信在人工智能理论、算法、算力、数据、系统等各环节同志们的共同努力下，人工智能产业会在助力社会发展上发挥越来越大的作用。

王飞跃
中国科学院自动化研究所研究员、博士生导师
复杂系统管理与控制国家重点实验室主任

PREFACE 前言

当前，以人工智能、量子信息、基因工程等技术为代表的第四次科技革命正在悄然地改变着世界。从全球范围看，人工智能既是推动世界发展的重要技术，也是国际竞争的主战场之一，甚至关系着国家发展的前途和命运。历史上的每一次科技革命都是通过技术突破激起创新热潮，进而推进生产力变革。面对这一历史机遇，世界主要国家和经济体都加强了对人工智能的战略部署：美国、英国注重人工智能的基础研究；日本、德国则偏向从应用方面促进人工智能的发展；我国提出人工智能是新一轮科技革命和产业变革的重要驱动力量，加快发展新一代人工智能是事关我国能否抓住新一轮科技革命和产业变革机遇的战略问题，通过一系列的规划与激励，快速推进人工智能、5G 网络、数据中心等新型基础设施的建设进度。

人工智能经过六十多年的发展，随着 2016 年谷歌 AlphaGo 战胜人类围棋顶尖选手，以及深度学习在图像识别、自然语言处理、计算机视觉、智慧语音、智能商业、自动驾驶、智慧医疗等领域取得突破性成绩，人工智能多种专项技术的工程化、实用化的黄金时代到来了，人工智能产业迎来了蓬勃发展的朝阳时代。纵观人工智能技术的发展与当前应用系统的落地情况，算法、算力是其支撑，而数据已经成为其生命线，原因是数据规模越大、数据质量越好，算法模型越智能、应用系统越实用。早在 20 世纪 80 年代就已经出现神经网络算法，2006年又进一步出现了深度学习算法，但是整个发展和应用过程由于没有足够数据的支持而进展缓慢、艰难。近年来，由于有效支持人工智能算法模型训练的高质量、大规模的数据集及算力问题的有效解决，人工智能技术的应用率先在互联网场景爆发，催生了旷视、商汤、抖音、云知声、字节跳动等一大批细分行业的独角兽企业。近期，金融、保险、电力、汽车、交通、制造、医疗等许多传统行业也逐渐成为人工智能技术应用的主战场。艾瑞咨询的研究报告提出，到 2025 年我国人工智能核心产业规模将超过 4000 亿元，带动相关产业规模超过 5 万亿元。未来人工智能数据服务行业的市场需求和潜力巨大。

早期人工智能数据服务的领域仅限语音识别、人脸检测等简单场景，如今已经延伸到语音控制、人脸解锁、互联网"瘦脸/变音"、跨年龄段人脸识别、化妆前后人脸比对等复杂应用场景，并进一步延伸到智慧金融/保险、智能家居、智慧交通、智慧医疗、智慧城市、动物识别、智能制造等繁多复杂的行业应用场景。回顾人工智能数据服务的发展历程，2010 年前后仅仅是"阳春白雪"的态势，如今已经是"热闹非凡"。有业内人士评估，我国全职的人工智能数据采集、标注从业人员已达到十万人以上，兼职人员的规模更是达到百万级别。回顾人工智能数据的生产方式，从早期的"人拉肩扛"的全手工模式，到如今已经逐步出现了专业化的采集平台、标注工具、柔性化的数据生产系统等工程化模式，产生了无监督冷启动标注技术、弱监督预标注技术和少监督精标注技术，实现了数据、项目、人员、绩效、质量等工程化管理，甚至有业内龙头企业已经具备了标注工具的柔性化配置生成技术，使得通用标柱工具的开发周期由 5 个工作日减少至 30 分钟，开发周期大为缩短。

2020 年 2 月，人力资源和社会保障部办公厅牵头发布《智能制造工程技术人员等职业信息》，正式提出了"人工智能训练师"这一新职业信息，该职业包含了数据标注员、数据采集员等新职位。调查发现，经历过专业系统学习、培训实践、考核认证的数据采集标注人才十分缺乏，未来 5~10 年的缺口将高达百万人。为了填补上述人才缺口，已经有部分高职院校启动了人工智能数据标注相关的人才培养工作。例如，南京信息职业技术学院人工智能学院的教学团队已经建设了"工程化数据标注实训室"，开设了"工程化数据标注技术"新课程，启动了"人工智能数据工程"新专业的可行性研究与开发建设等工作。但是多方反馈，人工智能数据标注对学校及教师而言仍是一个较为新鲜的事物，既缺乏数据标注的项目实践、案例，也缺乏数据标注的实训平台、工程样板。同时，能够充分满足教学需求的数据标注相关教材也不多见。

基于上述原因，从 2018 年开始，多位具有丰富教学经验和工程经验的教师与工程师组成编写创作团队，立足人工智能数据标注的教学特点及产业需求，以国内人工智能数据服务领军企业一线的理论认识、技术方法、项目案例、管理经验等为基础，精心组织编写了这本教材。

全书共 12 章。第 1 章和第 2 章从基础概念入手，介绍人工智能、数据标注的基本概念、工具与方法；第 3 章~第 7 章系统阐述图像数据、视频数据、语音数据、文本数据、3D 点云数据的不同标注方法和典型案例；第 8 章~第 11 章系统分析工程化数据标注的组织管理、质量控制、进度管理，以及系统平台的原理、方法、功能与实践案例；第 12 章探讨了人工智能数据标注的发展趋势；附录分享了典型的数据产品、相关学习资源以及人工智能的产业生态与技术图谱。本书通过将数据标注的理论、方法、案例有机融合，使初学者可以快速掌握数据标注的基础知识、概念与方法，使从业者在提升数据标注技术水平的同时，学到工程化数据标注的项目组织、管理和质量控制的技术与方法。

本书由长期从事教学与行业实践一线工作的聂明教授和齐红威博士担任主编，刘青青、王大亮、何鸿凌、丰强泽、王伟旗、王辉、孙岩、霍广超、刘博、霍轩、郝晨光、郎倩华、赵文化、唐玉凤、梁艳明、沈杰、徐德雄、栗全峰、高禹、姚会文、王丽媛、刘海香、姜大利、马晓倩、安博文、闫华、马鸣宇、宋伟伟等专业工程师协同参与了内容组织，对相关编者的用心思考、细心撰写、精心组织等工作表示由衷的感谢。另外，本书参考、借鉴了一些专著、教材、论文、报告和网络上的成果、素材、结论或图文，受篇幅限制没有在参考文献中一一列出，在此一并向原创作者表示衷心感谢。同时，感谢"人工智能技术应用核心课程系列教材"编委会各位专家、学者的指导！

期望本书的出版能够为计算机与人工智能类相关专业的教师、学生和相关工程技术人员了解人工智能数据服务行业、学习工程化数据标注技术起到参考和指导作用，也期望本书能够为全国高职院校开设"人工智能数据标注"新课程、进一步开发"人工智能数据工程"新专业起到引导和推动作用。

由于时间仓促，加之编者水平有限，书中考虑不全面、描写不准确之处在所难免，恳请广大读者、专家、老师和社会各界朋友批评指正！

编者联系邮箱：427723799@qq.com

编　者

2020 年 12 月

CONTENTS 目录

人工智能（Artificial Intelligence，AI）自诞生至今，已经超过半个世纪之久，目前人工智能尚处于从弱人工智能向强人工智能进阶的时期，但已影响到人类经济、社会的方方面面。人工智能已经成为引领新一轮科技革命和产业变革的重要驱动力，正深刻改变着人们的生产、生活与学习方式，推动人类社会迎来人机协同、跨界融合、共创分享的智能时代。人工智能将成为影响人类发展、社会进步、国家竞争力的重要技术。算法、数据和算力是人工智能时代前进的"三驾马车"，也是人工智能的核心驱动力和生产力。本章通过研究人工智能与5G、云计算、大数据、物联网的关系，构建重点技术的数据桥梁。

1.1 人工智能发展概况

迄今为止，国外人工智能技术研究及应用发展经历了三次"浪潮"和两次"寒冬"。人工智能发展史表明，人工智能发展浪潮容易遭遇技术瓶颈制约，以致商业化应用难以落地，最终陷入发展的寒冬。人工智能在我国的发展历程则主要从20世纪70年代末期起步，蓬勃发展于21世纪初，并已上升到国家战略层面。

1.1.1 人工智能的发展历程

1. 国外人工智能发展历程

（1）第一波"浪潮"与"寒冬"——"逻辑推理"时代。

①20世纪50年代：人工智能技术研究起源。1951年，普林斯顿大学数学系研究生马文·明斯基建立神经网络机器SNARC（Stochastic Neural Analog Reinforcement Calculator）；艾伦·图灵提出了"图灵测试"，认为如果一台机器能够与人类开展对话而不能被辨别出机器身份，那么这台机器就具有智能；1956年，在由约翰·麦卡锡等人组织举行的达特茅斯会议上，"人工智能"的概念被正式提出，成为公认的人工智能起源。

②1956年—1973年：人工智能技术获得了长足的发展。这一时期的标志性成就有西蒙（Herbert Simon）提出的物理符号系统，萨缪尔编写的西洋跳棋程序及主要算法发明，IBM跳棋程序研制成功，罗素《数学原理》中所有定理被证明，第一个能够与人互动的聊天机器人ELIZA诞生，带有视觉传感器并能够抓取积木的移动机器人Shakey的发布等系列成果，将人工智能推上了一个高峰。在此期间，尚不成熟的人工智能技术被广泛应用于数学和自然语言识别领域，以解决代数、几何证明和语言识别分析等问题。

③1974 年—1980 年：人工智能技术遭遇第一次"寒冬"。由于逻辑证明器、感知器和增强学习等工具被证实只能完成简单任务，一些重要数学模型被发现存在缺陷，人工智能不足以解决任何实际的问题，人工智能技术受到了社会舆论的普遍质疑，大量研究资金被撤走。

（2）第二波"浪潮"与"寒冬"——"知识工程"时代。

①20 世纪 80 年代："专家系统"的兴起使得人工智能再次被关注。日本经济产业省拨款 8.5 亿美元研发第五代计算机项目，预期实现与人对话、翻译语言、解释图像、具有推理能力的功能。神经网络模型也开始有所突破，霍普菲尔德（John Hopfield）提出了连续和离散的 Hopfield 神经网络模型，人工智能再次进入繁荣时代。

②1987 年：人工智能遭遇其发展史上的第二次"寒冬"。由于专家系统仅局限于某些特定场景，后期维护费用也比较高，现代 PC 的研发成功对专家系统所使用的 Symbolics（美国早期某计算机制造与服务商）和 Lisp（美国早期某程序开发语言）等产生了巨大的替代效应。同时，神经网络的设计一直缺少相应严格的数学理论支持，无法对前层进行有效的学习，软件发展遇到障碍。日本的第五代计算机项目宣告失败；美国国防高级研究计划局（DARPA）认为人工智能并非下一个浪潮，降低了对人工智能领域的研究经费支持，人工智能进入第二次低谷。

（3）第三波"浪潮"——"数据挖掘"时代。

①21 世纪初期延续至今：人工智能技术应用的第三次浪潮。1997 年，IBM 深蓝战胜了国际象棋冠军卡斯帕罗夫；2006 年，杰弗里·辛顿（Geoffrey Hinton）等人提出深度学习算法，大数据的兴起引发了深度学习的广泛应用；2009 年，洛桑瑞士联邦理工学院牵头的"蓝脑计划"成功用计算机模拟鼠脑的部分神经网络；2011 年，IBM 创造的超级电脑"沃森"与人类选手共同参加智力问答节目"危险边缘"获得冠军；2016 年，谷歌旗下 DeepMind 公司开发的阿尔法狗（AlphaGo）战胜人类顶尖围棋选手；2017 年，美、中等国相继发布人工智能发展战略规划。人工智能技术应用的第三次浪潮兴起。

②第三波人工智能"浪潮"兴起缘由：数据、算力和算法的突破性增长。21 世纪以来，计算机、互联网和物联网等技术的发展，为人工智能的再次繁荣奠定了基础。算力的问题被分布式计算方式所解决；而基于多层神经网络模型的深度学习技术不断成熟，算法层面也不断获得突破；大数据分析技术发展，机器采集、存储、处理数据的水平有了大幅提高。人工智能行业龙头企业围绕数据建设行业开放创新平台，聚集了一大批研发和应用企业，生态圈开始繁荣。

2．中国人工智能发展历程

（1）起步阶段：20 世纪 70 年代末—20 世纪末。

①1978 年，吴文俊提出的利用机器证明与发现几何定理的新方法——《几何定理机器证明》，获得 1978 年全国科学大会重大科技成果奖。

②20 世纪 80 年代初期，钱学森等主张开展人工智能研究；1981 年 9 月，中国人工智能学会（CAAI）在长沙成立；1984 年 1 月和 2 月，邓小平分别在深圳和上海观看儿童与计算机下棋时，指示"计算机普及要从娃娃抓起"。此后，中国的人工智能开始走上比较正常的发展道路。

（2）蓬勃发展阶段：21 世纪第一个 10 年。

①进入 21 世纪后，更多的人工智能和智能系统研究，与中国国民经济和科技发展的重大

需求相结合，以课题项目形式获得各种国家基金计划支持。

②大量代表性的研究项目纷纷确立，如视觉与听觉的认知计算、面向 Agent 的智能计算机系统、中文智能搜索引擎关键技术、智能化农业专家系统、虹膜识别、语音识别、人工心理与人工情感、基于仿人机器人的人机交互与合作、工程建设中的智能辅助决策系统、未知环境中移动机器人导航与控制等。

（3）全面推进阶段：21 世纪第二个 10 年。

①2014 年 6 月 9 日，习近平总书记在中国科学院第十七次院士大会、中国工程院第十二次院士大会开幕式上发表重要讲话时强调："由于大数据、云计算、移动互联网等新一代信息技术同机器人技术相互融合步伐加快，3D 打印、人工智能迅猛发展，制造机器人的软硬件技术日趋成熟，成本不断降低，性能不断提升，军用无人机、自动驾驶汽车、家政服务机器人已经成为现实，有的人工智能机器人已具有相当程度的自主思维和学习能力。国际上有舆论认为，机器人是'制造业皇冠顶端的明珠'，其研发、制造、应用是衡量一个国家科技创新和高端制造业水平的重要标志。机器人主要制造商和国家纷纷加紧布局，抢占技术和市场制高点。看到这里，我就在想，我国将成为机器人的最大市场，但我们的技术和制造能力能不能应对这场竞争？我们不仅要把我国机器人水平提高上去，而且要尽可能多地占领市场。"

②2016 年 3 月，工业和信息化部、国家发展改革委、财政部三部委联合印发《机器人产业发展规划（2016—2020 年）》，描绘了"十三五"期间中国机器人产业发展的蓝图。其中，智能生产、智能物流、智能工业机器人、人机协作机器人、消防救援机器人、手术机器人、智能型公共服务机器人、智能护理机器人等，都需要采用各种人工智能技术。

③2017—2019 年，"人工智能"连续三年出现在政府工作报告中。

④我们国家对人工智能和相关智能技术的高度评价，既是对国际大势的深刻判断，也是对国内发展需求的深刻认知；将人工智能发展落实到国家战略并由政府推动是中国人工智能科技与产业健康发展之源；引导大量的财力、智力资源不断地投入人工智能领域，推动着我国的人工智能产业阔步前进。其成果也极其显著：全球人工智能创业公司融资额方面，2019 年达到了创纪录的 374 亿美元，中国融资总额达 166 亿美元，占比将近 44.4%；全球人工智能活跃企业数 5386 家，中国有 1189 家，占比将近 20%；2008—2019 年，全球人工智能专利数量为 448684 项，中国有 66508 项，占比达 14.8%；全球人工智能产业规模为数千亿人民币，中国人工智能产业规模约为 570 亿人民币。

1.1.2　人工智能的影响力

人工智能是通过赋予机器感知和模拟人类思维的能力，使机器达到甚至超越人类的智能，是对人类智能及其生理构造的模拟。人工智能是目标导向，而非指代特定技术，是机器在某方面具备相当于人类的智能，达到此目标即可称为人工智能，具体技术路线则可能多种多样。在过去 10 年里，作为此轮科技革命技术核心的（移动）互联网、大数据、云计算、3G/4G/5G 通信等新一代信息技术快速迭代并实现大规模的商业化应用，使数据信息在生产、存储、处理、分析、传输等不同环节发生全方位、革命性变化。人工智能带动了经济的高速发展，同时也给经济、文化、社会等带来各种不确定性和全新挑战。

1．人工智能发展对经济的影响

（1）人工智能促进宏观经济高质量增长。2017 年 6 月，国际咨询服务机构普华永道发布的《抓住机遇——2017 夏季达沃斯论坛报告》预测，到 2030 年，人工智能对世界经济的贡献将达到 15.7 万亿美元，中国（预计 GDP 增长 26%）和北美（预计 GDP 增长 14.5%）有望成为最大受益者，总获益相当于 10.7 万亿美元。2018 年 9 月，麦肯锡全球研究发布的《前沿笔记：用模型分析人工智能对世界经济的影响》报告认为，人工智能将显著提高全球整体生产力。除去竞争影响和转型成本因素，到 2030 年，人工智能可能为全球额外贡献 13 万亿美元的 GDP 增长，平均每年推动 GDP 增长约 1.2%。报告还指出，占据人工智能领导地位的国家和地区（以发达经济体为主）可以在目前基础上获得 20%~25%的经济增长，而新兴经济体可能只有这一比例的一半。根据 2017 年 7 月国务院印发的《新一代人工智能发展规划》三步走战略目标，2020 年中国人工智能核心产业规模将超过 1500 亿元，带动相关产业规模超过 1 万亿元；2025 年核心产业规模超过 4000 亿元，带动相关产业规模超过 5 万亿元；2030 年核心产业规模超过 1 万亿元，带动相关产业规模超过 10 万亿元，发展空间巨大。

（2）人工智能可能改变全球产业链。以工业机器人、智能制造等为代表的"新工业化"将吸引制造业"回流"发达经济体，冲击发展中国家人力资源等比较优势，使许多发展中国家提前"去工业化"或永久性失去工业化的机会，被锁定在资源供应国的位置上。

（3）人工智能带来就业结构性变化。人工智能的开发和应用需要大量资金和高科技，且有可能导致就业结构变革，使得高重复性、低技术含量的工作逐渐消失。麦肯锡在 2017 年的另外一份报告中，根据对 46 个国家和 800 种职业进行的研究做出预测，到 2030 年，全球将可能有多达 8 亿人会失去工作，取而代之的是自动化机器人。但是同时，人工智能技术的广泛应用也将增加对这方面的专业人才的需求。

2．人工智能发展对社会的影响

（1）推动形成不同的技术社会形态。技术是划分社会发展阶段的重要依据。工业革命将机器引入生产过程，大幅度提高了生产力，颠覆了农业社会的生产关系；信息社会中，信息、知识成为重要的生产力要素。在技术变革的影响下，人与人的关系、人与自然的关系、人与机器的关系，乃至人本身，都在发生变化。

（2）技术变革引起社会结构重构。技术变革引起技术、经济和社会关系不断变化。究其根本原因，是新技术的出现使一部分人受益，而另一部分人受损。以人工智能发展为例，未来以是否能够掌握人工智能技术、享受人工智能红利为界，社会群体可能被分化为"人工智能"和"非人工智能"两个层面，并对个人的发展、财富的分配起到相当大的作用。人工智能技术的差距也可能拉开"人工智能"和"非人工智能"不同群体之间的差距。

（3）人工智能对法律的影响。人工智能的发展和应用带来的法律问题主要体现在：计算机技术要求有新的法律分析、解释和理论，因为计算机智能与人的智慧有区别。人工智能的作用就像专家一样，使计算机像人一样思考。如果机器能同人一样思考和推理，则需要找到一种方法解决机器行为的结果，以及处理人与机器相互作用、相互影响的结果。

3．人工智能发展对文化的影响

在人工智能应用背景下，人们的文化生活发生一定的转变。例如，一些问题、知识、新闻、学习课程等，人们能通过计算机与手机客户端，不用打字，仅仅通过"说话"，计算机或手机客户端便能呈现人们想要的内容。智能化改变着人们的文化生活，良好的交互性使人们的生活更加方便。

能更多地接触人工智能机器，如扫地机器人、物流智能分拣机器人、智能家居等将出现在人们的日常生活中，人们的生活方式、思维方式与观念不断转变，生活方式更智能化，思维方式更灵活、多元化。最终在人工智能影响下，越来越多的人产生重视灵活、快捷、现代生活方式的观念。人们的文化生活将发生巨大的转变。

4. 人工智能发展对政府部门的影响

人工智能对政府部门及工作的影响是多方面的。从宏观整体来看，人工智能中的"大数据"打破政府部门间的行政数据壁垒，便于准确掌握相关决策信息，更好地研判经济社会发展态势，提高政府决策质量。从不同的业务主管部门来看，人工智能在教育、医疗、养老、环境保护、城市运行、司法服务等领域广泛应用，极大提高公共服务精准化水平，帮助全面提升民众生活品质，也能为广大民众参与政府部门沟通和对接提供便捷通道。

1.1.3　人工智能的国际竞争

人工智能是战略性技术和新一轮产业变革的核心驱动力。

面对人工智能的全球竞争，世界上主要发达国家和经济体，都加强了对人工智能的战略安排、顶层设计和系统协调。总体而言，美国、英国注重人工智能的基础研究，日本、德国偏向从应用方面促进人工智能的发展。

1. 美国视人工智能为巩固其全球霸主地位的重要筹码

2016 年底，美国白宫密集发布了 3 份关于人工智能的重要报告——《为人工智能的未来做好准备》、《国家人工智能研究与发展战略规划》和《人工智能、自动化及经济》，旨在促进政府、企业、高校和科研院所在人工智能领域的分工协同。政府率先行动，一是要将人工智能技术有效整合进政府的业务中，期望打造一个更有效的政府；二是服务民众福祉，鉴于人工智能技术的巨大潜力，拟在智慧城市、身心健康、社会福利、刑事司法、环境、弱势群体等领域应用人工智能技术，帮助人民改善生活。

美国政府认为，人工智能的发展重点和突破口在于开启人类与人工智能系统之间的有效交互。人工智能系统并不是要取代人类，而是要与人协作实现最优性能，以往人工智能发展中最重要的空白是推动该领域造福于公众。为此，美国政府做出了系列具体部署，包括为具有人类意识的人工智能寻求新算法；开发人类技能增强型人工智能技术；开发可视化和人工智能—人类界面技术；开发更有效的语言处理系统。

美国认为，用于训练的数据集等资源的深度、质量及准确性会对人工智能性能产生重大影响。政府率先构建优质的数据集和环境，并向公众开放，充分保护公众免受数据安全伤害，保证经济竞争的公平性。

2. 日本以"工程化"措施推进人工智能研发

日本文部科学省《科学技术白皮书（2016 年版）》提出了与美国不同的人工智能发展模式，主要是建立国家级技术创新平台，并集成有关资源，打造有利于产业发展的应用环境、市场基础和新兴协作商业模式等。日本积极谋划建设以人工智能为核心的日本超智能社会，并在《第 5 期科学技术基本计划（2016—2020）》中明确提出，要实现"超智能社会"。2017年，日本编制出台"人工智能研究开发目标和产业化路线图"。

建设国家级人工智能平台成为日本政府近两年的主要任务，将理化学研究所、产业技术综合研究所确定为日本的人工智能研究基地，并设立前端集成智能平台项目，开展"产学官"

合作方式。日本政府认为，人工智能在应用之际，必须在短期内进行技术开发和转化，研究与应用要密切结合，因此需要工程化部门与研究开发部门密切配合。

在数据支撑方面，研究机构基于不同的目的需求开展数据收集，并进行累积和储备。例如，日本汽车研究所制作的自动驾驶图像识别数据等，到事业运行阶段再将数据移交给企业。

3. 德国将人工智能定位于工业 4.0 核心环节

德国一直重视自动化、智能化及人工智能在传统产业中的应用，政府把人工智能作为"工业 4.0"战略的核心环节，系统部署开展人工智能研究。

德国人工智能研究中心（DFKI）是德国顶级的人工智能研究机构，也是目前世界上最大的非营利人工智能研究机构之一，其股东为包括 Google、Intel、微软、宝马、SAP、Airbus 在内的全球前十的顶级科技企业。DFKI 研究方向覆盖人工智能的主要产业方向，包括大数据分析、知识管理、画面处理和理解以及自然语言处理、人机交互、机器人。

德国政府认为，工业 4.0 的最终核心是人工智能，发展人工智能就是发展工业 4.0，重点包括三个主题：第一是智能工厂，第二是智能生产，第三是智能物流。德国围绕智能网络制造、信息通信技术、智能技术系统、生产自动化等相关主题，资助企业与高校、科研机构合作开展了一系列研发和创新项目。

德国联邦政府于 2018 年 7 月通过了《联邦政府人工智能战略要点》文件，旨在推动德国人工智能研发和应用达到全球领先水平。文件提出，德国应实现以下目标：为人工智能相关重点领域的研发和创新转化提供资助；优先为德国人工智能领域专家提高经济收益；同法国合作建设的人工智能竞争力中心要尽快完成并实现互联互通；设置专业门类的竞争力中心；加强人工智能基础设施建设等。

4. 英国积极而审慎发展人工智能技术

英国政界对发展人工智能持着谨慎的态度，进行了大范围的问询和调研，认为一方面要大力发展人工智能，另一方面也要考虑人工智能可能带来的负面影响。英国政府将人工智能技术列为最重要的八大技术之一，发布了《人工智能 2020 国家战略》《英国机器人及人工智能发展路线图》，引导国内产学研的意见。民间资本在政府引导下，加大对该领域的投入，促进了人工智能初创企业的孵化和阶段科研的转化。

5. 中国将发展人工智能上升为国家战略

2017 年 7 月国务院印发《新一代人工智能发展规划》，提出将新一代人工智能发展分三步走的战略目标，到 2030 年使中国人工智能理论、技术与应用总体达到世界领先水平，成为世界主要人工智能创新中心。

"三步走"战略目标的具体内容是：

第一步，到 2020 年人工智能总体技术和应用与世界先进水平同步，人工智能产业成为新的重要经济增长点，人工智能技术应用成为改善民生的新途径，有力支撑进入创新型国家行列和实现全面建成小康社会的奋斗目标。

第二步，到 2025 年人工智能基础理论实现重大突破，部分技术与应用达到世界领先水平，人工智能成为带动我国产业升级和经济转型的主要动力，智能社会建设取得积极进展。

第三步，到 2030 年人工智能理论、技术与应用总体达到世界领先水平，成为世界主要人工智能创新中心，智能经济、智能社会取得明显成效，为跻身创新型国家前列和经济强国奠定重要基础。

1.2　人工智能的典型技术

人工智能的典型技术主要包括机器学习、深度学习、计算机视觉、知识工程、自然语言处理、语音识别、计算机图形学、多媒体技术、人机交互技术、机器人、数据库技术、可视化、数据挖掘、信息检索与推荐等。从发展历史看，经历了经典符号主义、简单神经网络、多层级文字分析、深度学习突破、图像分析突破、智适应突破、自然语言处理突破、GAN 神经形态技术、人类意识系统开发等，如图 1-1 所示。目前，语音合成、语音识别、自然语言处理、图像处理、3D 点云、多模态数据处理等技术在人工智能中较为活跃。

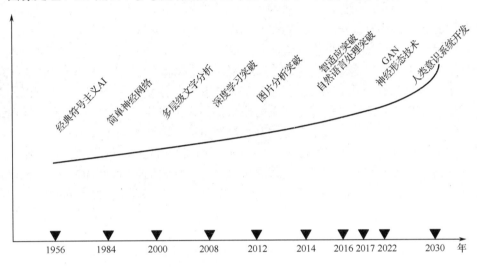

图 1-1　全球人工智能技术发展历史

1.2.1　人工智能技术的分类

从不同的视角，典型人工智能技术有多种不同的分类方式。

1. 按照人工智能技术发展阶段划分

从人工智能发展阶段来看，分为弱人工智能、强人工智能、超人工智能三个阶段，目前人工智能处于弱人工智能向强人工智能进阶时期，以解决具体领域、单个方面的人工智能技术为主。各个阶段的具体内涵如下：

（1）弱人工智能（Artificial Narrow Intelligence，ANI）是擅长于单个方面的人工智能，如战胜世界围棋冠军的人工智能 AlphaGo，它只会下围棋，如果你让它辨识一下猫和狗，它就不知道怎么做了。我们现在实现的几乎全是弱人工智能。牛津哲学家、知名人工智能思想家尼克·博斯特罗姆（Nick Bostrom）说：我们现在处于一个充满弱人工智能的世界。

（2）强人工智能（Artificial General Intelligence，AGI）是类似人类级别的人工智能。强人工智能是指在各方面都能和人类比肩的人工智能，人类能干的脑力活，它都能干。创造强人工智能比创造弱人工智能要难得多，我们现在还做不到。强人工智能的概念最初是由约翰·罗杰斯·希尔勒针对计算机和其他信息处理机器提出的，其定义为：强人工智能观点认为计算机不仅是用来研究人的思维的一种工具；相反，只要运行适当的程序，计算机本身就是有思维的。

（3）超人工智能（Artificial Super Intelligence，ASI）是指在几乎所有领域都比最聪明的人类大脑还要聪明很多的智能，包括科学创新、通识和社交技能等。超人工智能可以是各方面都比人类强点，也可以是各方面都比人类强无数倍。

2. 按照人工智能技术发展流派划分

从发展流派来看，近些年人工智能形成了以专家系统为代表的符号主义，以仿生机器人为代表的行为主义，以神经网络、机器学习、深度学习为代表的连接主义三大代表流派，其中，连接主义是目前的主流。各个发展流派的具体内涵如下：

（1）符号主义认为人工智能源于数理逻辑。数理逻辑从 19 世纪末起得以迅速发展，到 20 世纪 30 年代开始用于描述智能行为。计算机出现后，又在计算机上实现了逻辑演绎系统。其有代表性的成果为启发式程序 LT（Logic Theorist，逻辑理论家），它证明了 38 条数学定理，表明可以应用计算机研究人的思维方式，模拟人类智能活动。正是这些符号主义者，早在 1956 年首先采用"人工智能"这个术语。后来又发展了启发式算法→专家系统→知识工程理论与技术，并在 20 世纪 80 年代取得很大发展。符号主义曾长期一枝独秀，为人工智能的发展做出重要贡献，尤其是专家系统的成功开发与应用，为人工智能走向工程应用和实现理论联系实际具有特别重要的意义。在人工智能的其他流派出现之后，符号主义仍然是人工智能的主要流派。这个流派的代表人物有纽厄尔（Newell）、西蒙（Simon）和尼尔逊（Nilsson）等。

（2）行为主义认为人工智能源于控制论。控制论思想早在 20 世纪 40～50 年代就成为时代思潮的重要组成部分，影响了早期的人工智能工作者。维纳（Wiener）和麦卡洛克（McCulloch）等人提出的控制论和自组织系统以及钱学森等人提出的工程控制论和生物控制论，影响了许多领域。控制论把神经系统的工作原理与信息理论、控制理论、逻辑以及计算机联系起来。早期的研究工作重点是模拟人在控制过程中的智能行为和作用，如对自寻优、自适应、自镇定、自组织和自学习等控制论系统的研究，并进行"控制论动物"的研制。到了 20 世纪 60～70 年代，上述这些控制论系统的研究取得一定进展，播下智能控制和智能机器人的种子，并在 20 世纪 80 年代诞生了智能控制和智能机器人系统。行为主义是 20 世纪末才以人工智能新流派的面孔出现的，引起许多人的兴趣。这一流派的代表作品首推布鲁克斯（Brooks）的六足行走机器人，它被看作是新一代的"控制论动物"，是一个基于感知-动作模式模拟昆虫行为的控制系统。

（3）连接主义认为人工智能源于仿生学，特别是对人脑模型的研究。它的代表性成果是 1943 年由生理学家麦卡洛克（McCulloch）和数理逻辑学家皮茨（Pitts）创立的脑模型，即 MP 模型，开创了用电子装置模仿人脑结构和功能的新途径。它从神经元开始，进而研究神经网络模型和脑模型，开辟了人工智能的又一发展道路。20 世纪 60～70 年代，连接主义，尤其是对以感知机（Perceptron）为代表的脑模型的研究出现过热潮，由于受到当时的理论模型、生物原型和技术条件的限制，脑模型研究在 20 世纪 70 年代后期至 20 世纪 80 年代初期落入低潮。直到 Hopfield 教授在 1982 年和 1984 年发表两篇重要论文，提出用硬件模拟神经网络以后，连接主义才又重新抬头。1986 年，鲁梅尔哈特（Rumelhart）等人提出多层网络中的反向传播算法（BP 算法）。此后，连接主义势头大振，从模型到算法，从理论分析到工程实现，为神经网络计算机走向市场打下基础。现在，对人工神经网络（ANN）的研究热情仍然较高，但研究成果没有像预想的那样好。

3. 按照人工智能技术所需基础数据服务划分

自 2012 年深度学习在图像和语音方面产生重大突破后，到 2016 年 AlphaGo 的胜利再次引爆行业。时至今日，人工智能的商业化在中国得到了长足发展，同时也衍生出了一套完整的产业生态。

AI 产业生态可以分为基础层、技术层和应用层。

（1）基础层按照算力、数据和算法再次划分，对整体上层建筑起到支撑作用；

（2）技术层根据算法用途分为计算机视觉、智能语音、自然语言处理等，是 AI 最引人注目的环节；

（3）应用层则按照不同场景的需求定制开发专属服务，是 AI 真正赋能行业的方式。

目前人工智能商业化在算力、算法和技术方面基本达到阶段性成熟。想要普通落地解决行业具体痛点，需要大量经过标注处理的相关数据做算法训练支撑，可以说数据决定了 AI 的落地程度。

图像类、语音类、自然语言处理（NLP）类数据占比较大。艾瑞研究显示，2019 年中国 AI 基础数据服务行业市场规模可达 30.9 亿元，其中，图像类、语音类、自然语言处理类数据需求规模占比分别为 49.7%、39.1% 和 11.2%，语音合成、语音识别、自然语言处理、图像处理、视频处理等人工智能技术应用场景较多、较为典型。

4. 按照机器学习训练方法分类

从实现路径角度看，机器学习是主流，其中，监督学习下的深度学习是主要方式。机器学习按照训练方式的不同可分为使用人工标注分类标签训练的监督学习，无分类标签且自动聚类推断的无监督学习，使用少量人工标注+自动聚类的半监督学习，以及根据现实情况自动"试错+调整"的强化学习四类。而最著名的深度学习同样是机器学习的分支，但因为模型结构的不同而与上述训练方式不在一个区分范畴，深度学习在训练方式上均可与这四种方式发生重叠，如图 1-2 所示。

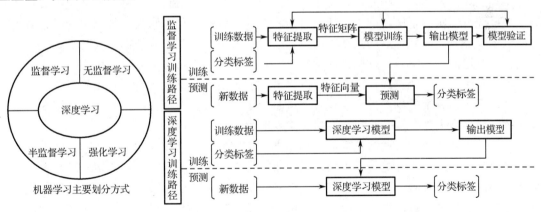

图 1-2　机器学习划分和主要训练路径

目前来看，AI 应用最广泛的计算机视觉和智能语音更依赖于监督学习下的深度学习方式；半监督和无监督是学术界尝试突破的方向，当下仅在如无人驾驶中急转弯场景训练等特定领域中得以尝试应用；而强化学习被认为是更接近人类在自然界中学习知识的方式，在最佳路径选择、最优解探寻等方面有所应用，但泛化能力还有待突破。

监督学习下的深度学习算法训练十分依赖人工标注数据。2012—2016 年人工智能行业不断优化算法、增加深度神经网络层级，利用大量的数据集训练提高算法精准性，ImageNet（图像识别大型开源数据集之一）开源的 1400 多万张训练图像和 1000 余种分类在其中起到重要作用。为了继续提高精准度，保持算法优越性，市场中产生了大量的标注数据需求，这也催生了 AI 基础数据服务行业的诞生。时至今日，人工智能开发公司的算法模型经过多年的打磨，基本达到阶段性成熟。随着 AI 行业商业化发展，更具有前瞻性的数据集产品和高定制化数据服务需求成为主流。

目前，一个新研发的计算机视觉算法需要上万张到数十万张不等的标注图像训练，新功能的开发需要近万张图像训练，而定期优化算法也有上千张图像的需求，一个用于智慧城市的算法应用每年都有数十万张图像的稳定需求；语音方面，几大业内典型公司累计应用的标注数据集已达百万小时以上，需求仍以每年 20%～30%的增速上升，不仅如此，随着物联网（Internet of Things，IoT）设备的普及，语音交互场景越来越丰富，每年都有更多的新增场景和新需求方出现，对于标注数据的需求也是稳步增长。结合市场来看，随着 AI 商业化发展，AI 基础数据服务需求步入常态化，存量市场具有较为稳定的需求源头；而增量市场随着应用场景的丰富，以及新型算法的诞生，拥有更广阔的想象空间。

1.2.2 语音合成

语音合成，又称文语转换（Text To Speech，TTS），是一种可以将任意输入文本转换成相应语音的技术。即通过将文本转化成语音，让机器像人类一样"能说会道"。语音合成一般会经过文本与韵律分析、声学处理以及声音合成三个步骤，分别依赖于文本与韵律分析模型、声学模型以及声码器。

文本与韵律分析模型一般被称为"前端"，声学模型和声码器被称为"后端"。传统的语音合成系统都是相对复杂的系统，例如，前端系统需要较强的语言学背景，并且不同语言的语言学知识还差异明显，因此需要特定领域的专家支持。后端模块中的参数系统需要对语音的发声机理有一定的了解，由于传统的参数系统建模时存在信息损失，限制了合成语音表现力的进一步提升。而同为后端系统的拼接系统则对语音数据库要求较高，同时需要人工介入制定很多挑选规则和参数。这些都促使端到端语音合成的出现。端到端合成系统直接输入文本或者注音字符，系统直接输出音频波形。端到端系统降低了对语言学知识的要求，可以很方便地在不同语种上复制，批量实现几十种甚至更多语种的合成系统。并且，端到端语音合成系统表现出强大、丰富的发音风格和韵律表现力。

传统的语音合成系统通常包括前端和后端两个模块。前端模块主要是对输入文本进行分析，提取后端模块所需要的语言学信息。对于中文合成系统而言，前端模块一般包含文本正则化、分词、词性预测、多音字消歧、韵律预测等子模块。后端模块根据前端分析结果，通过一定的方法生成语音波形。后端系统一般分为基于统计参数建模的语音合成（或称参数合成）以及基于单元挑选和波形拼接的语音合成（或称拼接合成）。

对于后端系统中的参数合成而言，该方法在训练阶段对语言声学特征、时长信息进行上下文相关建模，在合成阶段通过时长模型和声学模型预测声学特征参数，对声学特征参数做后处理，最终通过声码器恢复语音波形。该方法可以在语音库相对较小的情况下，得到较为稳定的合成效果。缺点在于统计建模带来的声学特征参数"过平滑"问题，以及声码器对音质的损伤。对于后端系统中的拼接合成而言，训练阶段与参数合成基本相同，在合成阶段通过模型计算代价来指导单元挑选，采用动态规划算法选出最优单元序列，再对选出的单元进行能量规整和波形拼接。拼接合成直接使用真实的语音片段，可以最大限度保留语音音质；缺点是需要的音库一般较大，而且无法保证领域外文本的合成效果。

文本与韵律分析中，首先对文本进行分词和标注：分词会将文本切成一个个词语，标注则会注明每个字的发音以及哪里是重音、哪里需要停顿等韵律信息；然后根据分词和标注的结果提取文本的特征，将文本变成一个个文本特征向量组成的序列。

声学模型建立了从文本特征向量到声学特征向量的映射：一个个文本特征向量经过声学模型的处理，会变成一个个声学特征向量。声码器则会将一个个声学特征向量通过反变换分别得到相应的声音波形，然后依次进行拼接就得到了整个文本的合成语音。声学特征反映了声音信号的一些"关键信息"，反变换则可看作用关键信息还原全量信息。所以，在反变换的过程中可以有人为"操作"的空间（如参数的调整），从而改变合成语音的语调、语速等。

反变换的过程还可以让合成的语音具备特定的音色。录制某个人少量的语音片段，在合成时即可据此调整参数，让合成的语音拥有这个人的音色。

1.2.3 语音识别

语音识别是让机器识别和理解说话人语音信号内容的新兴学科，是将语音信号转变为文本字符或者命令的智能技术，利用计算机理解讲话人的语义内容，使其听懂人类的语音，从而判断说话人的意图，是一种非常自然和有效的人机交流方式。它是一门综合学科，与很多学科紧密相连，如语言学、信号处理、计算机科学、心理和生理学等。

语音识别首先要对采集的语音信号进行预处理，然后利用相关的语音信号处理方法计算语音的声学参数，提取相应的特征参数，最后根据提取的特征参数进行语音识别。总体上，语音识别包含两个阶段：第一个阶段是学习和训练，即提取语音库中语音样本的特征参数作为训练数据，合理设置模型参数的初始值，对模型各个参数进行重估，使识别系统具有最佳的识别效果；第二个阶段就是识别，将待识别语音信号的特征根据一定的准则与训练好的模板库进行比较，最后通过一定的识别算法得出识别结果。显然，识别结果的好坏与模板库是否准确、模型参数的好坏以及特征参数的选择都有直接的关系。

实际上，语音识别也是一种模式识别。和一般模式识别过程相同，语音识别包括如图1-3所示的3个基本部分。实际上，由于语音信息的复杂性以及语音内容的丰富性，语音识别系统要比模式识别系统复杂得多。

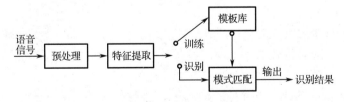

图1-3 语音识别系统框架

其中，预处理主要是对输入语音信号进行预加重和分段加窗等处理，并滤除其中的不重要信息及背景噪声等；然后进行端点检测，以确定有效的语音段。特征参数提取是将反映信号特征的关键信息提取出来，以此降低维数、减小计算量，用于后续处理，这相当于一种信息压缩。之后将提取的特征参数用于语音训练和识别。常用的特征参数有基于时域的幅度、过零率、能量以及基于频域的线性预测倒谱系数、Mel 倒谱系数等。

1.2.4 自然语言处理

自然语言通常是指自然地随文化演化的语言，例如，汉语、英语、法语等是人们日常使用的自然语言，是人类社会发展演变而来的语言，而不是人造的语言。自然语言是人类交流和思维的主要工具。在整个人类历史上，以语言文字形式记载和流传的知识占到知识总量的80%以上。就计算机应用而言，据统计，用于数学计算的仅占 10%，用于过程控制的不到 5%，其余 85%左右都是用于语言文字的信息处理。

自然语言处理包含理解、转化、生成等过程。人工智能的自然语言处理（Natural Language Processing，NLP），是指用计算机对自然语言的形、音、义等信息进行处理，即对字、词、句、篇章的输入、输出、识别、分析、理解、生成等的操作和加工。实现人机间的信息交流，是人工智能、计算机科学和语言学所共同关注的重要问题。自然语言处理的具体表现形式包括机器翻译、文本摘要、文本分类、文本校对、信息抽取、语音合成、语音识别等。可以说，自然语言处理就是要计算机理解自然语言。自然语言处理机制涉及两个流程，包括自然语言理解和自然语言生成。自然语言理解是指计算机能够理解自然语言文本的意义，自然语言生成则是指能以自然语言文本来表达给定的意图。

自然语言的理解和分析是一个层次化的过程，许多语言学家把这一过程分为五个层次，可以更好地体现语言本身的构成，这五个层次分别是语音分析、词法分析、句法分析、语义分析和语用分析，如图 1-4 所示。

图 1-4　自然语言理解层次

（1）语音分析是根据音位规则，从语音流中区分出一个个独立的音素，再根据音位形态规则找出音节及其对应的词素或词。

（2）词法分析是找出词汇的各个词素，从中获得语言学的信息。

（3）句法分析是对句子和短语的结构进行分析，目的是找出词、短语等的相互关系以及各自在句中的作用。

（4）语义分析是找出词义、结构意义及其结合意义，从而确定语言所表达的真正含义或概念。

（5）语用分析是研究语言所存在的外界环境对语言使用者所产生的影响。

在人工智能领域或者语音信息处理领域，学者普遍认为采用图灵测试可以判断计算机是否理解了某种自然语言。具体的判别标准有以下几条：

①问答：机器人能正确回答输入文本中的有关问题。

②文摘生成：机器有能力生成输入文本的摘要。

③释义：机器能用不同的词语和句型来复述其输入的文本。

④翻译：机器具有把一种语言翻译成另一种语言的能力。

1.2.5 图像识别

图像识别技术是信息时代的一项重要技术,其产生目的是让计算机代替人类处理大量的物理信息。随着计算机技术的发展,人类对图像识别技术的认识越来越深刻。图像识别的过程分为信息的获取、预处理、特征抽取和选择、分类器设计和分类决策。

图像识别是人工智能的一个重要领域,其发展经历了三个阶段:文字识别、数字图像处理与识别、物体识别。图像识别,就是对图像做出各种处理、分析,最终识别我们所要研究的目标。今天所指的图像识别并不仅仅是用人类的肉眼,而是借助计算机技术进行识别。虽然人类的识别能力很强大,但是对于高速发展的社会,人类自身识别能力已经满足不了我们的需求,于是就产生了基于计算机的图像识别技术。

计算机的图像识别技术就是模拟人类的图像识别过程。在图像识别的过程中进行模式识别是必不可少的。模式识别原本是人类的一项基本智能,但随着计算机的发展和人工智能的兴起,人类本身的模式识别已经满足不了生活的需要,于是人类就希望用计算机来代替或扩展人类的部分脑力劳动,这样就产生了计算机的模式识别。简单地说,模式识别就是对数据进行分类,它是一门与数学紧密结合的科学,其中所用的思想大部分是概率与统计。模式识别主要分为三种——统计模式识别、句法模式识别、模糊模式识别。

随着计算机技术的迅速发展和科技的不断进步,图像识别技术已经在众多领域得到了应用。2015 年 2 月 15 日新浪科技发布一条新闻:"微软最近公布了一篇关于图像识别的研究论文,在一项图像识别的基准测试中,电脑系统识别能力已经超越了人类。人类在图像分类数据集 ImageNet 中的图像识别错误率为 5.1%,而微软研究小组的这个深度学习系统可以达到 4.9%的错误率。"从这则新闻中我们可以看出,图像识别技术在图像识别方面已经有了超越人类的图像识别能力的趋势,这也说明未来图像识别技术有更大的研究意义与潜力。事实上,计算机在很多方面确实具有人类所无法超越的优势,因此,图像识别技术才能为人类社会带来更多的应用。

图像识别技术虽然是刚兴起的技术,但其应用已相当广泛。并且,随着科技的不断进步,人类对图像识别技术的认识也会更加深刻。未来图像识别技术将会更加强大、更加智能地出现在我们的生活中,为人类社会的更多领域带来重大的应用。

1.2.6 3D 点云

点云数据(Point Cloud Data)是指空间扫描信息以点的形式记录,每一个点包含有三维坐标,有些可能还含有颜色信息(RGB)或反射强度信息(Intensity)。深度学习在现实生活中的应用越来越多,但是在很多实际应用如自动驾驶中,只使用 RGB 信息是远远不够的,因为我们不仅仅想要知道周围有什么物体,还想要知道物体具体的三维信息(如位置、运动状态等)。因此,三维方面的深度学习也逐渐发展起来并取得不错的效果。

点云(Point Cloud),就是三维坐标系统中点的集合,这些点通常以 x、y、z 坐标来表示,并且一般用来表示物体的外表形状。当然,除了最基本的位置信息以外,也可以在点云中加入其他的信息,如点的色彩信息等。大多数的点云是由 3D 扫描设备获取的,如激光雷达、立体摄像机、深度相机等。

点云数据与图像处理具有很多相似之处，因此，不少处理方法是从图像处理演变而来的。但是点云又具有自身特点（如简单、稀疏、准确等），因此，研究人员根据这些特点发展出效果更好的处理手段。

近几年深度学习发展迅速，在图像、视频和自然语言处理等领域大放异彩，在点云处理领域也逐渐发展起来。以下按照点云处理形式对现有方法进行分类和梳理：

（1）基于像素的深度学习。这是最早用深度学习来处理点云数据的方法，但是需要先把三维点云在不同角度渲染得到二维图像，然后借助图像处理领域成熟的深度学习框架进行分析，代表作是 MVCNN 网络。

（2）基于体素的深度学习。将点云划分成均匀的空间三维体素，对体素进行处理。优点是这种表示方式很规整，可以很方便地将卷积、池化等神经网络运算迁移到三维；缺点是由于体素表达的数据离散运算量大、分辨率较低，具有一定的局限性。

（3）基于树的深度学习。OCNN 利用八叉树方法将三维点云划分为若干节点，以节点的法向量作为输入信号，按照 Z 排序方法将点云表示成一维数组，之后可以很方便地与已有神经网络进行连接。类似思路的论文还有 OctNet 采用八叉树组织点云、Kd-Network 采用的是 Kd 树。

（4）基于点的深度网络。代表作是斯坦福大学研究人员提出的 PointNet，用来直接对点云进行处理，该网络很好地考虑了输入点云的排列不变性。还有 PointCNN（点云卷积神经元网络），在解决点云的无序排列问题上训练了一个 X 变换网络，在多项任务中达到了当时的最高水平。

总体来说，点云遇到深度学习之后，主要朝着两个方向发展：其一是解决点云领域的自身需求，如配准、拟合；其二是解决计算机视觉领域的需求，如识别、检测、跟踪等。

1.2.7 多模态数据处理

多模态一般是指同一个对象在多种媒介上的客观映射，主要有以下 3 种形式：多媒体、多视角、多结构。

从语义感知的角度切入，多模态数据涉及不同的感知通道，如视觉、听觉、触觉、嗅觉所接收到的信息；从数据层面理解，多模态数据则可被看作多种数据类型的组合，如图像、数值、文本、符号、音频、时间序列，或者集合、树、图等不同数据结构所组成的复合数据形式，乃至来自不同数据库、不同知识库的各种信息资源的组合。

多模态数据融合，要求对多源数据进行综合有效的筛选和利用，实现集成化感知与决策的目的。常见的信息融合方式有物理层融合、特征层融合、决策层融合几种类型。物理层融合是指在感知的第一阶段即在采集环节对采集到的数据进行融合处理，是工业生产场景中极为常见的信息融合方法；特征层融合是指在特征抽取和表达的层级对信息进行融合，如对同一场景中不同数据源采集到的图像采用相同的特征表达形式，进而进行相应的叠加计算；决策层融合是指对不同模态的感知模型所输出的结果进行融合，这种融合方式具有较好的抗干扰性能，对于传感器性能和种类要求相对不高，但具有较大的信息损耗。

多模态数据融合的系统架构如图 1-5 所示。

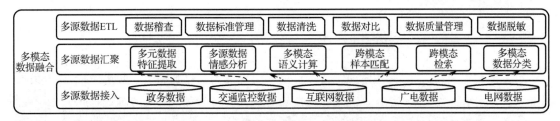

图 1-5　多模态数据融合的系统架构

多模态深度学习技术是基本的神经网络模型，可被归纳为一种特殊的统计学习方法。不同于支持向量机的核技巧采用核映射转化问题，神经网络结构直接采用非线性映射（激活函数）的形式拟合数据分布规律。神经网络是深度学习的起源，后者是对采用深度神经网络完成机器学习任务的各种机器学习方法的概括。近年来，深度学习方法已成为推动人工智能技术发展的主要力量之一。

1.3　人工智能是新一代信息技术的核心

第五代移动通信（5G）、云计算、大数据、物联网与人工智能是新一代信息技术的五大关键支撑技术，也是相辅相成的五大技术分支。

5G 为数据的高速、低延迟传输提供了快速通道，为物联网的广泛应用和人工智能对应用的"赋能"提供了通信基础设施的有力支撑；云计算为人工智能的发展提供了计算资源、网络资源、存储资源等技术和资源支撑；大数据在经过梳理、分析之后，为人工智能应用决策提供参考，在算法确定的前提下，人工智能的高度取决于训练数据的数据数量和数据质量。

如图 1-6 所示给出了"万物互联、数据驱动、智能引领"下的新一代信息技术示意图，系统之间的业务数据和控制数据的流动是在现代光纤数据通信、移动通信（4G/5G/xG）和无线通信的支撑下进行的。

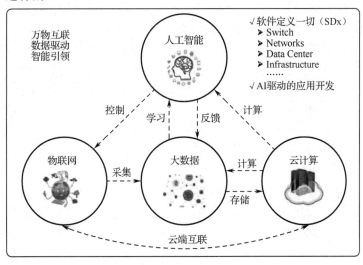

图 1-6　新一代信息技术示意图

1.3.1 5G 与人工智能的关系

对人工智能而言，5G 为其实现了资源突破、增加算力、提升需求，解决传输带宽和速率困境。云端联系将更加亲密化，通过 5G 连接更多的设备，将周边情景信息收录到人工智能设备，使人工智能能够沉浸在情境中训练、判断。强大的数据传输速率和极低的延迟，能够帮助终端设备端到端的全面链接，数据处理能力提高。

5G 是第五代移动通信技术，具有四大特点：高速度、泛在网、低功耗、低时延。增强移动宽带（eMBB）让移动连接速率大幅改善，达到更高的峰值速率（从 1Gbps 提升到 10Gbps～20Gbps）和用户体验速率（从 10Mbps 提升到 100Mbps～1Gbps）；低功耗超大连接（mMTC）针对传输速率较低、时延容忍度高、成本敏感且待机时间超长的海量机器类通信，为今后大规模的物联网发展提供可能性；低时延高可靠（uRLLC）控制在 1ms 之内，满足特殊场景作业的需求。随着 5G 技术的成熟和全面商用，信息传输速度延迟降至 0.5ms 级别，将为万物互联提供坚实的通信基础。

有人认为，人工智能与 5G 是两个相互独立的不同产业。其实人工智能与 5G 的关系密切。简单来看，5G 是人工智能基础层的重要支撑，同时，人工智能也将为 5G 的万物互联提供 AI 算法模型及优化。从深层次来看，5G 是万物互联时代的源动力，万物互联意味着智能连接设备数量的指数级增长，也意味着更多新场景的产生，将带来巨大的想象空间。正如通信专家提出的那样，"4G 改变生活，5G 改变世界"。

5G 让安全的自动驾驶成为现实。一方面，5G 的低时延让自动驾驶的雷达、摄像头能更快地传递信息，极大地降低自动驾驶的危险性。另一方面，除了 5G 网络通信，5G 还将定义一种直接的通信方式，这种通信方式可以使汽车之间通过直接通信来实现自动驾驶，更丰富的决策信息让驾驶更加智能。

5G 让智慧健康和远程医疗变得触手可及。大规模物联网涉及医疗物联网（IoMT）生态系统，将包含数以百万计甚至数亿的低能耗、低比特率的医疗健康监测设备、临床可穿戴设备和远程传感器。医疗影像的大容量数据，可以通过 5G 网络传输，更好更快地实现远程及 AI 阅片，让病人不用到大城市高等级医院就能享受高水平医疗影像 AI 服务。医生将依靠这些仪器，不断地采集病人的医疗数据，如生命体征、身体活动等信息，实现多方交互共享，从而实现远程监控医疗，让医生能够有效地管理或调整治疗方案。

5G 能让高清视频传播成为主流，与人工智能等技术结合起来，在 AR、VR、安防、直播等领域可以产生很多应用……

1.3.2 云计算与人工智能的关系

云计算最初的目标是对计算资源、网络资源、存储资源实施管理。现在云计算不光管理资源，也要管理应用。云计算的核心是服务，即通过互联网为不同用户提供针对性的计算资源服务，包括 IaaS（Infrastructure as a Service，基础设施即服务）、PaaS（Platform as a Service，平台即服务）和 SaaS（Software as a Service，软件即服务）。云计算有三个特点：一是为用户提供廉价的计算资源；二是云计算的服务是动态可扩展的；三是云计算能够根据用户的不同需求提供针对性的服务。另外，云计算不仅为用户节省了硬件建设的成本，同时也降低了系统的运维成本，在安全控制方面也有系统的解决方案。云计算正逐渐成为整个互联网的支撑性服务。

事实上，当今的计算服务、数据存储、通信工具，物联网、大数据和人工智能必须依托云计算的分布式处理、分布式数据库和云存储、虚拟化技术等功能才能形成行业级应用。通过物联网产生、收集海量的数据存储在云平台上，再通过大数据分析，以更高形式的人工智能提取云计算平台存储的数据为人类生活所需提供更好的服务。

如果将人工智能看作大脑，云计算就可以看作大脑指挥下的对于大数据的处理和应用。就是将大数据储存在云端，再根据云计算做出行为，这就是人工智能算法。人工智能离不开大数据，更是基于云计算平台完成深度学习进化的。而不管是无人驾驶，还是图像识别、语音识别，系统底层架构应该都是基于大数据的逻辑算法，系统须先存储海量数据信息，如路况信息、人脸数据、语音数据……根据底层大数据、人类的需求分析，编码成逻辑程序，再最终通过系统执行人的想法应用于机器或设备之上。

1.3.3 大数据与人工智能的关系

很多时候，大家分不清楚人工智能与大数据之间的关系。大数据产业是人工智能产业的初级阶段，人工智能产业是大数据产业的升级及蜕变（如图1-7所示）。二者之间有着深入的联系，但也有着本质的区别。

基础	数据		技术	应用	
云计算 GPU AL芯片 5G	结构化数据 （占总量的20%）	数据库	统计方法	• 辅助决策 • 金融风控 • 精准营销	大数据
	非结构化数据 （占总量的80%）	图像	识别、理解技术： • 计算机视觉 • 机器学习 • 自然语言处理 • 机器人 • 语音识别 ……	• 自动驾驶 • 智能翻译 • 智能客服 • 生物认证 • 智能安防 • 智能家居 • 新零售 • 智能医疗 • 智能制造 • 智能教育 ……	人工智能
		视频			
		语音			
		文本			

图1-7　大数据产业和人工智能产业的关系与区别

（1）在总体上，大数据和人工智能的产业链都可以划分为四层，即提供计算和传输能力设施的基础层，提供资源和能源的数据层，提供核心引擎的技术层，满足业务需求的应用层。

（2）在基础层，大数据和人工智能都需要大规模的数据传输、处理和计算，因此共用计算和传输基础设施。不同的是，大数据涉及的都是类型简单的结构化数据（如数据库和表）、规模巨大的计算，对计算资源要求相对较低，普通云计算设施和能力一般能满足要求；而人工智能涉及的都是类型复杂的非结构化数据（图像、视频、语音、文本等），规模更大，对传输和计算资源要求很高，因此，除了通用云计算设施，还需要 GPU、AI 芯片、5G 等特殊设施和能力。

（3）在数据层，大数据和人工智能处理的数据有着本质不同。数据基本上可以分为两大类：一类为结构化数据，也称作行数据，是由二维表结构来逻辑表达和实现的数据，如企业

ERP、财务系统数据，可以用机器直接处理分析；另一类为非结构化数据，主要为图像、视频、语音、文本等机器不能直接处理，需要利用人工智能技术处理的数据。大数据一般只做结构化数据的统计处理，人工智能的核心使命是做非结构化数据的理解处理。现实数据中，20%为结构化数据，80%为非结构化数据，随着人工智能发展，非结构化数据的比例还在逐渐增高。从价值角度而言，非结构化数据从规模到蕴含的信息角度都更有价值。

（4）在技术层，大数据和人工智能处理数据的引擎有着本质不同。面对结构化数据，大数据基本上都是使用相对简单的统计分析方法，这些方法都非常成熟，从学习、掌握、实施等层面都要简单得多。面对非结构化数据，人工智能需要利用计算机视觉、智能语音、自然语言处理、机器学习等核心技术和方法，当前这些技术和方法都还不是非常成熟，未来发展提升的道路还很漫长，当然空间也很大，机会也很多。

（5）在应用层，大数据和人工智能起到的作用有很大不同。大数据主要为辅助决策、金融风控、精准营销等应用领域带来了深入价值。人工智能是在近些年刚刚兴起，但已经在身份认证（指纹、人脸、虹膜等）、语音识别等领域产生了巨大空间，未来将在自动驾驶、智能翻译、智能客服、智能安防、智能家居、新零售、智能医疗、智能制造、智能教育等众多基础性的行业深深扎根。所以说，人工智能要比大数据影响更加宽广、更加深远。

1.3.4 物联网与人工智能的关系

物联网，即"万物相连的互联网"，是在互联网基础上延伸和扩展的网络，是将各种信息传感设备与互联网结合起来而形成的一个巨大网络，实现在任何时间、任何地点，人、机、物的互联互通，实现环境、状态信息的实时共享，以及智能化的数据收集、传递、处理和执行。典型的物联网场景有智能家居、智慧城市、智能零售、智能制造、智慧农业、智慧医疗、智能仓储、智慧物流、智能交通、智能电网、智能安防、智能消防、智能水务、智能建筑等。

人工智能与物联网是相辅相成、密不可分的。有点像软件和硬件的关系：人工智能是软件，需要物联网作为载体；物联网是硬件，需要人工智能来驱动。

（1）人工智能为物联网提供强有力的数据扩展。物联网可以说成是实现互联设备间数据的收集及共享，而人工智能则是将数据提取出来后做出分析和总结，促使互联设备间更好地协同工作。

（2）人工智能让物联网更加智能化。在物联网应用中，人工智能技术在某种程度上可以帮助互联设备应对突发情况。当设备检测到异常情况时，人工智能技术会为它做出如何采取措施的进一步选择，这样可以大大提高处理突发事件的准确度。

（3）人工智能有助于物联网提高运营效率。人工智能通过分析、总结数据信息，从而解读企业服务生产的发展趋势并对未来事件做出预测。例如，利用人工智能监测工厂设备零件的工作情况，从数据分析中发现可能出现问题的概率并做出预警提醒，这样将从较大程度上减少故障影响，提高运营效率。

1.4 本章小结

本章回顾了全球人工智能的发展历程，简要分析了人工智能对于经济、社会的作用。立足于目前人工智能所处的弱人工智能阶段，分析了语音合成、语音识别、自然语言处理、图像识别、3D 点云、多模态数据处理等几大典型技术，梳理人工智能与 5G、云计算、大数据、物联网等热门新兴信息技术以数据为桥梁，构建出未来产业发展的生态。

1.5 作业与练习

1. 人工智能是什么？
2. 全球人工智能的发展分为几个阶段？每个阶段有何特征？
3. 目前人工智能技术发展处于什么阶段？该阶段有何特征？
4. 人工智能与 5G、云计算、大数据、物联网之间的关系是什么样的？
5. 人工智能有哪些影响力？
6. 如何理解"有多少智能，就有多少人工"？
7. 人工智能有哪些典型的技术？
8. 简要描述人工智能有哪些分类以及每个分类的细分项。
9. 人工智能的目的是什么？
10. 人工智能有哪些特性？

第 2 章

数据标注的概念、工具与方法

数据标注（Data Annotations）是指对收集到的、未处理的原始数据或初级数据，包括语音、图像、文本、视频等类型的数据进行加工处理，并转换为机器可识别信息的过程。数据标注与人工智能相伴而生，是大部分人工智能算法得以有效应用的关键环节。数据标注越准确，标注的数据量越大，算法的性能就越好，准确度就越高。

2.1 数据标注的概念及其对人工智能发展的意义

通过数据采集获得原始数据后，需对其进行加工处理即数据标注，然后输送到人工智能算法和模型中完成调用。数据标注产业主要是根据用户或企业的需求，采用工程化的方法，对图像、声音、文字、视频等对象进行不同方式的标注，从而为人工智能算法提供大量的训练数据以供机器学习使用。人工智能的三大决定性影响因素是算法、算力和数据，这里的数据就是指需要进行整理、标注后供人工智能算法使用的数据。随着数据标注产业化的逐步推进，数据标注的准确性得以提升，标注数据的数量可以按需增大，从而促进人工智能算法性能的提升。

2.1.1 全球数据的快速增长催生大数据产业

随着云计算、移动互联网和物联网等新一代信息技术的快速发展，企业信息化日趋成熟，社会信息化快速发展，社会化网络日趋普及。同时，传感设备、移动终端越来越多地接入网络，各种统计数据、交易数据、交互数据、传感数据、社交数据等正源源不断在各行各业迅速生成，促使全球数据量呈现爆发式增长（如图 2-1 所示），并且数据的类型也变得越来越多，进而催生了大数据产业。

国际数据公司（IDC）的监测数据显示，2013 年全球大数据储量为 4.3ZB（相当于 47.24 亿个 1TB 容量的移动硬盘的容量）；2018 年全球大数据储量达到 33.0ZB，同比增长 52.8%（如图 2-1 所示）。IDC 预测，到 2020 年，全球将总共拥有超过 44ZB 的数据量，其中，文本、照片、音频、视频、医疗影像等非结构化数据超过 85%。从大数据储量分布情况来看，美国大数据储量占比为 21%，欧洲、中东、非洲三个地区占比为 30%，中国地区占比为 23%。由此可见，种类繁多、数量庞大、快速产生和更新、分布式存储的大数据时代已经来临。发掘大数据蕴含的前所未有的社会价值和商业价值，是一个发展潜力十分巨大的机遇。因此，大数据也被誉为"新的石油"。

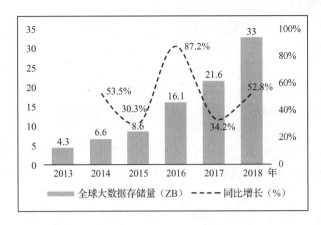

图 2-1　2013—2018 年全球大数据储量

2.1.2　数据产业推动人工智能应用技术的发展

20 世纪 80 年代出现的深度学习神经网络算法，因为没有足够的数据支持而步履维艰。自 2012 年之后，数据技术推动数据产业的发展。大数据、人工智能、物联网及云计算等技术的快速发展，智慧城市、智慧园区、智能家电、穿戴设备、智能机器人等智能应用不断涌现，对经济、社会发展产生了巨大而又深远的影响，同时也采集、获取、积累了大量的原始数据资源。智能应用技术中，算法模型的学习和训练依赖于包含大量数据样本的数据集，由此产生了大量场景化的人工智能数据需求，如表 2-1 所示。

表 2-1　人工智能重点领域与数据层关系对应表

序　　号	重 点 领 域	主要数据类型		
		文　　本	语　　音	图像/视频
1	智能医疗	√	√	√
2	智能驾驶		√	√
3	智能家居	√	√	√
4	智能安防			√
5	智能金融			√
6	智能教育	√	√	√
7	智能客服	√	√	√
8	新零售			√
9	个性推荐及广告营销	√		√
10	机器人		√	√

2.1.3　数据标注对于人工智能应用的意义

要想实现人工智能，首先就需要把人类的理解和判断能力"教"给计算机，让计算机拥有类似于人类的识别能力。数据标注就是将大量的、原始的、杂乱的数据转化为规范化的、计算机能够读懂的、标识出关键特征的数据集，从而支持人工智能的相关应用。

首先,数据标注是计算机识别人类的语言或图片(图像)的必要环节。数据标注就是人类利用计算机能识别的方法,把需要计算机识别和分辨的图片打上特征(标签),让计算机不断地识别这些特征图片,从而最终实现计算机能够自主识别。例如,让计算机知道什么是汽车,那么我们就得在各式各样的有汽车的图片中,将汽车用专业的标注工具标注出来。这里被标注软件处理过的汽车就是图片中的特征,计算机通过不断识别这些包含各种各样汽车特征的图片,从而认识汽车。

其次,数据标注质量影响人工智能应用效率。高质量的、准确标注的数据将最大限度地提升人工智能判别的准确率,而低质量的、没有准确标注的数据会影响甚至阻滞人工智能的进化能力。

最后,人工智能的发展促使数据标注不断进步。随着人工智能的不断发展,对数据标注的需求度越来越高,数据标注任务要求不断细化,以满足不同行业对数据的不同要求。对数据标注的效率要求越高,倒逼数据标注工具不断迭代更新。标注结果质量参差不齐、缺乏安全性,促使数据标注研究和应用聚焦于如何提高数据标注质量的技术和方法,以及保证数据标注安全性和隐私性的技术和措施等方面。

2.2 数据标注对象

2.2.1 数据集

数据集(Data Set)又称为资料集、数据集合、资料集合或数据产品,是经过规范化整理、工程化标注的一组具有统一格式的数据集合。例如,全球著名的开源数据集 MNIST,就是一个由 60000 个训练样板数据和 10000 个测试样板数据构成的,每个样本都是一张黑白两色 28×28 像素的统一格式的规范化图片,是用于手写数字识别系统开发与测试的开源数据集;ImageNet 是一个由 1400 多万张经过规范化处理的彩色图片构成的、经过工程化标注的、用于计算机视觉图像分类的开源数据集。

随着 IT 技术的不断发展和应用,数字化信息技术的应用范围越来越广阔,越来越多的文本、语音、图像和视频都采用了多种标准的、数字化的记录格式。当前随着多媒体技术的发展和应用,计算机处理媒体数据的技术和工具都已经比较完善和实用化。从人机交互数据类型的视角看,人工智能数据集主要分为语音数据集、图像数据集、文本数据集和视频数据集等几大类别。

目前,国内已经有数据堂、爱数智慧、标贝、希尔贝壳、冲浪科技等专业公司提供开源、开放的数据集,如表 2-2 所示;国际上公开的数据集如表 2-3 所示。同时,相关公司也提供商业化数据产品定制、专业化数据产品制作(制造)等相关服务。

表 2-2　部分中文语音开源数据集

序　号	公　司	数据集名称	描　　述
1	数据堂	1505 小时中文普通话语音数据	录音环境:安静的室内,噪声不影响语音识别 录音内容:30 万条口语化句子 录音人员:6300 人;男性 2999 人,女性 3301 人;20 岁及以下 1481 人,21～30 岁 4412 人,31～40 岁 244 人,40 岁以上 163 人;录音人员分布于广东、福建、山东、江苏、北京、湖南、江西、香港、澳门等 34 个省级行政区域

续表

序　号	公　司	数据集名称	描　　述
1	数据堂	1505 小时中文普通话语音数据	设备：Android∶iOS=9∶1 语音：普通话，有口音的普通话 应用场景：语音识别，机器翻译，声纹识别 准确率：句标注准确率不低于 98%
2	爱数智慧	755 小时的中文普通话朗读语音数据	时长：755 小时，含训练集 712.09 小时、开发集 14.84 小时和测试集 28.08 小时 场景：互动问答，音乐搜索，口语短信信息，家居命令控制等 采集方式：手机录音，涵盖多种类型的 Android 系统手机 发音人：1000 名来自中国不同口音区域的发音人参与采集
3	标贝	中文标准女声音库（10000 句）	有效时长：约 12 小时 平均字数：16 字 语言类型：标准普通话 发音人：女；20～30 岁 准确率：标注文件字准率不低于 99.8%
4	希尔贝壳	178 小时中文普通话数据库	录音环境：安静室内 录音设备：高保真麦克风，Android 系统手机，iOS 系统手机 发音人：400 名来自中国不同口音区域的发音人参与录制 文本正确率：95%以上
5	希尔贝壳	1000 小时中文普通话语音数据库 AISHELL-2	时长：1000 小时 录音文本涉及唤醒词、语音控制词、智能家居、无人驾驶、工业生产等 12 个领域 录音环境：安静室内 录音设备：高保真麦克风，Android 系统手机，iOS 系统手机 发音人：400 名来自中国不同口音区域的发音人参与录制 文本正确率：96%以上
6	冲浪科技	500 小时中文普通话开源数据集	数据集语言：中文普通话 总数：500 小时（约 850 人） 参与者：中国公民（口音涵盖中国主要方言） 性别比例：50∶50 录音规格：16kHz，16bits，单声道，未压缩.wav 文件
7	冲浪科技	120 小时中英文混合开源数据集	数据集收集语言：英文和中文混合 总人数：120 小时（约 200 人） 参与者：中国公民（口音涵盖中国主要方言） 性别比例：50∶50 录音规格：16kHz，16bits，单声道，无压缩.wav 文件

表 2-3　部分国际人工智能公共数据集

类　　型	数据集名称	特　　点
自然语言处理	WikiText	维基百科语料库
	SQuAD	斯坦福大学回答数据集
	Common Crawl	PB 级别的网络爬虫数据
	Billion Words	常用的语言建模数据库

续表

类　型	数据集名称	特　点
语音识别	VoxForge	带口音的语料库
	TIMIT	声学-音素连续语音语料库
	CHiME	包含环境噪声的语音识别数据集
机器视觉	SVHN	谷歌（Google）街景中的图像数据集
	ImageNet	基于 WordNet 构成的常用的图像数据集
	Labeled Faces in the Wild	面部区域图像数据集，用于人脸识别训练

2.2.2　语音数据集

在人与人、人与计算机的信息交互中，需要一种更加方便、自然的交互方式。人的直观感觉可以给人最直接的印象，获取信息速度也最快。虽然嗅觉、触觉也是人类固有的感觉，但语言是人类最重要、最有效、最常用和最方便的信息交流形式。

1．按照语种分类

世界上有五千多种语言，目前的语音数据主要包含了使用人数较多的语种，如汉语、英语、西班牙语、法语、阿拉伯语、俄语、乌尔都语、德语、葡萄牙语、意大利语等。实际上，随着智能语音技术的普及与发展，各种语言的相关数据集都需要去开发、设计，这显然是个"浩大"的工程。

2．按照方言分类

仅汉语方言就有七大方言区，包括官话方言、湘方言、赣方言、吴方言、闽方言、粤方言和客家方言等。其中，官话方言又分为八个次方言：东北官话、北京官话、冀鲁官话、胶辽官话、中原官话、兰银官话、西南官话和江淮官话等。显然，各种方言难计其数。

外语也有方言之分，目前尚未将各种语言的方言细分到如同汉语方言一般，但对于不同区域的同种语言仍有区分，例如，美式英语、英式英语、印度英语、西班牙英语、法国英语、德国英语，欧洲西班牙语、墨西哥（含海地）西班牙语，欧洲葡萄牙语、巴西葡萄牙语等。

交叉语言包括：重口音普通话、中国人说英语、中英文混读语音，中国人说德语、中德语混读语音，中国人说法语、中法语混读语音等。

3．按照语音属性分类

可以分为朗读语音、引导语音、自然对话、情感语音等。根据录音人的年龄，可以分为低幼、儿童、成人、老人。根据录音环境是否有噪声，可以分为安静环境语音和噪声环境语音。此外，还有一类特殊的语音是噪声识别，包括婴儿啼哭、动物叫声、特殊噪声（机场、车站等）。

上述各种视角的语音数据，在形成数据产品的时候往往会多维度结合，各种维度交错，构成大量的语音数据产品。例如，家居场景下的美国儿童语音，就包含了家居场景、美国英语和儿童语音三个维度。语音数据可应用的领域包括语音合成、语音识别、情感识别、音乐检索、智能家居、车载终端等，如图 2-2 所示。

图 2-2　语音数据集

2.2.3　图像数据集

图像（图片、照片）经数字化后形成可以存储、编辑、传输的图像数据（图片数据）。对于计算机来说，一张数字化图像的内容信息就相当于一连串代表每个像素位置和颜色的数字序列，也就是图像数据。图像数据根据应用场景的不同，可以制成不同的数据产品，如人脸识别场景、安防场景、互联网娱乐场景、OCR 场景、自动驾驶场景、智能医疗等。

1．按照应用场景分类

根据应用场景的不同，可以分为人体识别、车辆识别、车牌识别、动物识别、物体识别、道路街景识别、文本识别、特殊场景识别等。识别的过程包括两个：一个是"是不是"；另一个是"这是谁"。例如，人脸识别，首先要识别是不是人脸，接着再通过比对识别出这个人是谁。当然，对于身份验证领域的人脸识别，还要增加"活体检测"功能，以免身份被盗用。人脸识别、车辆识别和车牌识别目前主要用于安防领域的身份验证；道路街景识别是比较综合的能力，应用于无人驾驶领域，要对道路上的车辆、路标、行人、行道树、指示牌、红绿灯等各种物体进行全方位的扫描与识别；文本识别是对图中的文本进行识别；特殊场景识别是对火灾、爆炸、地震等场景进行识别并智能报警，以便相关部门做出反应、降低损失。

2．按照局部或整体特征分类

例如，人体局部特征，可以分为人脸、人头、指纹、掌纹、指静脉、虹膜、视网膜、姿态、步态等，针对不同的人体特征进行识别。局部特征由于其唯一性，可以与身份直接挂钩；而人头、姿态、步态、衣着、年龄程度等整体特征与身份的直接相关性不强，难以用其确认身份，但可以实现视频跨帧和多镜头的跟踪。车辆识别也类似，局部特征包括车辆的车牌、驾驶员行为、是否系安全带、车辆损伤等，从而可以应用到停车场车牌识别、驾驶员疲劳驾驶识别并警示、未系安全带警示、保险车辆智能定损等场景；整体特征包括车辆监测、车辆属性，从而为车辆的视频跨帧与跨镜头跟踪提供支持。

3．按照待识别对象的数量分类

单体对象识别更注重身份，群体对象识别更注重趋势。例如，人体的群体识别可以对群体异常情况进行识别和预判，从而做出有针对性的引导。2014 年 12 月 31 日上海外滩发生的拥挤踩踏事件就是血的教训，而利用群体识别系统可以提前发现异动，避免恶性事件发生。车辆的群体识别是对车流量、车祸、拥堵等车辆较多的环境进行识别，从而为交通疏导提供依据。

4．按照气象条件分类

可以分为晴天、阴天、雨天、雪天、雾霾、白天、黑夜等，不同气象条件对识别会产生不利影响。例如，无人驾驶数据，对街景的识别就需要支持多气象条件下的识别，尤其是雾霾天的情况下，必须对道路标识和红绿灯清楚地进行识别，才能使车辆正常行驶。

5．按照拍摄角度分类

可以分为正面、侧面、上面、下面、背面。例如，人脸识别，不同的拍摄角度对识别能力影响很大，如背面拍摄人脸几乎难以识别。但从场景应用的角度来说，各种角度均有可能拍摄到，需要进行多角度识别。

6．按照光线情况分类

可以分为顺光、侧光、逆光、侧逆光；同时，还有强光和弱光之分。不同的光线情况对于识别的能力影响不一，如无人驾驶场景下，对面车灯较亮的情况下会难以识别眼前的行人，容易发生危险。

7．按照拍摄对象分类

还有一些细致的分类，如对于人体识别，需要区分人种（白色人种、黑色人种、黄色人种、棕色人种）、年龄（儿童、青年、中年、老年）、性别（男性、女性）、表情（开心、愤怒、悲伤、蔑视等）、衣着物品（耳环、眼镜、戒指、帽子、围巾等）、妆容（素颜、淡妆、浓妆）等各种属性；对于车辆，有类型、颜色、品牌、型号等；对于文本，有语言、字符等。这些细致分类都依据各种不同的应用场景而有所区别。

概括地讲，图像数据种类非常丰富，可收集的种类包括人脸图像、人脸表情、超市小票、商标、手写体、印刷文字、日程表、图形符号、冰箱食品、特定场景等。可应用的领域包括人脸识别、表情识别、手写识别、手势识别、体感识别等，如图 2-3 所示。

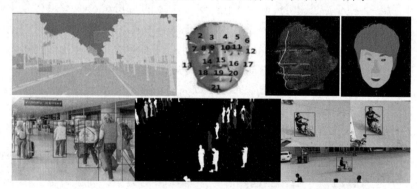

图 2-3　图像数据集

2.2.4　文本数据集

文本数据是指不能参与算术运算的字符集合，也称为字符型数据。文本数据集主要应用于自然语言理解、机器翻译、语音识别、智能交通等领域，如表 2-4 所示。

表 2-4　文本数据在不同领域的运用

序　号	应 用 领 域	数 据 内 容
1	机器翻译	平行语料
2	自然语言理解	实网文本、NLP 标注、知识库
3	智能交通	车辆位置数据、用户行为数据等
4	语音识别	说话人信息、语料文本、波形文件标注文件等

文本数据可收集的种类包括命令词、常见人名、地名库、歌曲名称、影视名称、餐饮词汇、短信库、电子邮件等，可用于文本分类、语音识别、自然语言理解、机器翻译、文本校对等，如图 2-4 所示。

图 2-4　文本数据收集

2.2.5　视频数据集

视频是典型的复合多媒体数据，可以包含图像、语音、音乐、音效和文字等多种媒体信息，通过连续的场景和多种媒体的复合运用，表达复杂的场景、意境和故事。

1．视频数据的构成

现阶段，通常讲的视频数据一般单指视频中的连续的图像序列数据，并且划分为帧、镜头、场景和故事单元。

（1）帧（Frame）是组成视频的最小视觉单位，是一幅静态的图像。将时间上连续的帧序列合成到一起便形成动态视频。对于帧的描述，可以采用图像的描述方法，因此，对帧的检索可以采用类似图像的检索方法来进行。

（2）镜头（Shot）是由一系列帧组成的，它描绘的是一个事件或一组摄像机的连续运动。在拍摄视频时，根据剧情的需要，一个镜头可以采用多种摄像机的运动方式进行处理。由于摄像机操作而引起的镜头运动主要有摇镜头、推拉镜头、跟踪等几种形式。

（3）场景（Scene）由一系列有相似性质的镜头组成，这些镜头针对的是同一环境下的同一批对象，但每个镜头的拍摄角度和拍摄方法不同。场景具有一定的语义，从叙事的观点来看，场景是在相同的地点拍摄的，因而具有相同的主题内容。

（4）故事单元（Story Unit）也称为视频幕（Act），是将多个场景进行组织，共同构成一个有意义的故事情节。如果把帧、镜头和场景分别对应文本信息中的字、词和句子，那么故事单元就好比文本信息中的段落。

2．视频数据的特征

视频数据是图像、声音（语音、音乐、音效）、文本的复合，是复杂的数据类型，具有如下特征：

（1）信息内容丰富。视频数据是随时间变化的图像流，含有更为丰富的其他单一媒体所无法表达的信息和内容。以视频的形式来传递信息，能够直观、生动、真实、高效地表达现实世界，所传递的信息量非常丰富，远远大于文本或静态的图像。例如，在课堂讲述毒品的基本知识和危害时，用一段视频表现出来的效果就强过单纯用一幅图像或一段文字来表现。

（2）数据量巨大。静态图像、文本等类型的数据，数据量较小；而视频数据，数据量巨大。视频数据的数据量比结构记录的文本数据大约大七个数量级。视频数据对存储空间和传输信道的要求很高，即使是一小段视频剪辑，也需要比一般字符型数据大得多的存储空间。通常在管理视频数据时都要对其进行压缩编码，但是压缩后的视频数据量仍然很大。

（3）时空二重性的复杂结构关系。视频数据由多幅连续的图像序列构成，因而视频段之间的关系属性复杂，既有时间属性又有空间属性。文本数据是一种纯字符型数据，没有时间和空间属性；图像数据有空间属性，但是没有时间属性。

（4）数据解释的多样性、主观性。视频数据具有十分丰富的内涵，受人的个体主观因素影响较大，不同的人对同一段视频会产生不同的感受和重述。

3．YouTube-8M 开源数据集

YouTube 是谷歌公司 2006 年 11 月以 16.5 亿美元收购的一个视频网站，其主要功能是让用户下载、观看及分享影片或短片。

YouTube -8M 是一个由谷歌开源的大型视频数据集，包含 800 万个视频链接。这些视频集进行了视频层级（video-level）的标注，标注为 4800 种知识图谱实体（Knowledge Graph Entities）。YouTube -8M 视频数据经过预处理，可提取较为先进的 13 亿个视觉特征和 13 亿个音频特征。

2.3　数据标注工具与平台

数据标注公司的工作比较多样，但是主要还是语音、图像、文本标注。澳鹏（Appen）是一个国外知名的视频数据标注平台（数据标注外包平台），需求方可以自行配置标注工具和相应的标签，直接在平台上发任务。谷歌开源数据集包含有 900 万张图片，YouTube-8M 中包含了 800 万段被标记的视频，而 ImageNet 有超过 1400 多万张被分类标注的图片。这些精心标记的数据，大部分是由亚马逊外包平台上 5 万多名人员花费 2 年时间完成的。

下面以数据堂的数据标注工具为样例，概要讲解语音、图像、视频、文本、3D 点云标注及其功能，使读者对数据标注工具和标注方法有个基本的了解。

2.3.1　语音数据标注工具

常见的语音数据标注工具包括单段落语音数据标注、多段落语音数据标注等。在语音数据标注模板中，线上标注工具可支持单句标注和多段落标注，标注过程中可以实现有效性判断、有效语音时间点截取、语音内容标注、噪声符号插入、性别判断、口音判断等方面的标注功能。

1．单段落语音数据标注

单段落语音数据标注过程中，标注人员试听语音资料后，需要判定语音资料的有效性、说话人的说话内容以及周围环境等信息；试听判断完成后，将相应信息填写到音频下方的文本输入框中，单击"修改"按钮即可完成标注。如图 2-5 所示。

图 2-5　单段落语音数据标注工具

2．多段落语音数据标注

多段落标注时，标注人员可以进行多说话人的语音特点标注。在多段落标注模板中，标注人员同样需要试听一段语音资料。与单段落标注不同的是，多段落标注中的语音视频为多人对话，标注人员可以拖动鼠标对有人声的语音资料进行选取，之后对语音资料中说话人的性别、说话内容以及周围环境等信息进行识别，并填写音频下方的相关内容。如图 2-6 所示。

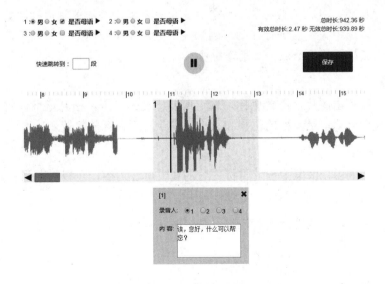

图 2-6　多段落语音数据标注工具

2.3.2 图像数据标注工具

图像数据标注的方法有人工数据标注、自动数据标注和外包数据标注。人工数据标注的好处是标注结果比较可靠；自动数据标注一般都需要二次复核，避免程序错误；外包数据标注很多时候会面临数据泄密与流失风险。人工数据标注的标注工具可分为客户端与网页版标注工具，在线的网页版标注工具有数据流失的风险。

图片标注工具主要实现的标注功能有关键点标注、2D 标注框标注、3D 标注框标注、线标注、区域标注、图片属性标注等，如表 2-5 所示。

表 2-5　常见图片标注工具实现的功能

序　号	图片标注工具功能	描　述
1	关键点标注	通过多个连续的点确定目标对象的形状变化，常见的有人脸关键点标注、骨骼关键点标注、手势识别关键点标注等
2	2D 标注框标注	即用矩形框、正方形框等将目标对象框选出来。 在所有的标注工具里，2D 标注框是最简单的数据标注类型，成本也是最低的
3	3D 标注框标注	3D 立方体标注用于从 2D 图片和视频中获得空间视觉模型，测量物体间的相对距离和得到灭点
4	线标注	线标注主要用于自动驾驶车辆的道路识别，定义车辆、自行车、相反方向交通灯、分岔路等不同道路
5	区域标注	区域标注是图像数据标注领域比较精准的标注类型，同时也是耗时比较长的标注类型，标注员需要对图片上的所有内容进行标注
6	图片属性标注	对图片中的目标的属性进行标注，如人的年龄、性别、着装、配饰、发髻等，车的车牌、类型、品牌等

1. 图像关键点标注

图像关键点标注，可以根据标注工具右上角中"下一个点"的提示，依次标注人脸关键点，标注时按 Alt 键，并在需要标注的位置点击鼠标左键来完成关键点标注。如果关键点位置需要改变，可以选中关键点进行移动。因为关键点标注比较精细，所以，在标注时支持图片放大、缩小（鼠标滚轮后滚放大，前滚缩小）。

2. 图像框标注

标注人员左键点击图片，滑动鼠标，选定所要标注的范围，松开鼠标，将要标注的目标框在框里，系统会自动记录下框的位置和大小，用于标识目标的位置。

3. 图像属性标注

画上框后，右侧可以关联弹出该目标内容的属性标注内容，可以针对目标进行标注。

4. 图像筛选

标注人员可以针对一组图片进行筛选，快速挑出符合要求的图片，加快对图片的分类与分组操作。

2.3.3　视频数据标注工具

1. 视频数据标注工具

视频通用功能标注基础工具包含点（Shift+A）、线（Shift+S）、矩形（Shift+D）、多边形（Shift+F），并支持快捷键选择工具。支持标注图形使用 Delete 键删除，或者直接点击下面的属性名称删除。通用视频数据标注基础工具提供了多种基础表单功能（如图 2-7 和图 2-8 所示），开发人员可根据不同的需求配置不同的表单。

图 2-7　下拉列表表单

图 2-8　输入框表单

通过视频数据标注工具，用户可以对视频每一帧中出现的车辆、行人等物体进行标注。以常见的物体跟踪标注为例，用户可通过拖动鼠标进行画框以及输入物体编号的方式对车辆、行人进行标注。在此过程中，可以通过单击"重播""上一帧""下一帧""上十帧""下十帧"按钮或直接拖动进度条的方式来对视频播放进度进行控制。

2．物体跟踪标注

标注人员通过拖动鼠标进行画框以及输入物体编号的方式对车辆、行人进行标注。在此过程中，用户可以通过单击"重播""上一帧""下一帧""上十帧""下十帧"按钮或直接拖动进度条的方式来对视频播放进度进行控制，如图2-9所示。

图 2-9　物体跟踪标注

随着无人驾驶智能系统的发展，需要采集多角度的视频数据做平行协同标注，标注界面配置图如图2-10所示，以矩形框的形式来标注车辆和行人。

图 2-10　多角度无人驾驶视频数据标注界面配置图

2.3.4　文本数据标注工具

常见的文本数据标注工具主要有实体标注、实体关系标注、文档属性标注、阅读理解、交互意图等（如表 2-6 所示）。

表 2-6　文本数据标注工具功能

序　　号	图片标注工具功能	描　　述
1	实体标注	对文本中的实体进行标注，如人名、地名、组织、职位等
2	实体关系标注	对实体的逻辑关系进行标注，如刘某某就职于某公司等
3	文档属性标注	对文档类型、文档情感等属性进行标注
4	阅读理解	一般指根据提供文本回答相应的问题
5	交互意图	对文本的领域、意图、槽位、槽值进行识别

1．文本句法树标注

在文本句法树标注中，标注人员对文本进行注音、主题事件归纳、词义消歧标注，文本语料内容分类和主题归纳等更深层次的处理能力，可满足自然语言处理的不同层次的要求，如图 2-11 所示。

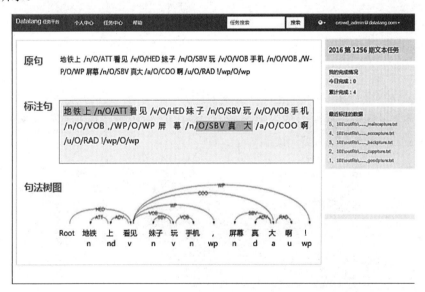

图 2-11　文本句法树标注

2．短信文本属性标注

在文本数据标注模板中，标注人员可以对两条文字数据进行对比，也可以根据模板中提供的类别模板对文本内容进行标注，例如，选取一句话中的主语、谓语和宾语等。页面最上方有一行文本文字，标注人员通过阅读文本确定文本的主题、时间、发生地点等内容，根据实际情况将相关内容填写在下方的文本框内，如图 2-12 所示。

24

我快急死了，等人家那个卖面筋的回来才能加盟人家的，人家还没答应呢

乘车 ▼

标注1 ⌄

发送方意图：○是 ○不是 ○不确定　　　　　　接收方意图：○是 ○不是 ○不确定

主题：[　　　]　　前置条件：[　　▼]　　条件地点：[　　　]

间隔时间：[　　　]

参与人姓名：[　　　][+]

参与人号码：[　　　]

参与人对象：[　　▼]

出发时间：[　　　]　　出发时间索引：[0　⬍]

到达时间：[　　　]　　到达时间索引：[0　⬍]

图 2-12　短信文本属性标注

2.3.5　3D 点云标注工具

3D 点云标注是指对激光雷达等设备采集的 3D 图像，通过 3D 标注框将车辆、行人、广告标志和树木等目标物体标注出来（如图 2-13 所示），供计算机视觉、无人驾驶等人工智能模型训练使用。

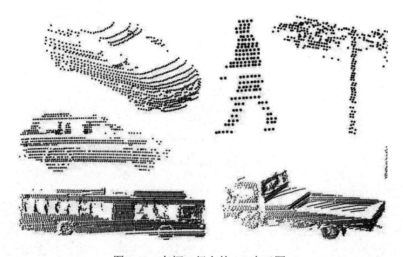

图 2-13　车辆、行人的 3D 点云图

数据堂当前拥有包括 3D 点云、2D-3D 融合、3D 连续帧在内的标注工具集，采用客户端方式实现，充分利用桌面电脑计算能力，操作速度快，健壮性强，支持包括 2D-3D 映射、多个摄

像头、大数据量标注、3D 连续帧（1000 帧，每帧 1 张 128 线点云、6 张以内高清图片）等标注场景。并且支持连续帧的追踪，对匀速直线和静止物体自动计算；支持标注、质检、验收的管理模式以及预识别技术。标注工具主要分为 2D 图像、点云信息、标注框三视图等模块。

2.4　典型数据标注技术

人工智能数据标注技术随着设备的研发会产生新的标注要求，随着算法技术的发展呈现精度更高、更智能化的特点。以下对语音转写、人脸检测和关键点检测、图像分割、图像识别以及视频处理等关键标注技术进行介绍。

2.4.1　语音转写技术

目前主流的语音识别大致分为特征提取、声学模型、语音模型几个部分。结合神经网络"端到端"的声学模型训练方法，主要有 CTC（Connectionist Temporal Classification）和 Attention 两种，主要用于处理序列标注问题中的输入与输出标签的对齐问题。CTC 与传统模型相比，一是采用 CTC 作为损失函数的声学模型训练，是一种完全端到端的声学模型训练，不需要预先对数据做对齐处理，只需要一个输入序列和一个输出序列即可以训练，不需要对数据对齐和一一对应；二是 CTC 直接输出序列预测的概率，不需要外部的后处理。

Kaldi 是一个用 C++设计的语音识别工具包，供语音识别研究人员使用。当然，Kaldi 也可以用作声纹识别。关于其详细介绍可以访问 Kaldi 的官方文档。

语音转写技术主要包括前端处理、识别过程、后处理等几大块的相关技术。前端处理模块主要是将接收的语音信号进行预处理，增强或降噪等。识别过程加窗分帧、区分声学特征以及语音活动检测。对于预处理后的语音波形信号，首先需要进行加窗和分帧操作。通常采用 25ms 的 Hanmming 窗，窗移为 10ms。这样整段的语音波形就会被分割成很多带有重叠的 25ms 的小语音片段，然后再使用合适的声学特征提取算法从 25ms 的语音片段中提取相应的声学特征。好的声学特征不仅需要具有很强的区分特性，可以很好地表达不同音素之间的差异性，而且还需要具有很好的鲁棒性，不受噪声环境的干扰。通过分析人类听觉系统的时频分析特征和听觉掩蔽效应，研究人员提出了多种不同的声学特征。语音活动检测（Voice Activity Detection，VAD），又称端点检测，是指在一段音频信号中对语音信号和非语音信号（包括无声段或背景噪声）进行划分，提取语音信号部分的一个过程。其主要作用是从已接收的一段语音信号中提取有效的音频段，减少噪声的干扰。其实它既减少了噪声的干扰，也减少了语音识别过程中的计算量。

声学模型常见的有单音素模型和三音素模型。单音素模型没有考虑本音素前后音素对本音素的影响；三音素模型考虑到上下文的因素，是现在最常用的一个声学建模单元。声学模型计算的主要任务是判断每一帧语音属于什么音素。先提取代表一帧语音的特征向量，接下来可以使用前馈神经网络，输入为 Mel-Filter banks 特征，输出可以为音素或其他建模单元。按这个框架是不是就解决了语音识别中的声学建模问题呢？显然不是，因为语音是典型的时序序列信号，不同的人说同样的音，或同样的音在不同的上下文中时长是不一样的。每一帧都得到一个音素，但相邻帧可能是不同的音素，这样最后会得到一堆杂乱无章的音素序列，很难形成自然的文字序列。第一代语音识别使用隐马尔科夫模型-高斯混合模型（HMM-GMM）技术框架。首先，将建模单元从音素退化到状态，即一个音素由 3～5 个状态构成。对一个音素而言，只有从起始状态跳转到结束状态，一个音素才算识别结束。其次，用隐马尔科夫模型（HMM）来建模状态跳转概率。将音素的中间状态设计成可以自跳转，从而解决了同一个音素在不同的上下文时长不同的问题。最后，用高斯混合模型（GMM）建模状态输出概率。隐马尔科夫模型-高斯混合模型在语音识别历史上起到了重要作用，对语音识别的实用化至关重要。第二代框架仍使用隐马尔科夫模型建模状态转移概率，但使用深度神经网络（DNN）替换高斯混合模型。在高斯混合模型框架下，不同的状态采用不同的模型来建模。在深度神经网络框架下，所有的状态采用同一个模型来建模，也就是所有的状态共享一个输出层。

2.4.2 人脸检测和关键点检测

面部特征点定位任务即根据输入的人脸图像，自动定位出面部关键特征点，如眼睛、鼻尖、嘴角点、眉毛以及人脸各部件轮廓点等。这项技术的应用很广泛，如自动人脸识别、表情识别以及人脸动画自动合成等。由于不同的姿态、表情、光照以及遮挡等因素的影响，需要准确地定位出各个关键特征点。早期的人脸识别研究主要针对具有较强约束条件的人脸图像，需要设计巧妙的人脸图像纹理、语义表达的"特征"，进而完成识别模型的训练。

随着深度学习算法、GPU/FPGA 计算力的增强，出现了"端到端"人脸检测技术路线，图像特征的学习被融入神经网络的学习当中，将人脸检测、人脸关键点检测、人脸图像分类一并输出。显然，人脸检测方法又进入了新阶段和新高度。

2.4.3 图像分割

LabelMe 是由麻省理工学院计算机科学与人工智能实验室（CSAIL）创建的图像分割工具，它提供带有注释的数字图像的数据集。该数据集是动态的、免费使用的，并且公开供公众使用。LabelMe 在计算机视觉研究中的应用较为广泛。截至 2010 年 10 月 31 日，LabelMe 有 187240 个图像，62197 个注释的图像，以及 658992 个标记的对象。

Supervisely 人像数据集已正式发布。它是公开且免费的，但仅出于学术的目的。2018 年 9 月起提供了网上在线的 API。

图像分割软件如表 2-7 所示。

表 2-7　图像分割软件

软　件	描　　述	平　台	许可方式
Labelbox	Labelbox 是一个数据标注平台，用于企业方便地训练专家机器学习应用程序。它可以与内部数据或托管数据一起使用	JavaScript，HTML，CSS，Python	云端或本地部署，Apache 2.0
LabelMe	MIT 研发的在线注释工具构建计算机视觉研究的图像数据库	Perl，JavaScript，HTML，CSS	MIT 许可协议
RectLabel	一种图像数据标注工具，用于标记包围盒对象检测和分割的图像	Mac OS	免费
Supervisely	一种更为准确的图像数据标注工具，应用人工智能技术进行图形的边缘检测和标注	个人用户网上平台。企业用户联系客服	学习使用免许可，商业应用需要许可
精灵标注助手	这个工具强大的地方在于，除了支持图片标注，还支持文本数据标注、视频数据标注，功能非常强大，而且也是免费的	Windows/Mac/Linux 平台	免费

2.4.4　视频类标注

视频标注工具 Vatic 源自麻省理工学院的一个研究项目。输入一段视频，支持自动抽取成粒度合适的标注任务并在流程上支持接入亚马逊众包平台。除此之外，其还有很多实用的特性：简洁使用的图形用户界面，支持多种快捷键操作；基于 OpenCV 的视频跟踪，这样就可以抽样标注，减少工作量；具体使用时，可以设定要标注的物体属性标签，如水果、人、车等，然后指派任务给众包平台（也可以是自己的数据工程师）。现阶段支持的标注样式是标注框（box）标注。

2.5　数据标注工程

数据标注工程，也称为工程化数据标注，是指数据产品制造（数据集）的系统化、工程化、流程化的组织与实施过程，可以划分为数据采集、数据处理、数据标注、数据质检、数据交付验收等五大流程。

2.5.1　数据采集

数据采集是人工智能数据工厂中生产数据的第一关。人工智能领域必须对采集的数据进行良好的把关，才能有效提高后续质量。当前通用的手机端采集语音、图像，专用的远场语音设备采集，无人车平台采集等，这些采集平台和工具缺乏智能化，采集的数据依靠后期人工进行质检，工作量大，采集成本高。一些深度学习或者自动化的技术，通过"云""端"的配合，将人工智能芯片设计到采集设备中，有效实现质量检查点前移，及时纠正采集中的问题，提高数据采集质量。数据采集的方法主要有四种：互联网数据采集、众包、行业合作以及各种传感器数据。

1. 互联网数据采集

互联网数据采集也称为网络抓取或网络数据爬取，主要是通过数据爬虫和网页解析来实现（如图 2-14 所示）。数据爬虫和网页解析在线上数据采集方面，开发大规模分布式抓取和实时解析模块，针对特定主题和垂直领域，可以及时、准确、全面地采集国内外媒体网站、新闻网站、行业网站、论坛社区和博客微博等互联网媒体发布的文本、图片、图表、音频、视频等各种类型的信息，并且在抓取的同时实现基本的校验、统计和抽样提取。

数据爬取云服务的爬虫/网页解析系统构建了从采集到处理直至用户的数据通道，数据采集服务集群通过海量的 IP 池，模拟自然人访问行为，持续不断地扫描所监控的网站，把采集到的新数据保存在存储服务集群，并将所有动作和行为记录到日志服务集群。整个平台通过采集数据接口对接到后端的情感判断、自然语言识别等模块。采集系统支持百万级别的网站采集；支持 24 小时无故障运行；每台物理机根据性能可以支持 4～16 个云爬虫，对物理资源和网络利用率高；采集规模可根据不同实施阶段灵活可伸缩部署。

在实现机制上，爬虫/网页解析模块采取分布式负载均衡的方式实现任务的分发和协作（如图 2-15 所示），并针对采集的不同类型的数据，如文本数据、语音数据、图形数据、视频数据进行不同的信息抽取。

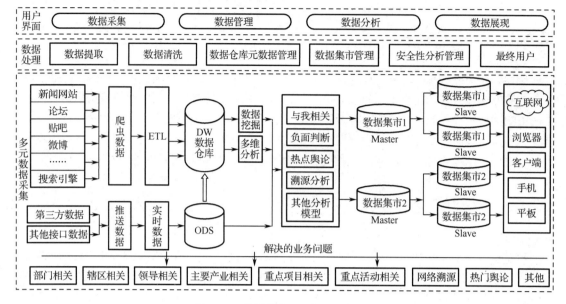

图 2-14　数据爬虫/网页解析云架构

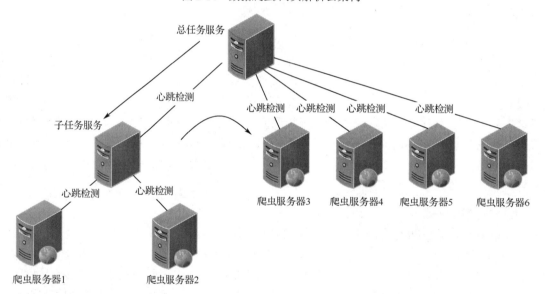

图 2-15　爬虫服务实现原理

2. 数据众包采集

数据众包采集是以数据支撑平台为基础，集全社会的力量进行采集，并对数据的噪声、错误、遗漏进行发现和纠正。数据众包采集主要应用场景是基于现有的数据采集人力、设备和时间无法满足海量的原始数据采集需求，在成本可接受的范围内可以采用众包模式。

在具体实现上，众包采集模块将基于分布式非结构化数据库 MongoDB 实现，在支撑对海量数据高效并发读写的同时，确保多方对同一数据文件同时读写、修改、锁定和标注操作的协调一致；在数据质量监控方面，平台实现了集交叉验证和真值考察于一体的自动化评测平台，能够及时告警潜在的错误，确保数据的准确性、完整性和一致性。数据众包采集示意图如图 2-16 所示。

图 2-16　数据众包采集示意图

3．数据行业合作

我国幅员辽阔，人口和经济规模庞大，已成为仅次于美国的数据大国。预计到 2020 年，我国的数据量将突破 8.5ZB，占全球数据总量的 21%。其中，据分析，我国 1/3 的数据都属于行业服务的机构与企业。

数据行业的合作，主要针对拥有庞大和高质量数据资源的行业企业和机构，通过数据连接以及人工智能大数据服务平台对数据进行清洗、处理，并进行整合、分析，在企业混合云平台中对数据资产进行管理与审核，最后将数据用于人工智能应用。基于行业数据安全性方面的考虑，设计相应的数据连接模型，开发运行于行业机构数据平台内部的采集模块或前置机，与综合性行业机构数据开放网站以及具体机关部门的数据平台相对接；基于行业机构的私有云等设施构建安全的数据缓冲区，进行数据脱敏并移交数据资源管理人员审核，而后实现数据商品上架并对外提供服务。如图 2-17 所示。

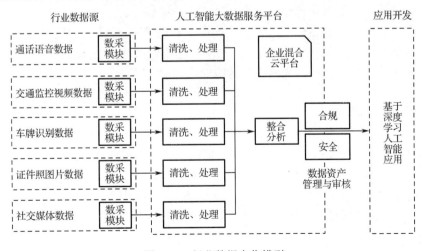

图 2-17　行业数据合作模型

在与行业客户对接的过程中，设计相应的利益分配或回馈机制，确保数据资源流通全路径的公开、透明。在与行业机构实现数据对接的过程中，设计行业数据开放、托管、审核和持续供给的机制，在确保信息安全的前提下实现行业领域数据可真正进入社会化的交易流通环节。

4．传感器数据采集

传感器数据采集是计算机与外部物理世界连接的桥梁。在计算机广泛应用的今天，各种录像摄像设备、气候环保监测设备、道路交通监测监控设备等，不同传感器接收不同类型信号的难易程度差别很大。在实际采集时，噪声也可能带来一些麻烦，传感器的参数对数据采集也有一定的影响。传感器进行数据采集的一般结构图如图2-18所示。

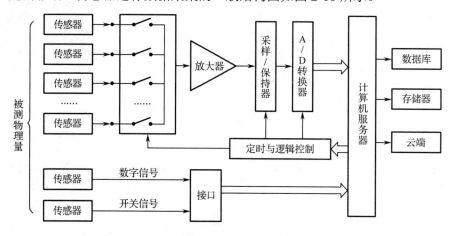

图2-18　传感器数据采集系统结构图

数据采集前，必须对所采集的信号的特性有所了解，因为不同信号的测量方式和对采集系统的要求是不同的，只有了解被测信号，才能选择合适的测量方式和采集系统配置。

信号通常是随时间而改变的物理量。一般情况下，信号所运载信息是很广泛的，如状态（state）、速率（rate）、电平（level）、形状（shape）、频率成分（frequency content）。根据信号运载信息方式的不同，可以将信号分为模拟信号和数字信号。数字（二进制）信号分为开关信号和脉冲信号；模拟信号可分为直流、时域、频域信号。

从传感器得到的信号大多要经过调理才能进入数据采集设备，信号调理功能包括放大、隔离、滤波、激励、线性化等。由于不同传感器有不同的特性，因此，除了一些通用功能，还要根据具体传感器的特性和要求来设计特殊的信号调理功能。

2.5.2　数据处理

通过互联网、物联网及各种各样的应用存储、应用工具，可以进行多种渠道的数据采集，从而得到大规模的人工智能所需要的数据。这些数据在组织、存储与标注前需要进行数据审核、去重、去噪、标准化、规范化、审查、校验等一系列数据整理、转换、清洗操作，目的在于删除重复信息，纠正存在的错误，统一数据规格，实现数据一致性。上述过程统称为数据处理。

1．数据处理工具

为方便分析和使用数据，数据处理与分析子系统主要实现数据的审核、清洗、加工和挖掘等功能以及相应流程的标准化，其中最为重要的是非结构化数据的结构化处理环节。

（1）数据审核和脱敏。由于广泛接入众多数据源的同类数据，支撑平台必须对数据质量进行系统性的记录，从准确性、完整性、一致性等维度对数据质量进行综合评估。数据脱敏是针对涉及敏感信息的数据，尤其是国家机密数据、涉及国家安全和个人信息安全相关的敏感数据，应与数据提供方合作，完成匿名化之类的脱敏工作；对海量数据进行基本的去隐私化操作，如敏感域识别和数据泛化。数据审核是在对所有数据通过计算机脱敏、分级等自动处理后，对模糊数据或不能确保数据有效的情况下，需要通过人工进行审核。

（2）基于特征参数提取的语音数据分析。语音数据的处理和分析是指根据语言类型、说话人性别和地域、内容类型、周边环境、语音文字内容等多种需求进行语音数据采集，提供数据处理、模型训练和产品测试等服务。通过特征参数提取技术，从语言信号中提取用于语音识别的有用信息，基于动态时间规整、隐马尔科夫模型等技术，完成模式匹配及模型训练，实现对海量语音数据的处理和分析。

（3）基于特征抽取的图像数据分析。由于其非结构化特性，用户对海量的图像数据具有极高的前期处理需求。可针对人脸图片、文字图片、车辆图片、行人视频、车辆视频等类型的数据，进行人脸轮廓、人体动作、车牌号码等特征的抽取，进而支撑人脸识别、车牌识别、视频监控等服务。

（4）基于运动特征的视频数据分析。具有发现和获取网络视频流的能力，并准确地对视频信息进行识别和判断，已经成为视频大数据领域的关键问题之一。通过按需采集相关的图片、视频以及传感器类数据并进行后期的特征抽取，内容、轨迹及异常行为标注等支撑大数据交易及服务平台的交易及服务。基于颜色特征、纹理特征以及视频的运动特性，研发关键帧提取、网络视频特征提取等关键技术。

（5）多策略融合的文本数据分析。基于中文分词与短语、文本分类、文本摘要、文本相似度、网页噪声去除等技术，实现对非结构化文本信息提取的加速；采用规则与统计相结合的方法，解决中文词语切分过程中的歧义问题；研究面对中文陌生文本的人机交互式分词方法，提升汉语各种文本分词处理；基于简单向量距离法、朴素贝叶斯法、KNN、支持向量机、神经网络等算法，实现文本的自动分类；利用自动文本摘要技术自动对电子文本中关键内容进行提取。

（6）多源数据关联集成。人工智能的数据处理平台会汇聚多源、异构的数据，通过数据的整合、集成和跨域分析，能够在人、事、物、时间等多个维度上极大改善数据零散、局部的缺点，从而形成数据商品的有效增值。将文本、语音、图像、视频、流数据等各种异质数据统一存储和管理，并以此为基础，从身份、位置和时间等维度建设多领域数据融合技术和机制，实现多源数据片段的有效整合。同时，由于数据集成过程中可能存在的隐私暴露风险，开发相应的预警模块，实现隐私和安全风险的实时监测，向用户提供安全、可信、实用的数据产品。

2．数据清洗方法

（1）无效值和缺失值的处理。由于数据采集的数据来源不同，在编码和入库等方面存在误差，数据中可能存在一些无效值和缺失值，需要给予适当的处理。常用的处理方法有估算、整例删除、变量删除和成对删除等。具体处理细节如下：

①估算最简单的办法就是用某个变量的样本均值、中位数或众数代替无效值或缺失值。这种办法简单，但没有充分考虑数据中已有的信息，误差可能较大。另一种办法就是根据调

查对象对其他问题的答案，通过变量之间的相关分析或逻辑推论进行估计。

②整例删除是剔除含有缺失值的样本。由于很多问卷都可能存在缺失值，这种做法的结果可能导致有效样本量大大减少，无法充分利用已经收集到的数据。因此，只适合关键变量缺失，或者含有无效值或缺失值的样本比重很小的情况。

③变量删除。如果某一变量的无效值和缺失值很多，而且该变量对于所研究的问题不是特别重要，则可以考虑将该变量删除。这种做法减少了供分析用的变量数目，但没有改变样本量。

④成对删除是用一个特殊码（通常是 9、99、999 等）代表无效值或缺失值，同时保留数据集中的全部变量和样本。但是，在具体计算时只采用有完整答案的样本，因而不同的分析因涉及的变量不同，其有效样本量也会有所不同。这是一种保守的处理方法，最大限度地保留了数据集中的可用信息。

采用不同的清洗处理方法可能对分析结果产生影响，尤其是当缺失值的出现并非随机且变量之间明显相关时。因此，在调查中应当尽量避免出现无效值和缺失值，保证数据的完整性。

（2）数据一致性检查。一致性检查（Consistency Check）是根据每个变量的合理取值范围和相互关系，检查数据是否合乎要求，发现超出正常范围、逻辑上不合理或者相互矛盾的数据。具有逻辑上不一致性的答案可能以多种形式出现，便于进一步核对和纠正。

（3）数据查重。多源多模态数据采集系统汇集来自各方的海量数据，其中难免会存在大量的重复信息。因此，必须对数据进行查重，以节省系统资源和网络带宽，提升信息采集和后期数据加工处理的质量与效率。数据清洗操作中的排重包括 URL 排重、标题排重、正文排重等数据查重机制。

①URL 排重：将已经下载页面的链接列表保存下来，并逐个与后续下载的链接进行比对，如果发现已经下载的链接就不再进行下载。

②标题排重：它是"URL 排重"的一项补充，通过基于模糊匹配的方式，对来自多个网站的重复新闻进行排查。

③正文排重：基于文本内容的数据特征值，对数据内容的相似度进行精确计算，是基于内容的去重方式。

2.5.3　数据标注

数据标注方式包括人工标注、半自动标注、自动标注、众包等。不同的标注任务需要不同的客户端，例如，一般图片类和语音类的标注可以通过浏览器实现，这种实现方式的好处在于代码更新可以在服务器端实现，并能对客户端有较强的管控能力；其他如视频数据标注、激光雷达所产生的 3D 点阵数据的标注，因为涉及大量数据的高带宽交互，则需要通过本地客户端的形式对数据进行缓存，并提供更强大的客户端处理和标注能力。

1. 定义所需标注数据和预估数据量

数据标注前应完成以下五项准备工作：

（1）分析数据。明确机器学习和模型训练过程中所需的标注数据类型、量级、用途及应用场景等。分析维度包括业务场景的针对性、标注样本的平衡性、前期经验及改进措施的借鉴等。

（2）整理数据。明确数据与标签文件存放的目录结构，在任务分配与回收时，应按指定的目录进行数据组织。

（3）明确命名规则。应明确数据与标签文件的命名方式，命名规则应避免数据更新迭代时的重名，便于数据追踪、标注追踪，且数据文件名与标签文件名应保持一致。

（4）预估数据量。根据标注任务的人力获取模式、工具选择、标注任务类型、算法选择以及整个项目的成本，对所需标注的数据量进行预估。

（5）标注数据定义与需求。明确标注数据的定义并确定最终的需求量。

2．标注说明规则

（1）标注说明规则职责分工。数据需求方应负责确保数据标注的规则符合该领域的业务和专业常识，并根据标注规则，检查所标注的数据是否满足数据需求方要求。

示例 1：数据需求方即业务数据需求方，指需要利用人工智能技术解决实际业务问题的业务团队。

数据使用方应从机器学习算法角度，确保标注规则可满足机器学习模型的训练要求，并根据该标注规则，检查标注的数据支撑机器学习模型达到数据需求方期望的精度。

示例 2：数据使用方指使用标注数据训练人工智能模型的研发团队。

数据需求方、数据使用方及数据标注团队应共同参与标注说明规则的制定、调整、迭代、执行的各个环节。数据标注团队应从实际标注角度出发，确保标注规则清晰、明确。

（2）标注说明规则定义。标注说明规则明确项目背景、意义及数据应用场景，包含项目标注工具、任务描述、标注方法、正确示例、常见错误等内容。标注说明规则应有可变更性，该变更应由相关方评审同意后再更新文档，且相关方应沿用制定规则时的基本原则及方法。

（3）标注说明规则内容。包括但不限于以下内容：

- 项目背景：概述项目背景或数据标注需求产生的场景。
- 版本信息：标注该说明的当前版本编号、发布日期、发布人、发布说明（发布原因或迭代原因）及历史迭代信息（历代版本编号、发布日期、发布人、发布说明等）。
- 任务描述：概述标注项目主要任务，包括标注项目关键信息、数据形式、标注平台、主要标注方法、期望交付时间、正确率要求等。
- 保密责任：数据需求方应在规则中列明数据安全等级，明确保密责任，标注方对当前承担的数据标注任务承担保密职责（如雷达数据标注等任务需求）。
- 标注方法：阐明数据需求方所需数据对象的标签定义，明确在协定标注平台上使用的标注组件标签类型及全部操作。标注方法的衡量标准是以标注人员掌握标注方法后能否立刻正确操作一次标注。
- 正确示例：通过图片、图文、视频等形式，示范正确的标注方法或成果，数据需求方应明确数据产出，标注方应明确标注认识，标注样例应覆盖特殊样本的标注示例。
- 注意事项：标注方的错误预警具有警示作用，规则制定者在注意事项中应列出标注方应避免的错误、标注方法中应注意的细节及额外处理方式等。

质量要求：数据标注规则应对项目的质量有合理的定量预估，质量审核应遵循质量要求。

（4）执行方法及注意事项。应加强数据标注员相关标注规则培训，保证每个标注人员理解标注说明规则，满足技能要求。

数据需求方应要求标注方检验标注培训效果，在标注之前及时发现问题，并将问题及应对措施整理归档。数据需求方应要求标注方对含特殊样例的小样本数据集进行预标注，并对标注结果进行审核。标注方满足审核标准后，数据需求方再正式向其分发标注任务。

标注方按照给定规则标注时，发现存疑数据应及时记录。数据需求方应明确此类数据的记录规则、保存路径及后续处理方法等。采用多人标注或定期集中反馈等方法处理问题数据。

标注说明规则的细则应有可调整性，对调整后的规则细则，应保证参与者及标注方充分理解。发现规则未涵盖的情况或实例时，标注方应及时向数据需求方反馈并沟通和处理。

（5）标注说明中术语体系规范化。至少应满足以下要求：

①遵从国家法规和行业规范；

②建立统一的标注术语字典，确保数据标注人员对术语和定义理解的一致性；

③在学习标注说明规则及进行相应的培训后，数据标注人员能够规范使用标注术语完成任务；

④被标注项目的相关方认可。

3．标注人力供给方式

应根据标注任务的数据量级、保密性与资质要求、对业务规程的理解程度、成本预算以及交付时间等各类因素，评价并确认标注人力供给方式。标注人力模式可包括内部自营标注、第三方标注、众包标注等，如表 2-8 所示。

表 2-8　标注人力模式

类　　型	适　合　任　务*	特　　点
内部自营标注	要求熟悉业务规程并及时沟通、反馈的标注任务	（a）符合业务规程需求； （b）沟通协调效率高
第三方标注	（a）对业务规程理解要求较低的标注任务； （b）内部自营标注人力不擅长的标注任务； （c）有专业资质要求的标注任务	（a）项目管理成本低； （b）可作为其他标注人力的补充或作为资质的审查人员参与质量和检查环节
众包标注	（a）时间紧迫且标注数据量大的标注任务； （b）需从大量用户或场景中采集标注的任务； （c）保密和隐私要求低的标注任务	（a）成本低、速度快，标注质量参差不齐； （b）难以满足保密性及专业资质要求

注：*列表示"和/或"

4．标注工具和标注平台选择

标注工具应满足以下条件：

（1）易操作性：标注工具应降低标注人员的操作难度，提供交互方式的自有标注。

（2）规范性：标注工具的数据导出格式应满足或可转换到格式要求。

（3）高效性：标注工具应保证标注任务的完成效率。

标注平台包含各种标注工具、团队管理、任务分发、质量审核等环节的模块，且将所有标注环节工具化。规模较大的标注平台可完成图像、文本、语音或视频等不同任务的标注。标注平台需保证保密数据的安全性。当数据量相对较小、数据类型相对单一、标注周期较短时，宜选择标注工具进行标注；当标注量较大、数据类型较多、标注难度较大且周期较长时，宜选择标注平台进行标注。在医学、金融等专业领域，标注工具或平台应满足相关法规要求，具备资质/资格证书、许可证等。例如，当涉及医学伦理标注时，标注工具或平台的使用应通过相应机构的伦理委员会的论证规程。

5．标注任务创建、分发、开展和回收

创建标注任务前，将待标注数据上传。上传的导入方式有两种：本地上传（适用于数据在本地设备上，包括电脑、U盘、移动设备等）；云端上传（适用于数据在云端，包括公有云和私有云）。标注数据上传成功后，当仅靠标注工具完成标注时，在创建任务的过程中，任务责任人要事先明确标注任务的目的以及标注规范等。当使用标注平台进行标注时，可根据上传的不同类型的数据划分不同任务模块，再进行相关任务创建。

（1）创建任务包括以下内容：

①明确任务基本信息：包含任务目的、任务需求（任务优先级、标注人员的能力要求级别等）、任务描述等。

②任务配置：根据不同的任务需求，匹配不同的标注工具，添加与标注任务相关的标注标签。

③将数据路径上传至平台。

④进行版本控制。

（2）标注任务分发。根据任务发布者确定的参数及需求，将标注任务分发给标注人员。标注任务发布者在发布数据时，应明确与标注任务相关的参数：

①参与标注人数；

②任务中子任务数量；

③数据标注员每人每天工作量；

④回收子任务时间点；

⑤任务结束时间点。

标注任务的分发对象包含标注人员和审核人员。标注任务分发给标注人员时，也应将任务分发给审核人。在标注过程中，同时进行标注审核工作。

在任务分发前，需确定每一个子任务分发标注的人数，如同一个子任务分发给多人参与，则需对每个子任务的回收结果进行比对。不同标注任务可根据具体情况（如成本和时间需求）决定同一个子任务是否需要多人标注。

分发时，按照任务具体信息和标注需求分配给相应的数据标注员，实现数据标注任务的优化调度，提高数据标注的效率和质量。

在标注分发过程中，采用主动学习技术将提升标注任务分发的效率。完成数据标注前，通过标注平台的主动学习，模型可在剩余的待标注数据中选出对模型重要的数据，优先分发给标注人员，其他数据则可延后分发，或不再分发给标注人员。

（3）标注任务开展。标注任务中数据标注方法分为两种：全人工标注和半自动标注。

全人工标注方式主要依靠人力进行标注，其标注的数据较精准，当标注数据量较大时，会耗费较多人力。半自动标注方式采用训练好的模型对目标数据进行检测，并用标注工具完善。半自动标注适用于标注数据量较大、标注任务较简单的标注。半自动标注建立在较成熟模型的基础上，若检测结果的准确度不够，会增加工作量。

在全人工标注中，若对标注结果准确率要求较高，在标注前需对标注人员进行相关任务培训。培训内容为标注工具或平台的使用方法及规定，标注的任务目的，标注内容和标准（依据不同标注任务制订不同标注计划）。

在标注人员标注前期，需建立标注者与标注数据使用者之间的反馈机制，确保两者间信息同步。标注时，可根据标注规则对少量样本先行试标注，将试标注结果反馈给数据需求方，

确认标注结果正确无误后，再批量开展数据标注任务。

（4）标注任务回收。在项目协定的任务将要完成时，项目负责人需回收标注作业，且需保证已分配的任务能被完整交付。自营标注团队可直接向标注人员或标注小组负责人收取；第三方标注服务公司需提前联系项目负责人，保证外部团队能按时交付；众包平台的回收任务只需保证任务完成时间的合理性，参与者能及时提交任务即可。回收环节中需注意个别情况和变化的出现，如果标注人员未能按时交付，则需由候补成员继续完成剩余任务，以保证标注任务进度。

2.5.4 数据质检

数据质检是数据产品生产过程中的一项重要工序。数据采集、数据清洗、数据标注等环节通过人工处理数据的方式不能保证完全准确；通过人工智能技术方式处理，也不能排除由于人工输入算法或标注规则错误引发的错误。因此，数据质检就为数据输出准确性提供可靠的保障。

数据质检操作方面，通过排查或抽样检查的方式。质检时，一般由多名专职审核人员对数据质量进行层层把关，一旦发现数据不合要求，则交由数据标注人员进行返工复查并纠正，直到最终通过审核为止。

（1）质量检查。确保数据标注结果有价值，符合数据需求方的特定应用目的。根据项目特性，质量检查方法可以归纳为逐条检查、按比例抽查、抽样检验、机器验证等四种。在质量检查过程中，需要设定质量检查间隔，防止由于一次性不合格数据积压过多而导致延误交付。还要根据算法要求设定所质检合格率，增加标注人员容错率。

（2）质量控制。确保标注过程可控，并产生预期的结果。在标注过程中，需要对数据质量及其行为进行质检，及时预警反馈，查明低质量数据原因，以此控制标注数据的质量。质量控制的方法根据项目特性可分为多人验证、埋题验证、标注人员状态验证、机器验证等多种。

（3）质量检查与控制中合格标准的确认。在标注结果的质量检查和控制环节，需在抽查前建立并确认合格标准，并在相关环节贯彻实施。

2.5.5 数据交付

对于数据标注行业，数据标注的质量标准主要是标注的准确率，主要由图像数据标注、语音数据标注、文本数据标注等质量标准控制。

（1）图像类型的数据验收。图像类标注任务的数据结果为带有标签的数据，包含标签的具体内容，及此图像标签对应的图像空间位置（可选）。不同的标注任务和要求会产出不同的结果，但不影响定义数据格式及组成部分。输出格式推荐使用易解析、易存储的数据格式，格式包括但不限于 JSON 或 XML。

（2）文本类型的数据验收。文本类标注任务的数据结果包含文本标签的位置和标签的具体内容。不同标注任务和要求会产出不同的结果，但不影响定义数据格式及组成部分。标注文件的输出格式推荐使用易解析、易存储的数据格式，包括 JSON、XML、TXT 等。标注文件应该包含详细的标签信息。

（3）语音类型的数据验收。语音类标注任务的数据结果包含语音标签的时间位置和标签的具体内容（如转写内容、说话人信息、噪声等）。不同标注任务和要求会产出不同的结果，但不影响定义数据格式及组成部分。标注文件的输出格式为 JSON 文件或其他通用输出格式，其文件应包含详细的标签信息。

（4）视频类型的数据验收。视频类标注任务的数据结果可包含视频标签的时间位置、空间位置和标签信息等内容。不同标注任务和要求会产出不同的结果，但不影响定义数据格式及组成部分。标注文件的输出格式推荐使用易解析、易存储的数据格式，包括 JSON、XML 等。标注文件应该包含详细的标签信息。

（5）其他数据。医学影像数据具有其特殊性，因此在此单独定义输出标准。对于 DICOM 类型的数据，按照 ISO 12052 的要求，参照前述图像、文本、语音和视频数据的输出格式，存储在 DICOM 数据格式的相应标签和数据集合中。

（6）数据交付。数据交付时，标注团队需对最终提交的数据量进行说明。交付的内容应包括标注结果（必选）、交付和说明文档（可选）、关于标注数据的 metadata（可选）、原始数据（可选）等。交付的文件存储结构如图 2-19 所示。

图 2-19　文档存储结构图

在图 2-19 中：

data——数据文件夹；

doc——说明文档文件夹（可选）；

.json——（或.xsml 等）标注结果文件，可以每个标签单独保存一个标注结果文件，或者是所有标注结果保存在一个标注文件中；

原始文件——单条标注结果对应的原始文件，如图片、音频、文本、视频。

metadata——原始文件元信息（非必备）。

2.5.6 数据验收

数据标注团队在交付数据后，数据需求方应在数据验收期内完成对数据标注结果的验收工作，验收方式包括抽样验收和逐一验收两种。若验收数据质量未达到期望值，数据需求方可要求数据服务提供商对数据进行修正。

2.6 本章小结

本章先从数据标注对人工智能的重要性和必要性开始论述，然后介绍数据标注对象——数据集、数据标注工具、数据标注技术，最后介绍数据标注流程，使读者全面了解数据标注工具、方法和过程。

2.7　作业与练习

1. 如何理解人工智能与数据标注的关系？
2. 什么是数据标注？
3. 数据标注的对象包含什么？
4. 数据标注工程包括哪些环节？
5. 数据标注都有哪些应用工具？
6. 数据标注工具有哪些应用场景？
7. 数据采集方法有哪些？
8. 数据标注环节包括哪些内容？
9. 语音标注涉及的技术有哪些？
10. 图像标注涉及的技术有哪些？

第 **3** 章

图像数据标注

　　图像数据标注是数据标注领域的一个重要分支。图像数据标注通过分类、画框注释等方式对图像数据进行处理，标记图像所具有的特征，用来作为人工智能学习（训练模型）的基础材料。目前，图像数据标注的应用场景非常广泛，是自动驾驶、智慧医疗、智能安防等多个领域的基础构件。在现实应用场景中，最常用到的图像数据标注是自动驾驶中的车辆识别和智能安防中的人脸识别。人脸识别需要将整个人脸图像的关键点找出，然后进行对比；而自动驾驶中需要识别道路、车辆、障碍物、绿化带等。图像数据标注是一个相对复杂的过程，数据标注人员需要依据项目需求的不同对目标标记物进行差异性标注。图像数据标注为人工智能中图像领域的发展提供了源源不绝的活力，图像识别技术（计算机视觉、机器视觉）成为人工智能发展的标杆。

3.1　图像数据标注简介

3.1.1　图像数据标注的目的与发展

　　近些年以来，深度学习作为人工智能的核心技术在图像识别领域取得了一系列重大突破，计算机视觉已经成为人工智能领域的标杆方向。人工智能其实就是将人类所具备的认知能力教给计算机，使计算机具有一定的识别能力。人类在学习某项新技能时需要一些学习资料，而标注后的图像数据相当于为计算机提供了学习资料，从而使得计算机能够学习到这些图像的特征信息，最终使得计算机具备处理图像数据的能力。图像数据标注为计算机视觉的研究提供了丰富的带有标签的图像数据，确保算法模型可以被有效训练。

　　比较成功的图像数据标注任务当属斯坦福大学李飞飞教授在 2007 年开启的 ImageNet 项目，该项目为了给机器学习算法提供丰富可靠的图像数据集，利用亚马逊的劳务众包平台来对图像数据进行标注，全球已经有一百多个国家的数万名工作者标注了一千四百多万张图像。2010—2017 年，ImageNet 共举办了八次图像任务挑战赛，吸引了全球的参赛队伍通过编写相关算法来完成分类、检测和定位等子任务。ImageNet 项目的成功改变了人们算法为王的认知，人们逐步意识到数据才是人工智能的核心，数据比算法重要得多。"胡乱输入，胡乱输出"——没有高质量的输入数据，再好的算法得到的也是无用输出。图像数据标注产业根据企业和用户的实际需求对图像数据进行不同方式的标注工作，从而提供大量可靠的训练数据给机器学习使用。

　　近年来，随着人工智能在图像领域的发展，已经出现了一些有代表性的图像数据集，最常用的是 MNIST、ImageNet、COCO、PASCAL VOC、Flickr30k 等数据集，它们在手写数字识别、图像分类、定位和检测任务中被广泛应用，这几个图像数据集的用途、规模、来源如表 3-1 所示。因为 ImageNet 数据集是最早的图像数据标注类数据集，而且它有专业的维护团队和详细文档，成为当前检验深度学习在图像领域算法性能的"标准"数据集；COCO 数据集是在微软公司资助下诞生的，该数据集中除了图像的位置和类别信息，还包括对图像的语义文本描述，因此它是评价图像语义理解任务的"标准"数据集。

表 3-1　常用的数据标注集

数据集名称	用　　途	大　　小
MNIST	手写数字识别	12MB
ImageNet	图像分类、定位、检测	1TB
COCO	图像识别、分割和图像语义	40GB
PASCAL VOC	图像分类、定位、检测	2GB
Flickr30k	图像描述	30MB

3.1.2　图像数据标注规范

1．图像数据标注中的角色

在图像数据标注中，用户的角色主要可以分为三类，分别是标注员、审核员和管理员。标注员负责对图像数据进行标注，通常由经过专业培训的人员来担任，在一些需要特定背景或对标注质量要求非常高的任务中，如医疗图像数据的标注中，也会由具有专业知识的领域专家来担任。审核员负责对标注好的数据进行审核，完成数据校对及审核，适时对标注中存在的错误和遗漏进行修改与补充，这个角色通常由具有丰富经验的标注人员来担任。管理员负责对相关人员进行管理，并对标注任务进行发放及回收。

数据标注过程中的三个角色是相互制约的关系，每个角色都是图像数据标注任务中不可缺少的一环，只有各司其职才能将任务完成好。

2．图像数据标注流程

在一个完整的图像数据标注任务中，数据标注流程首先从图像的数据采集开始。数据采集以从网络采集为主，根据项目的不同需求采集不同的数据，如在人脸关键点标注任务中，采集的图像根据人种分布可以覆盖黄色人种、白色人种和黑色人种，同时男女比例应尽可能均衡，采集的图像应该覆盖多个年龄段，图像分辨率满足 600×600 像素以上等条件。由于网络采集的数据可能存在缺少值、噪声数据、重复数据等质量问题，因此，首先需要对采集到的数据进行清洗，然后对清洗后的数据进行标注。数据标注是整个任务的核心，常见的图像数据标注类型包括关键点标注、矩形框标注、图像分割、3D 框标注等。根据项目所需分别对数据集采用不同的标注方式，不同标注类型所利用的标注工具和难度也有所区别。在对图像数据进行标注完成后，需要对图像数据标注的质量进行检测。图像数据标注的质量好坏取决于像素点的判定准确性，标注像素点越接近标注物的边缘像素，则标注的质量就越高，标注的难度也越大；反之亦然。通常一个标注任务的准确率高于 95% 则认为该标注任务合格。

（1）图像获取。要进行图像数据标注，首先要获得需求的图像。项目不同，图像的获取方式也不同，一般可通过线下采集、网络采集等方式获取所需的图像。

（2）图像前期处理。不管是线下采集还是网络采集的图像，都有可能存在重复的情况。因此，首先要对图像进行查重处理，将重复的图像删除。

（3）图像预识别。目前可通过特定的程序，先对数据做一个预识别处理，这样就可以直接得到标注结果，标注员只需校验标注结果即可。图像预识别处理可以大大提高标注效率。

（4）图像标注。选择适合的标注工具，根据指定的规范要求进行标注。为了确保准确率，一般会经过标注、质检和验收这 3 个流程。

（5）结果输出。标注完之后，会根据数据的需求制定特定的数据输出格式，一般为 JSON、XML 等。需要通过技术手段将标注的结果转换为特定的需求格式。

3．图像数据标注工具

在进行标注任务时，首先要根据标注对象、标注要求和不同的数据集格式选择合适的标注工具。几个常用的图像数据标注工具及其特点如表 3-2 所示，表中除了 COCO UI 工具在使用时需要麻省理工学院（MIT）许可，其他的工具都是可以开源使用的。除了精灵标注助手可以同时标注图像、视频和文本，其他开源工具只针对特定对象进行标注。虽然不同的标注工具导致标注结果中会存在一定的差异，但很少有研究关注它们的标注效率以及标注结果的质量。

表 3-2　常用的图像数据标注工具及其特点

工 具 名 称	简　　介	标 注 形 状	导出数据格式
LabelImg	著名的图像数据标注工具	矩形	XML 格式
LabelBox	适用于大型项目的标注工具，能够标注图像、视频和文本	多边形、矩形、线、点、嵌套分类	JSON 格式
VIA	VGG（Visual Geometry Group）的图像标注工具	矩形、圆、椭圆、多边形、点和线	JSON 格式
COCO UI	COCO 数据集的标注工具	矩形、多边形、点和线	COCO 格式
精灵标注助手	多功能标注工具	矩形、多边形和曲线	XML 格式

目前常见的标注数据以 XML 或者 JSON 形式存储，少数情况下为 TXT 格式。XML 形式存储如图 3-1 所示，JSON 形式存储如图 3-2 所示。

```
<?xml version="1.0" encoding="utf-8"?>
<annotation>
    <object>
        <name>coordinates</name>
        <bndbox>
            <xmin>1234.0</xmin>
            <ymin>269.2894736842105</ymin>
            <xmax>1429.9473684210527</xmax>
            <ymax>731.9056603773585</ymax>
        </bndbox>
        <mask>no mask</mask>
        <gender>male</gender>
        <age>old</age>
        <top>coat</top>
        <top_texture>solid color</age_texture>
    </object>
</annotation>
```

图 3-1　XML 形式存储标注数据

```
{
    "geometry": {
        "type": "ExtentPolygon",
        "coordinates": [
            [
                1234.0,
                269.2894736842105
            ],
            [
                1429.9473684210527,
                731.9056603773585
            ],
        ]
    },
    "properties": {
        "type": {
            "mask": "no mask",
            "gender": "male",
            "age": "old",
            "top": "coat",
            "top texture": "solid color"
        }
    }
}
```

图 3-2　JSON 形式存储标注数据

3.1.3 场景分类型图像数据标注

图像数据标注产业的蓬勃发展为人工智能行业计算机视觉方向的兴起奠定了扎实的基础。不同行业对于数据的标注要求有所差异，其主要的适用场景包括以下几个方面：

1. 自动驾驶

在汽车的自动驾驶途中，没有了人在复杂情况下做出相应的反应对策，因此需要汽车本身具备感知、决策、操控等多项技能，这些技能都可以称为人工智能。但是，这些所谓的智能只是一个结果，人工在前、智能在后，要想让汽车处理更多、更复杂的路面情况，就需要海量的真实行驶数据作为支撑。而这就需要依靠对真实路况采集的图像数据进行标注，利用带有标签的数据集来对自动驾驶模型进行训练，使其对路面情况具备判断能力，并能做出相应的应对策略。包括对路面中行人识别、车辆识别和道路识别来确定是否换道超车，对红绿灯的识别来确定是否通过路口，同时还有一系列复杂的路面情况，如通过无红绿灯控制的路口是否可以安全左转或右转，当遭遇横穿马路的行人、闯红灯的车辆及路边存在违停车辆时该如何处置。

2. 智慧医疗

人工智能与医疗影像的结合是智慧医疗的突破口，目前超过百分之八十的医疗数据是来自医疗影像的，医疗影像已经成为人工智能在医疗任务中最热门的领域。由于医学的特殊性，对医学图像的标注最重要的是保证准确率，准确率要求比自然图像高很多，医学图像的标注存在一丁点错误就可能会造成大问题，是确确实实要用到病人身上的。医生可能出现误诊，但如果人工智能出错则可能影响这个行业的智能化进程。标注内容主要包括对解剖部位或病变部位对应的点线面以及轮廓进行标记，如 CT 断层成像数据，需要根据病理特点标注肺部边界轮廓。因其医学图像所具备的特殊性，医学图像数据标注人员须具备相应的背景知识，需要熟悉 CT 或 MR 影像诊断和读片，有医院临床或影像科的工作经验。

3. 智能安防

智能安防是人工智能与信息技术结合的关键领域，对于城市与民生发展有重要的意义，通过生物识别和行为检测等技术手段，广泛地应用于城市道路监控、车辆人流监测、公共安全防范等领域。智能安防领域通过对复杂条件下的人脸、道路、车辆、动作的数据采集与标注，可以有多种具体应用，利用城市监控的图像画面可以记录犯罪分子的面容样貌，给出预设意见，为案件侦破争取宝贵时间。

随着以自动驾驶为代表的人工智能项目走出实验室开始有实际产出，越来越多的企业及科研院所逐渐认识到高质量的数据集才是各细分领域项目落地的关键所在。就未来而言，针对特定场景的定制化数据标注是图像数据标注行业的重点发展方向，高质量的图像数据标注数据集促使人工智能行业走向全新的未来。

3.1.4 图像数据标注形式分类

常见的图像数据标注类型包括关键点标注、矩形框标注、图像分割、3D框标注、属性标注等。根据项目所需分别对数据集采用不同的标注方式，不同标注类型所利用的标注工具和难度也有所区别。

1. 关键点标注

关键点标注模板最大的应用是对脸部的关键点进行标注，通过不同方位的关键点标注，可以判断图像上的人物的形态。常用的关键点标注包括嘴部 9 点标注（如图 3-3 所示），人体 22 关键点标注（如图 3-4 所示），人脸 68 关键点标注（如图 3-5 所示），以及手势 21 点关键点标注等。

图 3-3 嘴部 9 点标注

图 3-4 人体 22 点标注

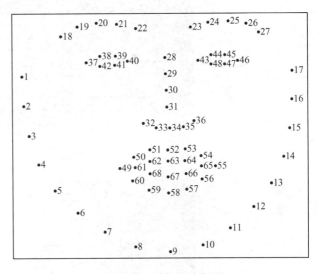

图 3-5 人脸 68 点标注

2. 矩形框标注

矩形框标注是一种对目标对象进行目标检测框标注的简单处理方式，常用于标注自动驾驶下的人、车、物等。根据提供的数据质量和数量，在矩形框标注的帮助下，使机器学习模型通过训练能够识别出所需的目标对象，如图 3-6 所示。在人脸识别系统中也需要通过矩形框的方式将人脸的位置确定下来，再进行下一步的人脸识别。在光学字符识别（Optical Character Recognition，OCR）应用中，需要通过矩形框的形式将各文档中需要识别转化的内容标注出来，如图 3-7 所示。矩形框标注的方式虽然简单，但在多数应用中非常有效。

3. 区域标注

区域标注是指将图像分成各具特性的区域并提取出感兴趣部分的过程。区域标注包括开区域标注和闭区域标注。按照通用定义，区域标注需同时满足均匀性和连通性的条件，其中均匀性指的是该区域中的所有像素点都满足灰度、纹理、彩色灯特征的某种相似性准则；连通性是指在该区域内存在连接任意两点的路径。与矩形框标注相比，区域标注要求更加精确，标注边缘可以是多边形甚至是柔性的，常用于自动驾驶中的道路识别（如图 3-8 所示），以及智能安防中的人脸识别等应用。

图 3-6　路面车辆标注框标注

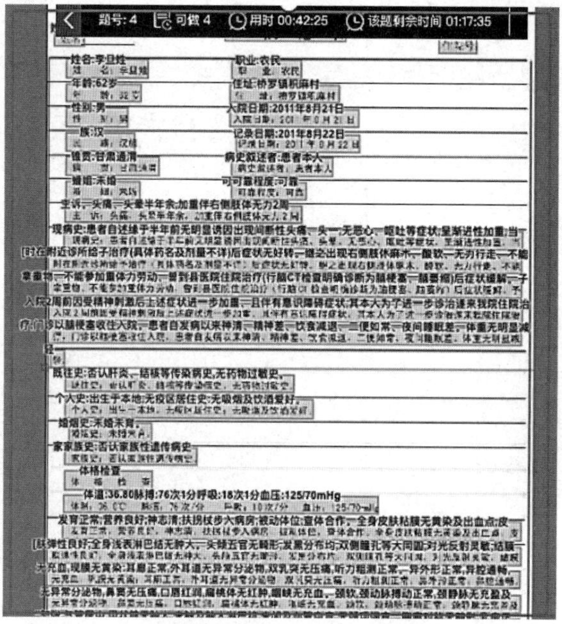

图 3-7　OCR 矩形框标注

图 3-8　区域标注在自动驾驶领域的应用（道路、标线等）

4. 属性标注

　　属性标注俗称打标签，就是用一个或多个标签标注目标物的属性。一般是从既定的标签中选择数据对应的标签，是封闭集合。可以将不同的图片根据场景进行分类，也可以对目标（即图片中的人、物）进行类别、属性（如性别、年龄、全身、着装等）的标注，如图 3-9 所示。

（a）确定目标的类别　　　　　　　　　　　　　　　　　（b）目标属性标注

图 3-9　属性标注

3.1.5　图像任务和数据标注的关系

1. 图像任务

　　图像任务是指标注后的图像数据集主要用在哪种分类算法中，具体可以分为：

　　（1）检测：使用矩形框、四边形框或者关键点，将目标物定位出来。

　　（2）识别：综合多种标注形式（如标框+关键点或者标框打标签），确认目标物的编码。

　　（3）分类：通过属性标注，确认目标物或者目标场景的类别。

　　（4）语义分割：使用图像区域分割工具，确定每一个像素的目标类别。

　　（5）语义描述与理解：目前多数使用的属性标注就是在图像全局上更高层次的表达（如审美、情感等）。

2. 标注方式

　　图像数据的特征标注方法主要有：

　　（1）标注框标注：用矩形框、四边形框框选出目标物。

　　（2）关键点标注：用一个或多个关键点标注目标物特定局部的位置。

　　（3）区域标注：用开区域或闭区域分割出目标物的轮廓。

　　（4）属性标注：用一个或多个标签标注目标物的属性等。

3.1.6 图像数据标注的术语

本小节总结了实际的图像数据标注中常用的术语，如表 3-3 所示。

表 3-3　图像数据标注的常用术语

序　号	术语名称	术语释义
1	图像编码格式	BMP 格式：无压缩格式，位深度可以为 1、4、8、24
		JPEG 格式：有损压缩格式，可以调节压缩比，压缩比越大品质越低
		PNG 格式：无损压缩格式，适合保存一些图形类图片
2	显示分辨率	显示分辨率是屏幕图像的精密度，指显示器所能显示的像素有多少。图像的分辨率越高，所包含的像素就越多，图像就越清晰，但是它会占用较大的存储空间
3	位深度	位深度用于指定图像中的每个像素可以使用的颜色信息数量。每个像素使用的信息位数越多，可用的颜色就越多
4	召回率	召回率=预测正确的实体个数÷标注的实体总个数×100%
5	准确率	准确率=预测正确的实体个数÷预测的实体总个数×100%
6	边界误差	在标注时，标注的边缘与实际图像的边缘存在误差，这就是边界误差
7	对象	图像中包含的可区分、可标识的实体，如汽车、方向盘、驾驶员、道路、斑马线等
8	类别	对象的分类，比如"车""人"等

3.2　关键点标注方法

关键点标注是指将需要标注的元素按照需求位置进行点位标识，从而实现关键点的识别。目前在各种应用场景中，需要对大量的待标注图片进行关键点标注，得到标注后的数据，然后应用所得到的标注数据完成相应的任务。现阶段主要依靠人工的方式对大量待标注图像的关键点进行标注。关键点标注正如其字面含义，标注人员需要在规定的位置标注关键点，这类标注通常用于统计模型和姿势或脸部识别模型。统计模型借助关键点标注表示特定场景内目标物体的密度，如商城人流统计模型。除此之外，姿势或脸部识别模型借助关键点标注理解各个点在运动中的移动轨迹，通过不同方位的点标注，可以判断图片上人物的特点，从而实现更复杂的判断。

3.2.1 关键点标注项目的应用及发展前景

目前关键点标注常用于人脸识别、人体骨骼检测、手势确认等方面。随着人脸识别技术不断发展成熟，市场需求将加速释放，应用场景不断被挖掘。从社保领取到校园门禁，从远程的预授信到安检闸机检查，人脸识别正在不断打开各级应用市场。伴随着人脸识别应用的加速普及，行业也将呈现出新的发展趋势。人脸识别市场热度高涨，其应用场景得到跨越式发展的根本原因在于技术革新。深度学习将人脸识别的精确度提高到肉眼级别，极大丰富了人脸识别的应用场景，例如，互联网银行远程开户的刚需将人脸识别带进了金融级应用场景。

商业巨头频繁布局人脸识别，赋予其更大的应用场景想象空间，同时培养用户"刷脸"习惯以及对技术的认可度，有利于产业进一步发展，多方的推动使得人脸识别应用得到爆发式发展。

3.2.2　关键点的标注内容

　　关键点标注一般用于人体脸部轮廓、五官定位、身体部位和动物头像等，其最大的应用是对人脸轮廓的关键点标注。通过关键点标注，可以实现判断图片上的人物的功能。在面部识别系统中，关键点的标注内容包括脸部轮廓、眉毛、眼睛、鼻子、嘴巴等。人脸关键点标注对人脸范围内的关键点进行标注和微调，使每个点都在准确的位置上，用于精密的表情变化和人脸关键点识别。根据项目需求不同，对关键点标注的细致程度要求不同，导致需要标注的关键点数量也不同。常见的关键点数量包括嘴部 9 点，人体 22 点，脸部 68 点、98 点、106 点、128 点等。根据项目需求的标注点数不同，每个点所代表的具体含义也有所区别，但是在具体任务中每个点标注的位置都是确定的。

　　21 点手掌关键点标注如图 3-10 所示，手势关键点标注如图 3-11 所示。

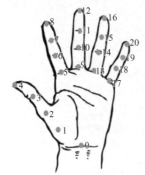

图 3-10　21 点手掌关键点标注　　　　　　　图 3-11　手势关键点标注

　　人体关键点标注如图 3-12 所示，骨骼关键点标注如图 3-13 所示。

图 3-12　人体关键点标注　　　　　　　图 3-13　骨骼关键点标注

3.2.3 标注数据结果格式

1. 数据命名格式说明

图片命名格式为"图片名称_性别_年龄_人种_戴帽状态_戴眼镜状态_背景",例如,"00091_女_少年_黄种人_戴帽子_戴普通无色眼镜_室内"。

2. 元数据处理说明

每张标注完成的图片均需要生成对应的数据标签,结果如图 3-14 所示。

SES: 图像文件夹编号
DIR: 图像文件存放目录
IOI: 图像内容(人脸属性及关键点标注)
REC: 采集地点城市国家(网络爬取、实地采集)
SEN: 采集场景(室内、室外)
SEA: 拍摄季节(空)
WEA: 拍摄天气(空)
TIM: 拍摄时间段(空)
ILS: 光照情况(空)
VEP: 拍摄方位(空)
INS: 采集设备(空)
DTF: 数据格式(jpg)
RES: 分辨率(图像自识别)
FPS: 帧率(图像自识别)
ANF: 标注方式(关键点标注)
ANC: 标注内容(人脸属性:性别、年龄、人种、戴帽状态、戴眼镜状态、背景状态标注:人脸106点关键点标注)
COI: 图片色彩(彩色)
CMT *** HUMAN FACE ***
SCD: 被采集人ID(空)
BIR: 所属国家或种族(图像自识别:黄种人、白种人、黑种人)
SKC: 肤色(图像自识别:黄种人为黄色、白种人为白色、黑种人为黑色)
BRD: 生日(空)
SEX: 性别(图像自识别)
AGE: 年龄(图像自识别:婴儿(0~3岁),少年(4~17岁),青年(18~40岁),中年(41~60岁),老人(60岁以上))
AOF: 人脸角度(空)
POF: 人脸像素(空)

EXP: 表情(空)
HAR: 发型(空)
HAC: 发色(空)
OCC: 干扰项(空)
CMT *** ROAD INFO ***
ROC: 路况(空)
MOC: 车型(空)
LOC: 采集位置(空)
CMT *** OCR ***
LNG: 语言(空)
FNT: 字体(空)
NUM: 字数(空)
TEC: 文字载体(空)

图 3-14 元数据说明(metadata)

3. 标注存储结构

完整的标注数据存储结构如图 3-15 所示。

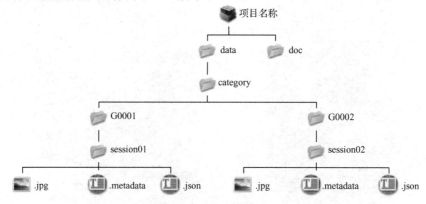

图 3-15 标注数据存储结构图

3.2.4　关键点标注工具简介

此处以数据堂的关键点标注工具为例进行介绍。点标注模板最大的应用是对人脸的点标注。通过不同方位的点标注，可以实现判断图片上的人物的功能。常用的点标注包括人脸 106 点关键点标注、手势 21 点关键点标注等，具体内容如下：

（1）标注图片类型：常见人体脸部、五官部位，动物头像。

（2）关键点数量：常见 18 点、22 点、64 点、106 点、128 点。

（3）点属性：可见点/不可见点，预估点。

（4）图片属性：背景、角度、动作名称、性别等。

1. 标注工具布局

如图 3-16 所示，标注页面分为三大区域：画选区、工具区、标签区：

（1）画选区：该区域用来显示图片和打标签。

（2）工具区：显示所有在标注过程中需要用到的工具。

（3）标签区（区分图层）：通过区分图层，显示标注的内容。

图 3-16　关键点标注工具布局

2. 标注方式

标注点：用鼠标点击鼻子、眼睛等部位进行标注，按顺序点击各个部位，如图 3-17 所示。

编辑点：单击标签列表区的器官对应编辑按钮，即可对标注过的点进行编辑，如图 3-18 所示。

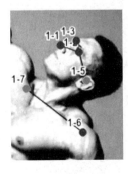

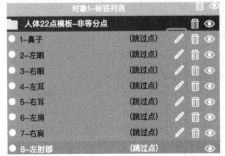

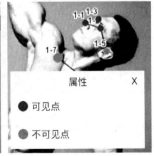

图 3-17　关键点标注

图 3-18　关键点标注工具-编辑

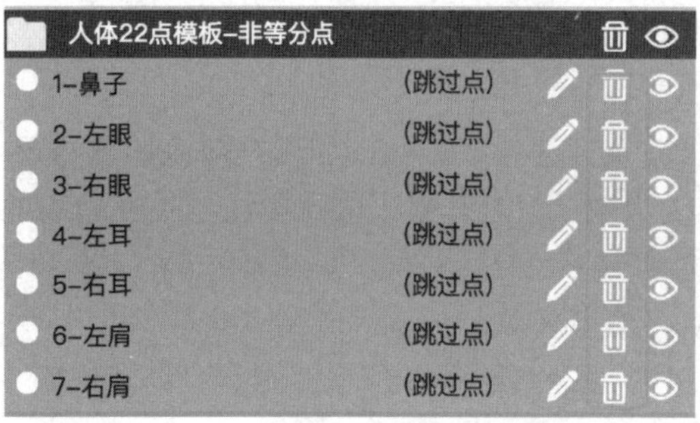

删除点：单击标签列表区的器官对应的删除按钮，即可对标注过的点进行删除，如图 3-19 所示。

3．关键点标注工具简介

标注工具的界面如图 3-20 所示，界面上包含了一些按钮，通过单击这些按钮可以对标注图像进行必要操作，其具体功能如表 3-4 所示。利用该工具可以对关键点进行标注。

图 3-19　关键点标注工具-删除

图 3-20　标注工具界面

表 3-4　标注功能说明

序　号	功　能	备　注
1	选择	选中标注的点，调整点的位置以及点的类型（选中点后单击鼠标右键）；选中矩形框，调整矩形框的位置和大小（选中矩形框后，框线变粗，移动矩形框调整位置）
2	画矩形	单击"画矩形"按钮，将鼠标移至画布中，左键单击开始画矩形，再次单击确定矩形框，标注完所有的点才能画矩形框
3	清空	清空所有标注的点
4	开始标注	单击"开始标注"按钮，可以选择"标注点标注""预估点标注""跳过点标注"
5	标注点标注	单击"标注点标注"按钮，将鼠标移至画布中，左键点击，画点完成，标注点为圆形点
6	预估点标注	单击"预估点标注"按钮，将鼠标移至画布中，左键点击，画点完成

续表

序　号	功　能	备　注
7	跳过点标注	单击"跳过点标注"按钮，将鼠标移至画布中，左键点击，画点完成
8	取消键	可取消正在标注的图形，取消后可继续画框
9	显示/隐藏图形	单击后可隐藏/显示标注的图形
10	显示/隐藏标签	单击后隐藏/显示所有标签，图形不隐藏/显示
11	显示/隐藏参考线	单击后隐藏/显示所有参考线，图形、标签不隐藏/显示
12	保存标注	单击画布右上角的"保存"按钮，即可保存标注信息
13	画点	单击"开始标注"按钮，选择标注点类型，开始标注，将鼠标移至画布中，左键点击，画点完成

3.2.5　关键点标注案例分析

以下通过两个项目介绍关键点标注的具体标注方式。

1.嘴部9个关键点标注案例

项目背景：作为嘴部识别应用软件的数据支持，进行图像处理。

标注需求：标记出上下嘴唇的外交接点，上下内嘴唇的交接点，以及下嘴唇的等分点，如表 3-5 所示为关键点位置说明。

表 3-5　关键点位置说明

关键点编号	关键点说明
1	上下嘴唇最左边外交接点
2	上下嘴唇最右边外交接点
3	点 2 与点 5 之间三等分点，靠近点 2
4	点 2 与点 5 之间三等分点，靠近点 5
5	点 1 与点 2 的中间等分点
6	点 1 与点 5 之间三等分点，靠近点 5
7	点 1 与点 5 之间三等分点，靠近点 1
8	上下内嘴唇的左边交接点
9	上下内嘴唇的右边交接点

标注规范：特殊情况下需要根据想象将图片上无法直观看到的位置进行补充，将关键点标注在预估的准确位置上。要求 1、2 点严格在嘴角上；3、4、5、6、7 点严格在下嘴唇外边缘的边界上，在某些唇色不明显或者嘴唇外边缘交接线不明显时，可以把点往上画一点；在张大嘴的情况下 1、2 和 8、9 靠得很近，甚至是重合的，这就要求 8、9 点不能超过 1、2 点；在嘴唇被遮挡的情况下，通过想象预估补画出相应的点，不用添加是否遮挡标志；如果图片中没有预标注结果，则本图跳过。标注截图如图 3-21 所示。

验收标准：关键点要尽量贴合，并且位置要符合实际情况，关键点标注准确率 99%。

标注输出：原图+JSON+效果图。

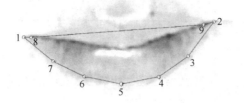

图 3-21　嘴部 9 点标注合格示例图

2．人体 18 点关键点标注案例

项目背景： 作为人体识别应用软件的数据支持，进行图像处理。

标注需求： 精准定位 18 个核心关键点，包含头顶、颈部、四肢主要关节部位，支持多人检测、大动作等复杂场景。可以检测图像中的所有人体，标记出每个人体的坐标位置；不限人体数量，适应人体轻度遮挡、截断的情况。标注截图如图 3-22 所示，关键点位置说明如表 3-6 所示。

图 3-22　人体 18 点关键点标注

表 3-6　关键点位置说明

关键点序号	位　　置	关键点序号	位　　置
1	头尖	10	右手掌心
2	脖颈	11	左髋
3	左肩	12	右髋
4	右肩	13	左膝
5	左肘	14	右膝
6	右肘	15	左脚腕
7	左手腕	16	右脚腕
8	右手腕	17	左脚尖
9	左手掌心	18	右脚尖

标注规范：对人体进行 18 点关键点标注时，每个关键点定位为对应区域的中心点。每个人体关键点有三种状态：可见、遮挡以及不在图内。遮挡点，需要预估标注；不在图内（或严重遮挡，看到关节）的点，需要标注为跳过点。戴帽子、手表、表环、护腕、外衣绑在腰上都为可见点。精度要求：点位置误差区间 x、y 方向均为 2 个像素以内，超过 3 个像素记为错误标注。

验收规则：关键点标注准确率以人像为单位，标注准确率 95% 以上。

标注输出：原图+JSON+效果图。

注意事项：

（1）如一个部位被遮挡大于 2/3 的情况下，是以可见的一小部分标可见点；

（2）女性扎吊辫的情况下头顶的点是以头顶最高点标注；

（3）标注在头顶位置，而非发髻最高点；

（4）戴帽子、手表、表环、护腕、外衣绑在腰上以可见点标注；

（5）图片外这种完全不可估计的，直接是(0,0,0)，如果在图像中并受遮挡且遮挡较少可以预估的，标为$(x,y,0)$。

3.2.6　关键点标注难点及分析

关键点标注虽然看起来比较简单，只要在需要标注的地方打点标注就行，但是实现起来难度非常大，在图片标注任务中属于高难度标注。首先是关键点的数量一般较多，在标注过程中需要搞清楚少则几个、多则上百个点所代表的含义，做得多就容易错得多。其次是判断标注合格的标准不是很明确，导致标注人员不能检查自己犯的错误，在这么多标注点的情况下，某个点偏离了位置就不容易及时发现，毕竟人不是机器，靠肉眼找到两个点之间的等分点是非常有挑战性的事情。在人脸关键点标注项目中，标注的人脸通常是二维的图片，但是需要标注员有三维立体感，使标注后的图片具有立体效果。当遇到遮挡点或不可见点时，需要标注人员在标注过程中具有丰富的空间想象能力。总的来说，关键点标注对标注人员素质要求非常高，甚至有从业者认为这不是标注工作，而是在完成艺术作品。

3.3　标注框标注方法

标注框标注是一种对目标对象进行标注的简单处理方式，常用于标注自动驾驶下的人、车、物等。根据提供的数据质量和数量，在标注框标注的帮助下，使机器学习模型通过训练能够识别出所需的目标对象。在人脸识别系统中，也需要通过标注框将人脸的位置确定下来，再进行下一步的人脸识别。在 OCR 应用中，需要通过框的形式将各文档中需要识别转化的内容标注出来。框标注包括矩形标注、自由矩形标注、3D 框标注、四边形标注和不规则框标注等方式。

3.3.1　框标注适合的场景

矩形框标注应用范围广泛，通过矩形拉框的方式，选定矩形区域内的内容来对图片的特征进行提取。一般而言，标注的数据为街景图片中的汽车、人物、路灯等，商城图片中的顾客、柜台等，人物的脸部图像等；标注的类型是车辆、行人、人脸等。矩形框标注的方式虽然简单，但在多数应用中非常有效，如图 3-23 所示是在街景图片中标注行人，如图 3-24 所示是在街景图片中标注车辆（目标检测标注），如图 3-25 所示为 OCR 标注。

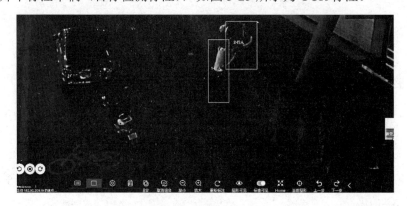

图 3-23　矩形框标注行人

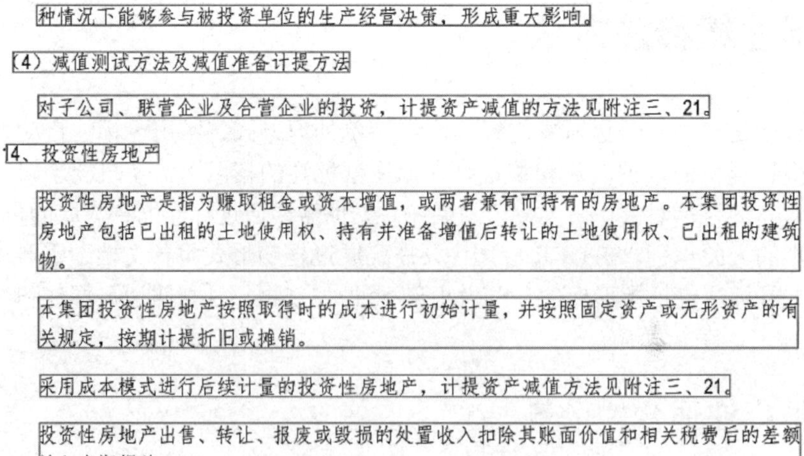

图 3-24　车辆标注框标注

种情况下能够参与被投资单位的生产经营决策，形成重大影响。

（4）减值测试方法及减值准备计提方法

对子公司、联营企业及合营企业的投资，计提资产减值的方法见附注三、21。

14、投资性房地产

投资性房地产是指为赚取租金或资本增值，或两者兼有而持有的房地产。本集团投资性房地产包括已出租的土地使用权、持有并准备增值后转让的土地使用权、已出租的建筑物。

本集团投资性房地产按照取得时的成本进行初始计量，并按照固定资产或无形资产的有关规定，按期计提折旧或摊销。

采用成本模式进行后续计量的投资性房地产，计提资产减值方法见附注三、21。

投资性房地产出售、转让、报废或毁损的处置收入扣除其账面价值和相关税费后的差额计入当期损益。

图 3-25　OCR 标注

　　自由矩形主要是指斜矩形，斜矩形主要用于标注倾斜的文字图片，如图 3-26 所示是自由矩形标注在文字标注中应用的图示。

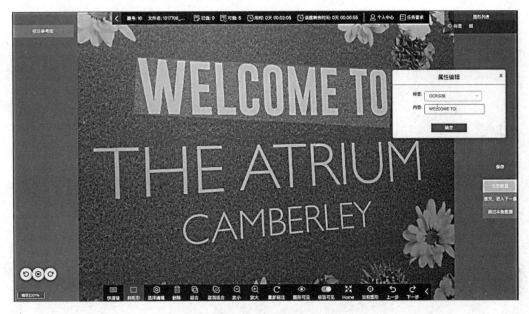

图 3-26　自由矩形标注文字

　　3D 框标注主要应用于智能驾驶，在智能驾驶中，可以使用 3D 框对特定的几种车类型进行标注。3D 框标注可以标注汽车、厢式货车、卡车、公交车。如图 3-27 所示是 3D 框标注的图示。

图 3-27　3D 框标注图示

3.3.2　框标注工具简介

　　此处以数据堂的框标注工具为例，主要对矩形框的标注工具进行介绍，其他的框标注工具类似。下面将从矩形框标注工具的页面及布局和工具栏进行介绍。

1. 页面及布局

标注页面分为四大区域：画选区、工具区、标签区、统计区，具体的标注页面如图 3-28 所示。

图 3-28　矩形标注工具

（1）画选区：该区域用来显示图片和打标签。

（2）工具区：显示所有在标注过程中需要用到的工具。

（3）标签区（区分图层）：通过区分图层，显示标注的内容。

（4）统计区：以列表形式统计标注的图形。

2. 矩形框标注工具栏

矩形框标注工具栏的功能及描述如表 3-7 所示。

表 3-7　矩形框标注工具栏的功能及描述

序　号	功　能	描　述
1	画矩形	单击"画矩形"按钮，将鼠标移至画布中，点击左键开始画矩形，再次点击左键确定矩形框，可选择矩形框属性
2	取消	可取消正在标注的图形，取消后可继续画框
3	修改图形表单	右击图形，弹出图形表单，左键选择需要的表单即可更改
4	更改图形形状	选中图形，将鼠标放置到图形的线上，鼠标变为〇（小圆光标）时，点击左键并拖动，即可完成更改
5	关联 ID	将两个图形关联起来，右击其中一个图形，填写想要关联图形的对象编码，单击"确定"按钮就能关联起来，被关联的被称为母模板
6	隐藏/显示图形	单击后可隐藏/显示标注的图形（包括标签）
7	隐藏/显示标签	单击后隐藏/显示所有标签，图形不隐藏/显示

续表

序　号	功　能	描　　述
8	透明度+0.5	增加标注框内的透明度（分别为 0-全透明；0.5-半透明；1-不透明）
9	清空标注	单击垃圾桶图标或者画布左上角"清空"按钮
10	保存标注	单击画布右上角的"保存"按钮，即可保存标注信息
11	图形统计	包括图形总数、点、线、矩形的数量统计

3.3.3　标注方案及案例分析

本小节将从行人标注类型、脸部矩形框标注、3D 标注街景中的车辆这三个标注方案进行详细的案例分析。

1．行人标注案例

项目概述： 将街景图片中的人物全部标注出来，包括行人、骑自行车的行人（包括驾驶室未封闭的人力三轮车）、骑电动自行车/摩托车的行人（包括驾驶室非封闭电力三轮车）、坐着的人四种。常见的还有弯腰的人及蹲着的人，都算作行人。只要不是在车内封闭条件下的人，都单独标注，例如，打开车门即将上出租车的人，站在卡车后面的人（类型-行人）或坐在卡车后面的人（类型-坐着的人），坐在自行车或者电动车后座的人（类型-坐着的人）等，都需要单独框选标注。而且，一般这些情况对车或者骑行人都算作遮挡。

项目要求： 标注的人物有正面、左侧面、右侧面、背面、其他五种属性。遮挡属性按照遮挡比例分为四种：完全未遮挡（0%）、部分遮挡（0%~35%）、大部分遮挡（35%~50%）、其他（50%以上）。截断属性依照遮挡比例分为五种：完全未截断（0%）、轻微截断（0%~15%）、部分截断（15%~30%）、大部分截断（30%~50%）、其他（50%以上）。

质量要求： 行人标注质量要求覆盖目标最小紧贴覆盖目标物，标注框左边、右边、顶部、底部误差＜3 像素。合格率要求为95%以上。

数据输出： 文件的保存格式为 JSON，需包含人体框的 4 个坐标信息和属性信息。

标注截图如图 3-29 所示。

图 3-29　行人矩形框标注

2. 2D 标注街景中的车辆案例

项目概述: 将图片中的车辆拉一个矩形框,主要用于自动驾驶。

项目要求: 通过一个矩形将车辆标注出来,长方形的上边框是上侧对比车顶,以车顶最高点为边界;长方形的下边框是下侧到汽车的最低点位置;同理,长方形的最左侧和最右侧分别是汽车的最左侧和最右侧。

质量要求: 框标注合格率要求为95%以上。

数据输出: 文件的保存格式为JSON,需包含车辆框的4个坐标点信息。

标注截图如图3-30所示。

图 3-30　2D 标注街景中的车辆

3. 3D 标注街景中的车辆案例

项目概述: 将图片中的车辆拉一个 3D 框,主要用于智能驾驶场景。

项目要求: 标注汽车、货车、卡车、公交车的 3D 框,不需要标注海报或镜子中的物体,需要标注的对象可以通过玻璃看到;根据可视区域的比例设置遮挡值:如果挡风玻璃上有雨滴,视为遮挡;如果对象被雨刷器遮挡,视为遮挡;如果物体在屏幕边缘被遮挡和截断,请根据预测整个物体大小来评估遮挡。

质量要求: 合格率按标注框计算,标注准确率为95%以上。

数据输出: 文件的保存格式为JSON,需包含车辆的关联性、可见朝向、可见侧面、坐标和属性等信息。

标注截图如图3-31所示。

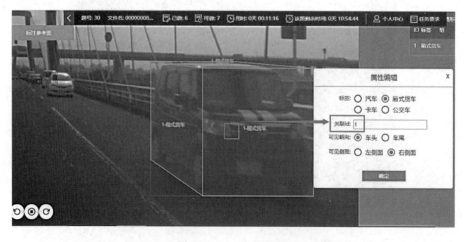

图 3-31　3D 街景标注

3.3.4 标注框标注难点及分析

在对图片进行框标注时，由于框的图像形状受限，通常所标注的范围不够精确，例如，人脸矩形框标注时，因为人脸不是一个矩形，如果用矩形进行标注，在四个边角上会有一些内容无关数据，将与内容无关的图像数据标注了矩形，因此会导致识别不准确的问题。

3.4 图像区域标注方法

一般来说，图像区域标注是指将图像分成各具特性的区域并提取出感兴趣目标的技术和过程。区域标注是由图像处理到图像分析的关键步骤，是一种基本的计算机视觉技术，只有在区域标注的基础上才能对目标进行特征提取和参数测量，使得更高层次的图像分析和理解成为可能。因此，图像区域标注方法的研究具有十分重要的意义。

从区域的开闭角度来看，可以将图像区域标注分为开区域标注和闭区域标注。开区域标注常见的有线标注；闭区域标注常见的有曲线标注和多边形标注。

交互式智能图像分割也是图像区域标注的一种重要方式。针对自动分割对多目标或背景复杂的图像难以奏效，以及手工标注极为耗时且标注结果不准确和不可重复这两大问题，提出了交互式智能图像分割。交互式智能图像分割标注针对图像分割标注的预识别算法，实现通过机器对图像进行智能分割，再进行人工修边和筛选，从而大幅提高生产效率，减少人工成本，减少人工差错。因此，交互式智能图像分割具有极大的实用价值和意义。

以下将从图像区域标注适合的场景、标注工具简介、标注方案及案例分析等方面对多边形标注和交互式智能图像分割进行介绍。

3.4.1 图像区域标注适合的场景

线标注通常用于自动驾驶应用中的车道线标注。与矩形框标注不同，线标注能够更加精确表达线性对象的位置，主要用于自动驾驶车辆的道路识别，定义车辆、自行车、相反方向交通灯、分岔路等不同道路，如图 3-32 所示。

图 3-32 线标注–道路线标注

多边形标注较为准确，避免了大量白色空间的视觉模型偏差，一般用于标注街景图片、人物、动物、人体部位等，如图 3-33 所示。

图 3-33　多边形标注

图 3-34　交互式智能图像分割

由于交互式智能图像分割是在手工标注和自动区域标注的基础上进行改进的区域标注，所以交互式智能图像分割同样可以用于人脸、人体、自动驾驶等方面，如图 3-34 所示。

3.4.2　图像区域标注工具简介

此处以数据堂的区域标注工具为例进行讲解。图像区域标注工具包括常规的多边形标注工具和交互式智能图像分割工具两种。

1. 多边形标注工具简介

下面将从多边形标注工具的页面及布局和工具栏进行介绍，具体的页面布局如图 3-33 所示，具体的工具栏如表 3-8 所示。

表 3-8　多边形标注工具栏

序　号	功　能	描　述
1	画多边形	单击"多边形"按钮，将鼠标移至画布中，点击左键，移动后再次点击左键，将画出一条线，可移动鼠标点击画出多边形，按 Enter 键完成绘画并选择多边形属性
2	取消	可取消正在标注的图形，取消后可继续画框
3	修改图形表单	右击图形，弹出图形表单，左键选择需要的表单即可更改
4	更改图形形状	选中图形，将鼠标放置到图形的线上，鼠标变为〇（小圆光标）时，点击左键并拖动，即可完成更改

续表

序　号	功　能	描　　述
5	共边	如果选中"共边"复选框，两个多边形交叉时不可标注；不选中，则可以将两个多边行交叉
6	隐藏/显示图形	单击后可隐藏/显示标注的图形（包括标签）
7	隐藏/显示标签	单击后隐藏/显示所有标签，图形不隐藏/显示
8	拆分	选中要拆分的图形，单击"拆分"按钮，鼠标移动到图形外，点击起始位置和终止位置，按 Enter 键可拆分成功，拆分的两个图形可分别配置框属性
9	环框	选中两个大小包含在一起的图形，单击"环框"按钮，即可设置成功，如果想把中间去除，右击小图形，删除即可
10	手写绘制板	勾选"手写绘制板"，拖动鼠标，即可绘制出鼠标轨迹的图形
11	透明度+0.5	增加标注框内的透明度（分别为 0-全透明；0.5-半透明；1-不透明）
12	清空标注	单击垃圾桶图标或者画布左上角"清空"按钮
13	保存标注	单击画布右上角的"保存"按钮，即可保存标注信息
14	图形统计	包括图形总数、点、线、矩形、四边形、五边形、多边形的数量统计

　　多边形标注工具以多边形的图像分割形式实现语义分割、实体分割、标签标注等，例如，无人驾驶道路标注，树、广告牌等标注。

　　多边形标注工具页面分为四大区域：画选区、工具区、标签区、统计区。其中，画选区用来显示图片和打标签；工具区用于显示所有在标注过程中需要用到的工具；标签区（区分图层），通过区分图层，显示标注的内容；统计区以列表形式统计标注的图形。

2. 交互式智能图像分割工具

　　交互式智能分割标注客户端是用于图像区域（抠图）标注的软件，并与数加加标注平台对接领取任务和推送结果。客户端可以进行预识别算法支撑、图像精细修边等操作和标注。

　　界面布局包括主视图、工具栏、标签栏三个部分。其中，主视图用来显示图片和打标签；工具栏用于显示所有在标注过程中需要用到的工具；标签栏用于通过区分图层，显示标注的内容。交互式智能图像分割工具界面布局如图 3-35 所示。

图 3-35　交互式智能图像分割工具界面布局

交互式智能图像分割标注工具栏功能如表 3-9 所示。

表 3-9 交互式智能图像分割标注工具栏

序 号	功 能	描 述
1	打开文件	用于从数加加根据当前登录账号获取一条数据用于标注，可以区分标注、质检、返修、验收四种模式
2	保存	用于手工将标注数据临时保存在磁盘上，防止丢失
3	预识别	提供两种预识别算法：GrabCut 和 Matting 算法
4	智能溜边	将图片放大为较小像素块模式，利用局部图像算法判断周边的物体类型。如果算法判断该位置为物体，则画笔颜色为物体颜色；如果算法判断该位置不是物体，则画笔颜色为背景颜色
5	快捷键	列表显示所有功能的快捷键，方便快速标注
6	选择	标注界面切换为选择状态，鼠标移到某个标注物时，画笔颜色自动切换为与该标注物相同的颜色。手动在标签列表栏手动切换标注对象，点击切换为正常标注状态
7	参考线	在图像前层形成水平参考线，显示标注物轮廓边界。为修正标注物轮廓边界提供便利
8	画笔	画笔半径可调整，将图片按照画笔半径生成的圆进行颜色赋值。存在五种画笔半径，大/中/小画笔半径切换快捷键分别为 1、2、3、4、5，数值越大画笔半径越大。鼠标左键为添加标注物鼠标经过的掩码区域，鼠标右键为删除标注物鼠标经过的掩码区域
9	油漆桶	对某个区域快速填充颜色
10	亮度	范围 [0,255]，调节原始图像的亮度，方便区分标注物边界信息
11	不透明度	范围 [0,255]，调整掩码图的不透明度
12	橡皮擦	将赋值的颜色恢复为初始背景色
13	重新标注	清空当前图像中的已标注的所有图形，重新标注。单击时弹出提示框，确认后清空，否则不清空
14	上一步	撤销上一个标注操作，最多可以撤销 8 步
15	下一步	恢复上一个撤销的操作

3.4.3 标注方案及案例分析

1．50000 张人脸精细标注案例

项目目的：通过对人体的各部分进行轮廓标注，然后选择对应标签，对人体进行标注。

项目背景：此项目作为人体分割应用软件的数据支持，进行图像处理。

项目需求：需要对人体的各个部分进行轮廓标注（共 19 个标签，主要是人脸五官和头发），然后选择对应标签。

标注流程：

（1）判断数据是否有效。此项目要求只针对单人图片进行标注，其他要求诸如大面积遮挡、人物没有头发等都需要做无效处理。

（2）根据图层覆盖原则，沿着标注目的物的轮廓外沿进行多边形打点标注，多边形尽量使用均长的多线段组成以保证图形的圆润度。

（3）选择标签名称，如左眼、右眼、鼻子、头发等。

标注效果图如图 3-36 所示。

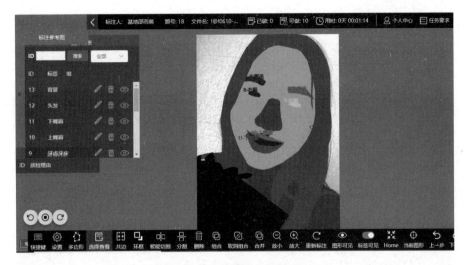

图 3-36　人脸精细标注效果图

验收标准：多边形标注框整体圆润，尽量贴合，头发部分需重点精细标注，要求 95% 以上的合格率（100 张图片至少有 95 张完全标注正确）。

项目标注输出：原图+JSON+效果图，如图 3-37 所示。

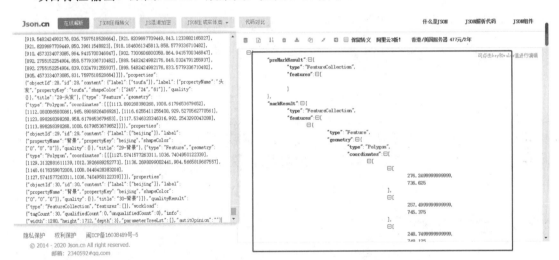

图 3-37　人脸精细标注结果 JSON 格式

2．多边形街景车辆标注案例

项目背景：此项目针对街景中出现的车辆进行图像处理，应用于自动驾驶。

项目需求：需要对图片中的车辆进行轮廓标注，然后选择对应标签。

标注流程：

（1）判断数据是否有效。此项目要求只针对街景中的车辆图片进行标注。

（2）根据图层覆盖原则，沿着标注目的物的轮廓外沿进行多边形打点标注，多边形尽量使用均长的多线段组成以保证图形的圆润度。

（3）选择标签名称，可以选择车辆类别，如面包车、出租车、公交车、卡车等；可以选择车辆颜色，如黑色、白色等。

标注截图如图 3-38 所示。

图 3-38   车辆分割效果图

验收标准：多边形框整体圆润，尽量贴合，车辆边缘需精细标注。要求 95%以上的合格率（100 张图片至少有 95 张完全标注正确）。

项目标注输出：原图+JSON+效果图。

3.4.4   图像区域标注难点及分析

目前图像区域标注还存在一些难以解决的问题。首先是标注非常耗时，仅仅单独标注图像中的单个物体所需时间就可能达到了 40 秒，假设一张图里面有 10 个物体，那么标注这张图就需要大约 7 分钟。其次是标注形式不统一，根据所需标注物体的不同，存在多种形状的标注框，包括多边形、圆形、椭圆甚至不规则图形。最后是智能化的图像区域标注工具较少，更多的还是手动标注。

3.5   本章小结

本章从基本概念、目的与发展、适合的场景、分类、开源的工具和数据集等方面对图像数据标注进行了介绍。然后从标注适合的场景、标注工具、标注方案及案例分析、标注难点及分析等方面对关键点标注、框标注和图像区域标注进行了详细的介绍。本章列举的项目有限，在实际生活中，图像数据标注有更为广泛的应用，希望读者在阅读完本章之后对图像数据标注有较为深刻的理解，并能达到一个可以使用基础功能的水平。

3.6   作业与练习

1. 什么是图像数据标注？
2. 图像数据标注有哪些类别？

3．图像数据标注有哪几种方法？

4．图像数据标注文档的格式有哪几种？

5．图像数据标注要注意哪些指标？

6．图像任务与数据标注之间有什么关系？

7．常见的图片标注工具有哪些？

8．关键点标注主要用于哪些任务？

9．框标注适用于哪些场景？

10．图像区域标注适用于哪种标注场景？

第 4 章
视频数据标注

随着流媒体的飞速发展，视频信息越来越多地成为人们关注的焦点，多媒体信息检索的需求也越来越多地从图像过渡到视频。视频信息是融合了图像、语音、文本和动画等多种类型媒体的数据。对视频信息进行全人工标注，已几乎是不可能完成的任务。这些困难促使人们寻找新的视频数据标注技术。

4.1 视频数据标注简介

视频数据标注是用机器自动生成或手工生成自然语言文字来描述视频内容的过程。它在视觉和文字之间起到非常重要的桥接作用。视频数据标注的目的是对场景中活动目标的位置、形状、动作、色彩等有关特征进行标注；提供大量数据供跟踪算法使用，从而实现对场景中活动目标的检测、跟踪、识别，以及进一步的行为分析和事件检测。

4.1.1 视频数据标注的意义

1. 视频数据标注是实现视频搜索功能的必然要求

随着互联网搜索技术的快速发展以及手持移动拍摄设备的不断更新，互联网中的视频数据正以惊人的速度增长。视频分享、监控、广告以及视频推荐等服务刺激着网络用户对视频上传、下载、点评和检索等相关活动产生浓厚兴趣并参与其中。著名的视频分享网站 YouTube 以"表现你自己"为口号，为互联网用户提供了一个上传、观看及分享视频或短片的平台。每天有大量的视频数据被上传到社交网络中并得到大量用户分享。但是，需要从如此海量的视频数据中获得感兴趣的内容，远远超出了单个用户的能力范围。因此，必须有新的检索方式来满足互联网用户对视频等多媒体数据日益增长的检索需求。而视频数据标注通过语义、内容等方式标注，有利于视频数据的搜索、管理和收藏。

2. 视频数据标注要求是由视频数据自身特征决定的

一方面，不同于文本信息，视频与图像中所包含的内容跨越了语言障碍，用户可以通过视觉感知获得相关信息，无须语言翻译便可获得有效而直观的数据信息。另一方面，与文本、语音等媒体相比，丰富的视频数据包含海量信息，其内容更加丰富、直观和生动，这是其他媒体类型所无法比拟的。因此，视频数据的自身优势，决定了视频数据标注的发展前景将更为广阔。

3．视频数据标注是视频数据应用场景日益增加的需求

与图像数据一样，视频数据也可以应用于互联网娱乐、智能家居、智能医疗、新零售、安防、自动驾驶等领域。实际上，图像数据仅是在一个时间点上的数据，而视频数据是在一段时间上连续的一系列图像数据的集合，既具有连续性，也有可分割性。视频数据的应用增长将快于图像数据。例如，在新零售领域，对顾客的购物轨迹分析、行为分析、情绪分析等。视频数据优于图像数据，比如不但能够看到某一时间点顾客的轨迹、行为或情绪，而且还能够通过观察视频分析顾客的全程轨迹、行为变化或情绪变化原因等。

4.1.2　视频数据标注任务

视频数据标注任务的数据结果可包含视频标签的时间位置、空间位置和标签信息等内容。不同标注任务和要求会产出不同的结果，但不影响定义数据格式及其组成部分。

标注文件的输出格式推荐使用易解析、易存储的数据格式，包括 JSON、XML 等。标注文件应该包含详细的标签信息。每个独立的标签应包含以下信息：

（1）标签编码：每个标签的独立编号。

（2）文件路标：待标注视频文件名称或路径。

（3）置信度：标签的置信度。

（4）每个标签中可能包含多个对象，对于每个对象需包含：

①对象类型：如 scene_classification。

②对象详情：具体描述对象的时间、空间信息和内容信息，或与其他对象的关系信息。对于视频中起始和结束帧的位置描述也应该放到对象详情中，如 Object frame_index start 以及 Object_frame_index_end。

4.1.3　视频源数据管理

视频源数据管理是系统应用的基础。对于待标注的视频，需要将视频文件和视频信息进行组织与管理，并提供相应的数据操作接口。在此基础上，将视频按照表述内容的差别进行分类，建立视频分类目录。通过维护视频和目录的关联信息进行视频的分类管理。视频管理模块的参与角色为管理员用户，可划分为视频基本信息管理和视频目录管理两个子模块。视频基本信息管理包含视频上传、视频修改、视频查询、视频删除、视频下载等功能。视频目录管理包含添加目录、删除目录和目录排序功能，视频目录一方面方便按照分类查找视频，另一方面可作为建立备选词库的依据。视频数据管理用例结构如图 4-1 所示。

在上传视频时，自动截取图像作为封面图片，同时保存视频文件、封面图片和视频描述信息。可根据关键字查询视频，也可按照建立好的目录进行分类浏览，还提供视频的批量删除等功能。视频目录的排序功能可按照分级目录的顺序显示。

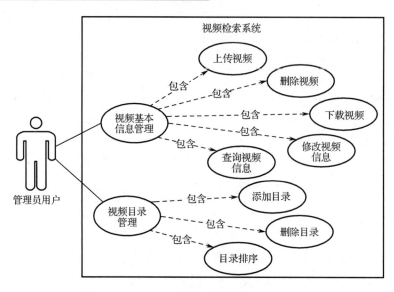

图 4-1　视频数据管理用例结构

4.2　视频数据标注工具

此处以数据堂的视频数据标注工具为例进行讲解。

4.2.1　视频数据标注工具简介

视频数据标注工具主要用于标注框标注、视频帧标注（俗称视频打点）、属性标注、视频跨帧追踪等。数据堂标注工具涉及的术语如表 4-1 所示。

表 4-1　数据堂标注工具基本术语

序　号	术语名称	术　语　释　义
1	对象	也称为图形，是指拥有一个 ID 的物体，会在标注对象区中出现。对象拥有类别和属性
2	类别	对象的分类，如"车""人"等。每个类别可以有类别特有的属性
3	帧	由于采集是连续的，为了进行标注，需要按照时间点进行切分，如 1 秒视频抽取 1 帧或者 1 秒视频抽取 2 帧的频率。如果需要 3D-2D 对应，则需要时间上匹配
4	跨帧追踪	需要每帧标注的物体编码保持统一，不能同一个物体有不同的编码
5	全局属性	物体的性质。每个类别可能有自己独特的属性，这些属性被设置成物体固有的，因此在整条数据中是唯一的，某一帧修改则其他帧也会被修改，也可以称为"全局属性"，如轿车、SUV、卡车
6	单帧属性	也有所有类别共同的属性，这些属性被设置成物体在某一帧内特有的，此属性会自动继承上一个关键帧，每帧可以手动改变而不影响其他帧，也可以称为"单帧属性"，如遮挡、移动、姿态等
7	属性配置	所有属性可以设置必选、非必选、多选、单选等

1. 视频数据标注工具界面

视频数据标注工具界面包括工具栏、视野区、状态栏、属性区、对象列表区五个部分，如图 4-2 所示。

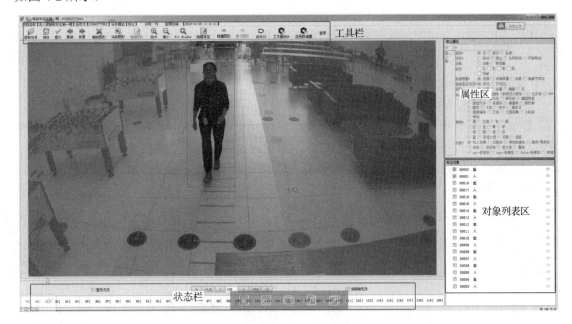

图 4-2　属性区与对象列表区

（1）工具栏：用于整体任务或者显示的控制。可以进行如下操作：

①获取任务：开始标注时，获取一条数据用于标注；

②保存：用于手工将标注数据临时保存在磁盘上，防止丢失；

③提交：用于标注等工作完成后导出 JSON 数据；

④撤销：撤销上一个标注操作，最多可以撤销 10 步；

⑤恢复：恢复上一个撤销的操作；

⑥删除图形：删除选中的对象，所有帧都会被删除；

⑦隐藏标签：不显示所有对象的标签；

⑧隐藏图形：隐藏所有对象；

⑨合并 ID：用于找回对象，将两个不同的对象编码合并为一个，然后复制之前的属性；

⑩工作量统计：统计本次工作量；

⑪类别统计：按类别统计工作量。

其他包括项目信息的显示区域，如项目、任务、模式、计时和到期时间等。

（2）属性区：用于修改选中对象的属性。

属性可以有单选、多选和输入 3 种类型，属性有可选和必选两类。需要注意的是，对象编码属性可自定义，但不能与现有对象编码重复，可使用选择工具栏的合并编码功能进行对象编码的合并。

（3）对象列表区：对象列表用来显示本条数据中已经标注的对象，前面是对象编码，后面是对象类别。可以在对象列表中选择某个对象。

复选框代表对象在本帧中是否出现，如果未勾选，则代表"离开"。

对象后面的眼睛图标，代表该对象是否在主视图和街景中展示。

（4）帧控制区域：针对视频帧的操作，可对整条数据或单帧数据进行无效（非关键帧）操作。选中某个对象后，根据这个对象在追踪中的特点，帧号会进行可视化操作，蓝色的代表关键帧，其他是自动帧。

（5）快捷键：可以手动输入帧进行跳转，或者下一帧（快捷键 s）、上一帧（快捷键 a）、下十帧（快捷键 w）、上十帧（快捷键 q）、第一帧和最后一帧跳转。

2．视频追踪的逻辑

在视频跨帧追踪中，为了加快标注速度，进行了自动化追踪的设计。

针对每个对象进行跨帧追踪，如果该对象在某帧进行了手动操作（包括调整位置和调整属性），该帧中该对象的属性变为"手动"，该帧被称为该对象的"关键帧"。

两个关键帧中间的帧（中间这些帧被称为非关键帧）中的对象会根据前后两个关键帧中同一编码对象的位置进行插值运算（对于 x、y、z 坐标线性插值）。关键帧中对象的位置进行变动后会重新计算。

关键帧到本条数据的头部或者尾部会一直复制关键帧的位置。

非关键帧对象的属性会复制往上最近一个关键帧的属性。

如果非关键帧变成了关键帧，会重新针对相邻的关键帧计算非关键帧的位置，调整其后的非关键帧的属性。

4.2.2 视频数据标注流程

视频数据标注流程主要包括标注、质检、初验、终验、返修和查看界面，确认无误后，保存和提交。

1．标注

标注是针对未标注的数据或者预识别处理后的数据进行标注工作，如图 4-3 所示。

图 4-3　视频数据标注界面

标注步骤如下：

（1）新建对象：单击工具栏"绘制图形"按钮，在主视图中当鼠标指针变成十字形后，点击鼠标左键拖动即可拉取矩形框。

（2）选中对象：用鼠标左键点击待选框或在对象列表区点击可选中对象。

（3）移动对象：将鼠标"箭头"移动到框内，单击左键，"箭头"变成"手形"图标，拖动可移动框位置。也可选中后，通过↑、↓、←、→方向键移动对象。

（4）删除对象：选中后单击工具栏的"删除图形"按钮或按 Delete 键，弹出确认删除窗口，删除后将在所有帧中和标注对象列表中删除该对象。

（5）修改对象：选中对象，矩形框四角的圆点变为红色，单击鼠标左键拖动可调整框的大小。

（6）整条无效：整条无效为整条数据公共属性，勾选后，将整条数据标注为无效。

（7）当前帧无效：当前帧无效为当前帧属性，将当前帧标注为无效，不会被其他帧继承。

根据标注框的标注方式，视频数据标注框类型包括算法识别框、手动标注框、自动生成框 3 种类型，如图 4-4 所示。

（a）算法识别框　　　　　　（b）手动标注框　　　　　　（c）自动生成框

图 4-4　视频数据标注框类型

（8）是否离开：在标注对象窗口中，前面的复选框代表本对象在本帧中是否出现，如果未勾选，代表"离开"，并在该帧主视图中不予显示，如图 4-5 所示。

标注对象窗口			
☑	0001	车	◉
☑	0002	车	◉
☑	0003	车	◉
☑	0004	车	◉

图 4-5　标注对象框

（9）属性选择：选中标注框后，可在标注属性区选择或修改对象属性，对象编码、类型和全局属性作为标签显示在主视图中。

（10）提交：标注完成后，单击"提交"按钮，将标注结果上传到数加加服务后台（客户端版本将在本地生成标注结果文件 mark_result.json，可以修改名称为 task.json，以此作为质检模式的输入）。

2. 质检

质检是质检人员对数据标注人员标注结果的核验。在质检模式，用户具有所有标注权限，可以新建对象或修改标注结果。视频数据标注质检界面如图 4-6 所示，质检包括单标注框质检、单帧质检两种方式。

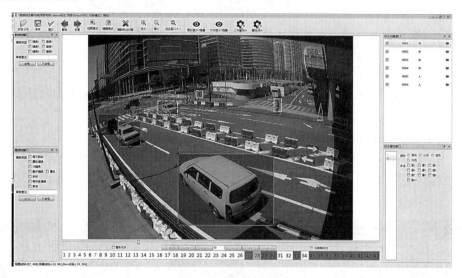

图 4-6　视频数据标注质检界面

（1）单标注框质检。在单标注框质检过程中，标注框轮廓默认显示为白色，表示当前标注框未进行质检。质检合格时，标注框轮廓显示为绿色；质检不合格时，标注框轮廓显示为红色（标注框显示不合格原因）；返修后提交标注框，标注框轮廓显示为黄色。视频数据标注单标注框质检示意图如图 4-7 所示。

图 4-7　视频数据标注单标注框质检示意图

（2）单帧质检。单帧质检合格则在视频帧序号上显示绿色；不合格则在帧号上显示红色；返修后提交的视频帧序号显示为黄色。单帧数据不合格不影响帧内的框的颜色和质检结果。视频数据标注单帧质检示意图如图 4-8 所示。

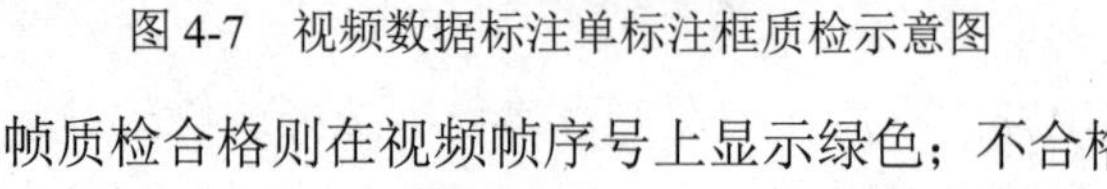

24 25 26 27 28 22 23 24

图 4-8　视频数据标注单帧质检示意图

完成质检后单击"提交"按钮，提交质检结果至服务端（客户端版本将在本地生成质检结果文件 mark_result.json，可以修改名称为 task.json，在此作为质检模式或返修模式的输入）。

3. 返修

返修是指标注人员对不合格标注数据进行修改、提交的过程。视频数据标注返修界面如图 4-9 所示。返修过程包括以下步骤：

（1）质检查看：返修过程中可以看到质检结果，也可以看到不合格原因，但是不能修改质检结果；

（2）单标注框返修：根据不合格原因修改标注对象，修改后标注框会变为黄色，表示已修正；

（3）在完成当前视频帧所有错误标注框修复后，视频帧序号也会同步变为黄色，表示当前帧已修正；

（4）单视频帧不合格的，如果修改了这一帧的任何内容，视频帧序号会同步变为黄色，表示当前帧已修正；

（5）返修时若修改了合格标注框或未质检标注框，标注框轮廓颜色不变；

（6）提交时会检查是否修正全部不合格标注框以及视频帧，如果未全部修改则不允许提交（客户端版本将在本地生成带返修结果文件 mark_result.json，可以修改名称为 task.json，以此作为质检模式的输入）。

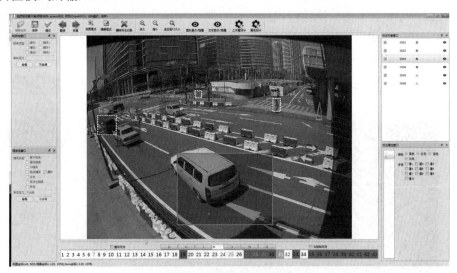

图 4-9 视频数据标注返修界面

4.2.3 典型视频数据标注方法

视频数据标注工具可以用于视频追踪标注、属性标注、准确率统计等。

1. 视频追踪标注

（1）标注内容：行人、车辆和其他物体运动轨迹及状态追踪。

（2）标注要求：标注框标注+静态属性+动态属性+标注对象编码一致。

（3）通用要求：标注框贴合度、标注准确度（误标注、漏标注）、对象编码一致性。

（4）数据来源：对原始视频进行抽帧处理，形成连续的图片。

（5）标注页面分为四大区域：工具栏、标注对象窗口、标注属性窗口、帧控制区域。

①工具栏：工具栏用于整体任务或者显示的控制。

②标注对象窗口：对象列表用来显示本条数据中已经标注的对象及其对象编码。

③标注属性窗口：属性区用于修改选中对象的属性。

④帧控制区域：帧控制区域可以把整条数据设置为无效，或者把当前帧设置为无效，可以通过点击帧号进行跳转。

（6）标注方式：对视频中出现的关键物体进行追踪标注，支持线下抽帧方式导入标注平台进行视频数据标注。

（7）动态属性：标注物随着运动状态会发生变化的属性，如遮挡情况、截断情况、运动轨迹等。

2．视频属性标注

（1）特点：通过视频了解动态信息，对动态事物进行属性判断或追踪性标注。

（2）标注内容：标注物位置、状态变化，属性判断，以及其他特点。

（3）标注工具说明及标注方式：

①展示区：该区域用来播放视频文件。

②标签区（区分图层）：通过下拉菜单或输入等方式标注的内容。

③统计区：统计任务的完成情况。

（4）标注属性：通过视频属性标注工具，播放视频，理解视频内容，标注视频属性，包括视频高清/低清，视频问题类型如卡顿、花屏、声画不同步等，如图4-10所示。

图4-10　视频属性标注工具

3. 标注准确率计算

视频标注数据质检完成后，根据标注结果与质检结果比对情况，计算标注的准确率。标注人员和质检人员均可在任务执行情况页面查看实时的准确率，如图 4-11 所示。

图 4-11　标注准确率计算

4.3　视频数据标注案例解析

4.3.1　矩形框标注案例——人体追踪属性标注

1. 项目背景

该项目为某公司训练算法模型所制作的数据集标注任务，应用于人体追踪识别领域，周期为 2 个月，规模为 20 万张。

2. 标注对象

使用矩形框标注所有人像，并对目标物给出分类和唯一的对象编码以及描述的其他字段，只标记实际物体，对于阴影部分无须标注。人体追踪标注属性界面如图 4-12 所示。

图 4-12　人体追踪标注属性示意图

3. 标注方法

（1）使用矩形框标注，需要包含整体物体，可以略大一些，遮挡比例需要预估。

（2）整体物体每 10 个视频帧标注一次，如遇特殊情况需要反馈后调整标注次数，所给视频需要严格按照关键帧进行标注及调整。关键帧之间的矩形框由平台自动生成及调整，除非遇到重大不贴合必须人工调整，否则禁止人工调整。

（3）单视频帧标注多个对象编码，跨帧调整标注，设定属性继承，自动化追踪补全中间帧数。

（4）合格率要求：标注框准确率 95%以上。计算方式：准确率=正确标注框数/全部标注框数×100%。

（5）数据标注流程：原始数据→清洗筛选→数据标注→数据初验（项目组）→终验交付。

4.3.2 矩形框标注案例——车辆标注

1. 项目背景

该项目为某公司训练算法模型所制作的数据集标注任务，应用于车辆追踪识别领域，周期为 1 个月，规模为 10 万张。

2. 标注对象

使用矩形框标注所有车辆，并对目标物给出分类和唯一的对象编码以及描述对应的车类型、运动状态、遮挡情况等，如图 4-13 所示。

图 4-13　视频对象标注（车辆标注）

3. 标注方法

（1）车辆功能（单选）：包括救护车、救火车、警车、出租车、UPS-快递车（其中 UPS-快递车分为 FedEx-快递车和其他快递车）、私人车辆、服务/商用车、校车、其他。车辆标注属性示意图如图 4-14 所示，部分车型举例如图 4-15 所示。

（2）遮挡程度：包括无遮挡（0～10%）、部分遮挡（10%～90%）、全部遮挡（90%～100%）。

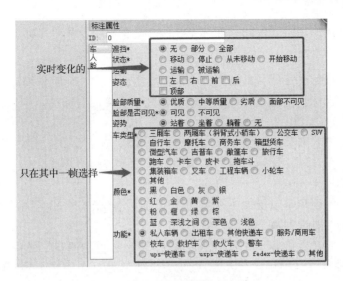

图 4-14 车辆标注属性示意图

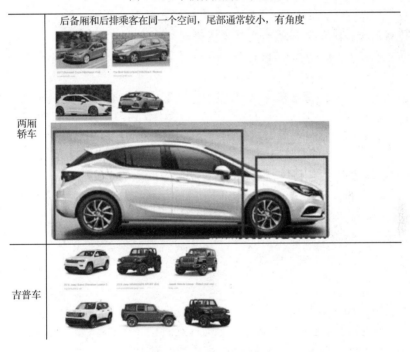

图 4-15 部分车型举例

（3）移动状态：包括移动、开始移动、从未移动、停止。移动一般为缺省状态；开始移动是指如果一开始是停止的，开始移动时第一帧选择开始移动，后面选择移动；从未移动是指一直没有动，对象为静止状态；停止是指对象停止移动，典型对象为车辆停车时，但也可能是行人坐下或保持不动时（前面移动了，后面没有移动即为停止，注意与从不移动的区分）。

（4）运输（非必填项）：如人骑车，自行车选择运输，人为被运输；人推自行车则相反。

（5）汽车姿势属性（多选）：左，右，前，后，顶部。

（6）汽车种类：详见分类表，此项较重要，注意区分车型。

（7）汽车颜色：红、橙、黄、绿、蓝、紫、粉、银色、金色、灰色、白色、黑色、深色、浅色、介于深色及浅色之间（夜间只能选择浅色、介于深色及浅色之间）。

4．其他问题

（1）如果一个物体离开后又重新回来，则需要重新标注一个对象编码。

（2）如果一个目标物出现在视频中，但是前几秒一直没有移动，则从出现的那一帧开始标注。

（3）如果汽车拖着拖车，则分开标注，注意运输状态。

（4）两轮电动车选项时，带脚蹬的都选自行车，不带脚蹬的选摩托车，快递三轮车选小轮车。

（5）汽车姿态的视角是以摄像头视角为参照的。汽车姿态是指可见的汽车面，以前后能看到两个车灯、左右能看到两个轮胎为参考。

（6）针对行人推着婴儿车、站在自行车旁边、骑自行车的情况，仅将行人单独标注出来，自行车/摩托车单独标注（不包含行人）。人骑着自行车/摩托车等也需要把两者分开标注，同时判断哪些是运输、哪些是被运输。样例如下：

①人骑着自行车/摩托车：自行车/摩托车选择运输，人选择被运输；

②汽车拉着拖车：汽车选择运输，拖车选择被运输；

③人推着推车/婴儿车/购物车/自行车：人选择运输，推车/婴儿车/购物车/自行车选择被运输。

（7）合格率要求：标注框准确率 95%以上。计算方式：准确率=正确标注框数/全部标注框数×100%。

（8）数据标注流程：原始数据→清洗筛选→数据标注→数据初验（项目组）→终验交付。

4.3.3 矩形框标注案例——商场监控视频数据标注

1．项目背景

智能安防项目，跨多个摄像头下的人物跟踪；商场监控视频数据标注，包括对人、车的综合分析。

2．标注对象

（1）人员规模：10000 人。

（2）汽车，卡车/货车/拖车，摩托车，自行车/三轮车，公共汽车，军车，货车，船。

（3）其他（仅指下方移动状态为剩余的/被移动的对象）。

3．标注方法

（1）矩形框标注：需用标注框对整个物体进行标注，部分遮挡或全部遮挡也按此预估标注框进行标注（标注框可以画得稍微大些），这样后面每隔 10 个视频帧标注一次，中间自动生成的标注框会很贴合。

（2）视频对象编码命名原则：只需要按照领取的视频代码乘以 10000 后加 1 开始命名，例如，如果视频代码是 2，则对象编码从 20001 开始。

（3）对象编码：所领取视频中每个标记目标自始至终都应拥有其唯一编码。如果某目标被短暂遮挡，如行人走在柱子后面，应继续标注并保持其编码。如果某目标离开视线后又返回（如走到门外稍后返回），尽管这是同一物体，也应分开各自标注。

（4）根据要求，每 10 个视频帧或者 20 个视频帧标注一次，如第 1、10、20、30 帧。如果一个人在第 1 帧以及第 10 帧没有变化，则忽略第 1～10 帧中间的变化，即如果第 4～7 帧有变化也被忽略。但是，如果第 10 帧跟第 1 帧不一样，则需要找到开始移动的帧进行标注，即如果第 10 帧发现有新物体需要标注，不要马上标注，找到物体出现的那一帧，并观察中间是否移动，若有移动，则从开始移动的那一帧标注；若在标注的那一帧发现物体已经消失，不要从标注帧选择离开，而是要返回去，找到物体离开的那一帧选择离开。视频最后一帧无论是否为 10 的倍数，都需要标注。

（5）遮挡程度：包括无遮挡（0～10%）、部分遮挡（10%～90%）、全部遮挡（90%～100%）。

（6）移动状态：

①移动：缺省状态。

②停止：对象停止移动，典型对象为车辆停车时，但也可能是行人坐下或保持不动时（前面移动了，后面没有移动即为停止，注意与从不移动的区分）。

③从不移动：对于车辆来说，如果最开始就是停车状态，那么直到它启动之前，都标注为这个状态。

④遗留对象：如果某物被遗漏，如袋子，归类为其他。

⑤移动对象：如果一个对象被移动（偷），如一幅画、一台笔记本电脑，归类为其他（例如，被推着的婴儿车即为被移动的对象，如果车上有其他东西包括小孩，也应该将小孩和车一起标注，此时坐在车里的小孩不要单独标注）。

4．属性要求

人的姿势包括直立、坐着、躺着等。矩形框对人的脸部进行标注（可选择，有特别要求时标注）。

（1）人脸图像质量判断规则：

①"1"：劣质，图像质量差或姿势扭曲；

②"2"：中等质量，双眼可见，但质量不是最好；

③"3"：优质，图像质量高、正面、无遮挡；

④"0"：面部不可见（若面部可见，至少一只眼或鼻子或嘴是可见的）。

（2）其他属性标注（可选择，有特殊要求时）：通常来说仅标注目标的单一检测结果，且应该是优质的检测结果，尽量无遮挡。所有这些属性可以兼容，且不相互排斥。例如，一个人可以同时标注为成年和老年，或同时标注为体重较轻、中等肤色。

①性别：男、女；

②年龄：儿童、青少年、成年人、老年人；

③肤色：浅色、中等、深色，如图 4-16 所示；

④高度：矮、中等、高；

⑤体形：瘦、中等、超重、肌肉型；

⑥头发_颜色：见颜色；

⑦头发_长度：秃头、短发、长发（地中海发型也算作秃头）；

⑧衣服_全身_身体_类型：裙子、套装、全长、外套、无；

⑨衣服_全身_身体_颜色：见颜色；

⑩衣服_全身_身体_样式：格子、条纹、朴素；

图 4-16　商场监控视频数据标注（1）

⑪衣服_上衣_身体_类型：户外外套、西装外套、毛衣、T 恤、衬衫、女士衬衫、连帽衫、无袖上衣、高领毛衣、披肩、无；

⑫衣服_上衣_身体_颜色：见颜色；

⑬衣服_上衣_身体_样式：格子、条纹、朴素；

⑭衣服_下衣_身体_样式：短裙、长裙、短裤、牛仔裤、裤子、运动裤、无；

⑮衣服_下衣_身体_颜色：见颜色；

⑯衣服_下衣_身体_样式：格子、条纹、朴素；

⑰鞋类_类型：靴子、鞋、凉鞋；

⑱鞋类_颜色：见颜色；

⑲头饰：帽子、棒球帽、连帽衫、面具、被遮住的脸、头巾；

⑳眼镜：眼镜、太阳镜（无论眼镜是否戴在眼睛上，只要有眼镜就要选择对应的眼镜类型）；

㉑面部_毛发：胡子、小胡子、鬓角（处的胡须）；

㉒配件：背包、购物袋、单肩包、钱包、手提箱、打开雨伞、关闭雨伞、小孩、围巾；

㉓颜色：红色、绿色、黄色、深蓝色、浅蓝色、橙色、紫色、粉红色、棕色、灰色、米色、白色、黑色、银色（用于汽车）、金色（用于头发）。

5. 标注要求

（1）标注所有移动对象（人、车辆），包括每一帧的标注框、分类和唯一的对象编码以及下面描述的其他字段；

（2）对于所给视频会给出需要标注的区域；

（3）只标记实际物体，对于阴影部分无须标注；

（4）先锁定追踪人物，按人物的行动轨迹进行追踪，如图 4-17 所示；

第一步：采集满足产品要求的人员编码跨摄像头的视频材料；

第二步：按照超市拓扑图及人员编码行走路线来追踪人物，形成有效抽帧列表；

第三步：根据抽帧列表，进行 1 秒视频抽去 1 帧，形成有效追踪。

图 4-17 商场监控视频数据标注（2）

6. 数据上传要求

将视频剪切成大约 300～500 帧长的连续片段，连续片段之间有 10 帧的重叠。

有些视频 10 帧/秒，有些视频 20 帧/秒，那么就 10 帧标记一次，或 20 帧标记一次，上传数据时需要备注帧数，这将影响标注方式。

管理员无须对视频进行拼接。

7. 数据导出要求

示例性输出：输出结果可以被存储为 CSV 文件，其中列是时间、对象编码（0，1）、分类、边界框（x，y，宽度，高度）、遮挡状态、停放状态。以下这个片段代表 3 个连续的视频帧，相同的 2 个对象在所有这些帧上移动：

2:13.100，1，HUMAN，267，127，30，126，NONE，MOVING

2:13.100，0，VEHICLE，307，192，44，44，NONE，MOVING

2:13.200，1，HUMAN，264，127，33，126，NONE，MOVING

2:13.200，0，VEHICLE，307，193，44，43，NONE，MOVING

2:13.300，1，HUMAN，262，126，35，127，NONE，MOVING

2:13.300，0，VEHICLE，307，192，44，44，NONE，MOVING

8. 注意事项

（1）不需要标记从未超过身体全部的目标，被标注物体需要露出全身。

（2）肤色：每个人不能都被标记为中等，虽然有一些是明显的黑暗，有些是浅色的（1，2，3）。通常，高加索人和东亚人是浅色的，中东、南亚（印度、巴基斯坦）中等，非洲和非裔美国人是深色的。

（3）"遮挡=完全"状态用于临时遮挡，例如，一个人在一个专栏之后走了几帧，然后又回来了，如果再也看不到人，标注应该停止。

（4）脸部有时部分被切掉，建议标记略大一点的区域（整个头外加几个像素），以保证脸部总是在里面。

（5）不要单独标注人们携带的物品，例如包，基本上这些都是被归类为 UNKNOWN（未知）的。它们应该被包含在人的矩形框中，如图 4-18 所示。

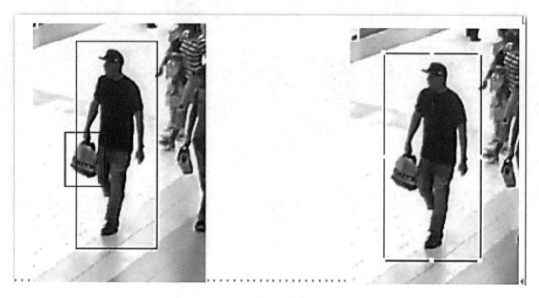

图 4-18　商场监控视频数据标注（3）

（6）验收标准：合格率按标注框计算 95%。

（7）输出格式：MP4 跟踪视频。

（8）数据标注流程：原始数据→清洗筛选→数据标注→数据初验（项目组）→终验交付。

4.3.4　视频帧标注案例——足球视频数据标注

1. 项目背景

对足球比赛视频中的关键事件进行视频帧标注（俗称视频打点），标注内容包括事件起始帧、事件结束帧、事件类型、事件实际起止时间。

2. 标注事件

需标注的事件类型共有 12 个，明细如下：

（1）视频比赛开始：分为计时开始及裁判示意开始。标出画面计时器显示的比赛开始时刻（计时器 00:00，如果开始几秒没显示计时器则需要推算），称为"计时开始"；标出裁判示意比赛开始时刻，称为"裁判示意开始"。

（2）进球：进球起始和结束很多情况都会小于 1 秒，以球进门瞬间为准，只用标一个时间点，不用标起止，需记录比赛及视频时间。进球包含射门。

（3）射门：射门起始和结束很多情况都会小于 1 秒，所以攻方队员最后触球那一刻算作射门，只用标一个时间点，不用标起止。只记录视频时间。

（4）点球：点球起始和结束很多情况都会小于 1 秒，所以攻方队员最后触球那一刻算作点球时刻，只用标一个时间点，不用标起止；只记录视频时间（如果点球且进球，需记录点球事件及进球事件，不记射门；如不进，只记点球。点球事件，由于必然是射门，所以不用标射门事件）。

（5）任意球：任意球起始和结束很多情况都会小于 1 秒，所以攻方队员最后触球那一刻算作任意球时刻，只用标一个时间点，不用标起止。只记录视频时间。

（6）角球：角球起始和结束很多情况都会小于 1 秒，所以攻方队员最后触球那一刻算作角球时刻，只用标一个时间点，不用标起止。只记录视频时间。

（7）红牌或黄牌：分开记录，统一规定其结束时间为裁判举起红/黄牌的时刻（掏出来还没举起不算）。只记录视频时间。

（8）换人：换人事件以举牌为开始，新人上场为结束。如果一次暂停换了 2 个或者多个球员，并且无法区分先后，则算作一次换人事件。只记录视频时间。

（9）新增 4 个庆祝事件：对每个进球或以为进了的球，标出以下几种事件（如果存在）视频起止时间。

①单人庆祝：进球的球员个人庆祝动作，比如狂奔、跪地、张开双臂；

②多人庆祝：两名或者两名以上球员一起庆祝，比如抱作一团；

③教练庆祝：教练及其周围人员庆祝；

④观众庆祝：观众席特写，庆祝。

注意：如果给出了教练或者观众镜头但不是庆祝而是表示失望则不标注。

（10）事件回放：仅需标注关键事件（普通犯规不记录）的回放（标出起止时间以及事件类型），关键事件包括进球、射门、红牌或黄牌、换人、点球、任意球、角球等。

注意：如果回放切换了不同的机位、不同的镜头，则需要分开标注，每个镜头记录一个回放。

（11）视频损坏：标出起止时刻，以及起止时刻分别对应的比赛计时。有以下 3 种情况：

① "图像损坏"：画面大面积损坏，但时间流逝正常。

② "视频跳跃"：视频突然前进到未来某时间，中间一段时间丢失。此种情况起止时刻可记为同一时间，但是比赛计时前后不同，应尽可能准确记录。

③以上两种情况的结合：则对这一时间段同时标记为 "图像损坏" 和 "视频跳跃"。

（12）数据标注要求：

①主要事件起始帧、终止帧误差分别不超过 1 秒为标注合格；

②每段事件标注对应的属性包括事件类型、事件实际起止时间；

③为保证标注准确，标注时视频播放速度不超过 2 倍速；

④漏标或事件类型判断有误，此段标注视为错误；

⑤以一个主要事件的标注为单位，标注准确率在 95% 以上。

3．其他信息

（1）标注工具：PopSub，如原始视频中不包含比赛真实时间信息，则无法进行此项标注，请确认此类情况的处理方式。

（2）数据标注流程：原始数据→清洗筛选→数据标注→数据初验（项目组）→终验交付。

视频标注界面及标注展示如图 4-19 和图 4-20 所示。

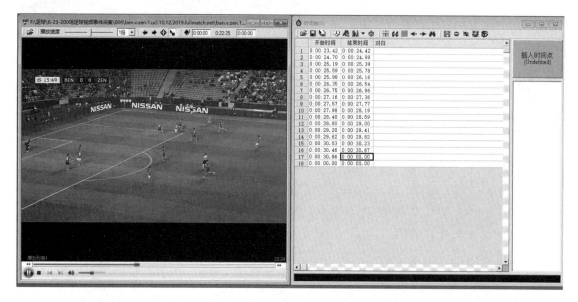

图 4-19 足球视频数据标注（1）

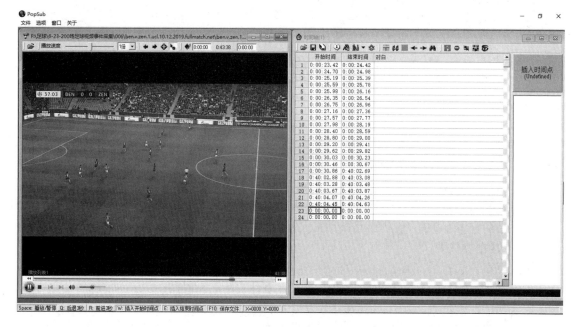

图 4-20 足球视频数据标注（2）

4.4 本章小结

　　本章主要介绍了视频数据标注的标注工具、标注任务、视频追踪标注、视频属性标注，以及针对人体、车辆、商场和足球运动视频的案例分析。视频数据标注区别于图像数据标注，主要是有时间轴，且视频数据标注能预测人们的行为和物体的运动轨迹，将会在更多场景取得更加智能化的应用。

4.5　作业与练习

1. 什么是视频标注？
2. 视频标注的内容是什么？
3. 视频标注主要应用于哪些场景？
4. 视频序列标注有哪些流程和步骤？
5. 视频追踪标注的标注内容、通用标注要求是什么？
6. 视频属性标注工具都有哪些？
7. 如何进行视频追踪标注？
8. 如何进行视频属性标注？
9. 视频标注的规范是什么？
10. 视频帧标注（视频打点）主要应用于哪些场景？

随着深度学习算法的发展，智能语音处理技术正在经历革命性的变化，算法、算力、数据成为驱动智能语音处理技术快速发展的三大因素。其中，语音数据资源是智能语音处理技术的基石，只有拥有大规模精准、高质量的语音数据集，智能语音处理技术才会有更好的发展。另一方面，虽然当下的智能语音处理技术在一些业务中有非常好的表现，但依然存在效果不太理想的场景，如重口音、方言、嘈杂环境、多人同时说话、远场语音等，这不仅需要进一步提升深度学习算法的有效性，还需要设计、获取和生产更多丰富场景下的语音数据资源。在当今互联网时代下，高质量的语音数据集对于智能语音产业的蓬勃发展起到关键作用。

5.1 语音数据标注简介

5.1.1 语音数据标注相关背景

近些年来，在人工智能发展的浪潮下，智能语音处理领域获得了突破性进展，尤其是在深度学习的不断渗入下，以端到端技术为代表的各种新算法不断出现并应用在实际业务系统中，极大地提升了智能语音处理技术的效果，推动了智能语音处理领域的持续发展，使得智能语音应用领域越来越广，机器人电话客服系统、智能手机助手、智能音箱等大规模应用在限定场景下已经有比较好的表现。

作为人-机交互的主流方式之一，语音具有独特优势与魅力：看似简短的一段语音，不仅包含了说话人希望传达的文字内容，而且蕴藏着说话人的身份特征、语言类别、说话人当时的情感状态、说话时所处的环境等信息。正是这一特点，使得人工智能产业催生出很多智能语音研究方向。图 5-1 展示了目前智能语音处理技术中热门研究方向的总体概览。

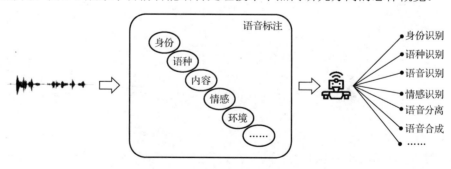

图 5-1 智能语音处理技术概览

目前，热门的智能语音处理技术有身份识别、语种识别、语音识别、情感识别、语音分离、语音合成等方向。这里简单介绍一下这些任务的概念，有兴趣的读者可以按照关键词搜索相应文献来了解更多内容：

（1）身份识别：也称为说话人识别，是指机器根据语音信号推断出说话人身份，即鉴别出该语音是由哪个说话人发出的。

（2）语种识别：指机器通过算法对输入语音信号进行自动识别，鉴别出其语言类别。

（3）语音识别：指机器通过算法将输入语音信号识别为对应的语音内容（Speech To Text，STT）。

（4）情感识别：指机器通过算法对输入语音信号进行自动识别，理解说话人当时的情感。

（5）语音分离：指机器通过算法从许多混杂在一起的语音中增强并分离出来目标语音信号，最典型的例子是鸡尾酒会现象。

（6）语音合成：语音识别的逆过程，它是指机器通过算法将输入的文本转换成自然流畅的语音信号（Text To Speech，TTS）。

表 5-1 为目前一些免费开源的中文语音数据集，它们为智能语音处理技术的学术研究提供了"利器"。

表 5-1　常用语音数据资源

数 据 名 称	语　　种	时长/小时	风　　格	标注准确率
200 小时中文普通话语音数据集 aidatatang_200zh	中文	200	朗读	98%
1505 小时中文普通话语音数据集 aidatatang_1505h	中文	1505	朗读	98%
AISHELL-ASR0009-OS1 开源中文语音数据库	中文	178	朗读	95%
AISHELL-2 中文语音数据库	中文	1000	朗读	96%
thchs30	中文	33.47	朗读	-
ST-CMDS	中文	100	朗读	-
primewords	中文	100	朗读	98%
magicdata	中文	755	朗读	98%
speechocean	中文	10.33	朗读	98%

5.1.2　语音信号基础知识

1. 认识语音信号

语音信号是人与人之间最自然、最高效的交流方式。虽然人们早已习惯了语音这一交流工具，然而与直观感受不同，作为信息的重要载体，语音信号具有非常高的复杂性，具体表现在声音和语言两方面。声音是承载语言的外在形式，语言是反映人的思维活动、具有一定社会意义的信息。

从物理学角度分析，声音是以声波形式传播的机械振动，因此，声音的特征取决于声波的属性。日常应用中常见的语音声音特征主要有：

（1）音色/音质：指能够区分两种不同声音的基本特征，比如人说话的声音和小提琴的声音。在语音信号处理技术中，人声识别研究常将音色作为重要研究对象。

（2）音调：指声音的高低，由声波的频率决定。例如，在一般情况下，男声听起来比较低沉，而女声听起来会比较尖锐。

（3）音强：指声音的强弱，由声波的振动幅度决定，可简单理解为语音信号波形图中的信号幅度。

（4）音长：指声音的长短，由发音时间的长短决定。

2. 数字化语音信号

语音信号处理是通过分析语音信号的声音特征，进而解析语音语言的技术。随着人工智能逐渐渗入到人们生活的方方面面，语音信号处理技术也引发了学者们的广泛关注，并在近年来得到了井喷式发展。在进行语音信号处理时，对音频数据做预处理是必不可少的环节。其中，第一步即数字化语音信号，理解该过程即可更清楚地认识生活中随处可见的多种格式的音频数据。数字化（也可称作离散化）语音信号的功能是将人们发出的语音连续模拟信号转化为计算机方便处理的离散数字信号，该过程涉及以下几个概念，它们都是保存、传输语音数据的关键选项：

（1）采样率：指在连续的语音模拟信号上，每秒钟采样的次数，单位为 Hz。采样率影响着离散信号的保真度，采样率越高，数字化语音信号的保真度越高，但占用的资源也越多。在进行语音信号处理时，不同任务对采样率高低的要求不同，在选择合适的采样率时应均衡考虑信号保真度与存储空间。目前，主流的采样率有 8kHz、16kHz、22.05kHz、44.1kHz 等。

（2）量化位数：将采样得到的语音信号的幅度值转化为一定范围内的数值，该过程即量化。量化位数指计算机存储转化后数值的二进制位数，单位为比特（bit）。量化位数影响着离散信号的逼真度，量化位数越大，离散信号的分辨率越高，听起来越细腻。常用的量化位数有 8bit、16bit、32bit 等。

（3）声音通道数：也称声道数，是指输入或输出信号的通道数，也就是声音录制时的音源数量或回放时相应的扬声器的数量。常见的声道数有单声道、双声道、立体声、四声环绕等。

（4）语音编码格式：指按一定格式压缩采样和量化后的数值，从而降低音频的数据量，便于音频数据的存储和传输。常用的语音编码格式有 PCM（WAV）、MP3 等。PCM（Pulse Code Modulation，脉冲编码调制）数据是音频未经压缩的裸数据格式；WAV 编码也是无压缩格式，它在 PCM 数据的前面增加了描述采样率、量化位数、声道数等元信息；MP3 编码格式则是对原音频数据进行有损压缩，在保证听感的同时减少了音频数据量。

3. 可视化语音信号

在进行语音信号处理时，可视化表示语音信号的方式主要有时域和频域两种维度，其中，最简单、最直观的方式是时域维度的波形图，然而最能体现语音信号丰富特性的则是频域维度的语谱图。如图 5-2 所示的上方和下方分别为一个男声说"帮我查询阜阳的天气"的时域波形图和频域语谱图，图中横轴表示时间，时域波形图的纵轴表示语音信号的幅度，从时域波形图中能够明显观察到语音能量的分布，以及音强随时间变化的过程。在语音信号处理中，常见的时域特征主要从波形的周期性、振幅的大小等着眼点出发探索复杂的语音信号。

然而，对于语音识别、语音合成等语音信号处理技术而言，时域特征是远远不够的，语音信号的其他特性只能从频域中反映出来，往往这些特性才是影响语音信号处理技术的关键特征。傅里叶分析可以在频域维度上解析包含多个不同频率成分的复杂信号，语音信号的短时平稳性使得短时（10~30ms）语音信号可以采用傅里叶分析进行频域分析，在时间轴上连续进行该转换可以得到一种二维图谱，如图 5-2 下方的频域语谱图所示。语谱图的横坐标表示时间，纵坐标表示频率，每个像素的灰度值表示在该时刻下某频率成分具有的能量的多少，灰度值越大表示该频率成分具有的能量越大，意味着该频率成分的影响越大。关于频率，通过语谱图可以观察到语音信号的基音频率（常用来反映音调/音高）、共振峰频率（常用来反映音色/音质）等频谱信息。

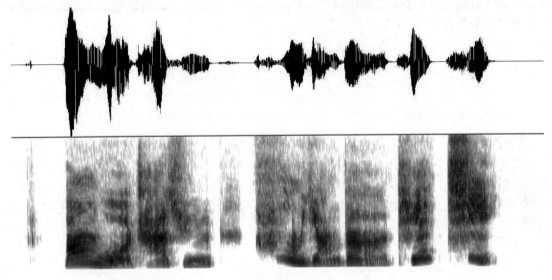

图 5-2　语音信号在时域和频域的表示

5.2　语音数据标注概述

5.2.1　标注任务分类

语音数据标注任务的目的在于对语音段中的各种属性加以辨认与标识，包括语音内容、噪声种类、周围环境、说话人信息、说话人情感等，从而帮助提升人工智能领域中语音研究方向的性能。与多种多样的语音交互场景相同，语音数据标注任务也具有各自不同的形式，大致可从以下不同维度考察它们的特点：

（1）按照智能应用场景，可划分为智能家居、智能会议、智能客服、智能车载等；

（2）按照语音信号处理研究方向，可划分为语音识别、语音合成、说话人识别、情感识别、语音分离等；

（3）按照音源与拾音器之间的距离，可划分为近场语音、远场语音；

（4）按照语音时长，可划分为短语音、长语音；

（5）按照难度等级，可划分为简单、中等难度、高难度；

（6）按照口音，可划分为普通话、方言、带地方口音的普通话等。

除此之外，小语种、外语相关的语音数据标注任务则需要有相应专业背景的专业人士来完成，这也加大了语音数据标注任务的难度。

5.2.2 常见语音数据异常

在语音数据标注的过程中，语音数据的有效性判定是至关重要的一步。有些是因为录制设备，有些是因为说话人的操作不规范，从而导致录制的语音出现异常现象。在数据标注过程中，需要对这些异常语音数据加以鉴别并挑选出来，保证标注数据的整洁性。常见的语音数据异常现象包括以下几种：

1. 丢帧

在语音录制过程中，由于音频设备的问题而表现出的发音卡顿，例如，语音段中某 0.1 秒内突然没有声音，0.1 秒过后语音又恢复正常，此现象称为"丢帧"。它常出现于整句话的句中，此时，在做有效语音判定时该句话即被判定为无效语音。

2. 切音

在语音录制过程中，由于过早结束或过晚开始录制而导致个别字被截断，从而表现出发音不完整，此现象称为"切音"。它常出现于整句话的句首或句尾，此时，在做有效语音判定时该句话即被判定为无效语音。如图 5-3 所示是一个女声发出"关闭轻音乐"的语音时域波形图，虚线框位置标出的语音段对应于"乐"的发音，从图中可以看出，"乐"字的发音不完整，属于"切音"。

图 5-3 "切音"示例图

3. 吞音

在说话人发音时，由于个别字的声母或韵母未完全发音而表现出的发音不完整，此现象称为"吞音"。它常出现于整句话的句中，此时，在做有效语音判定时该句话即被判定为无效语音。如图 5-4 所示是一个童声发出"可惜没看清清要求"的语音时域波形图，虚线框位置标出的语音段对应于第一个"清"的发音，由于第一个"清"的发音不完整，因此童声发出了第二个完整的"清"，如图 5-4 中实线矩形框所标区域所示，从图中可以看出两个"清"字的发音波形不相同，第一个"清"的发音属于"吞音"。

图 5-4 "吞音"示例图

4．喷麦

在说话人发音时，由于距离麦克风太近而表现出的录入语音不清晰，听起来有明显"噗噗"的声音，此现象称为"喷麦"。喷麦声会产生非常强大的低频能量，从而损坏人声质量并影响声音的整体效果。它常出现于整句话中含有爆破音的位置，比如含有"p""b"辅音的单词，此时，在做有效语音判定时该句话即被判定为无效语音。如图 5-5 所示是一个男声发出"换下一首歌曲"的语音时域波形图和频域语谱图。由于喷麦声的低频成分比较明显，因此，在时域波形图中，喷麦声表现为音频波长比较长，然而这很难直接观察出来；在语谱图中，可以明显地观察出虚线框位置标出的低频成分的能量比较高，其对应的语音段的发音属于"喷麦"。

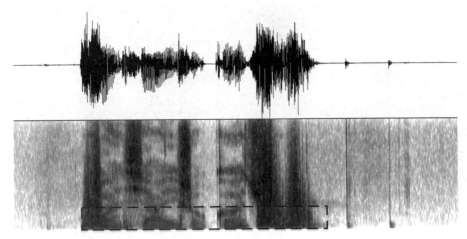

图 5-5　"喷麦"示例图

5．重音

在说话人发音时，语音中出现两个或多个说话人，他们的音量大小相近且有大段重叠，无法分清主次，此现象称为"重音"。它常出现于整句话的句中，此时，在做有效语音判定时该句话即被判定为无效语音。如图 5-6 所示是一个女声发出"你就当我这个过客从未出现吧"（实线矩形框）与一个男声发出"我联系到其他同学给你说"（虚线矩形框）重叠在一起的语音时域波形图，可看出两个语音相互重叠的部分所占比例偏大，该段语音即为"重音"。

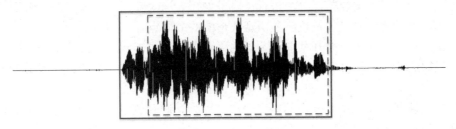

图 5-6　"重音"示例图

6．空旷音

在进行语音合成等研究时，往往对语音数据质量要求极高，特别是语音的声学场景。空间决定了声学场景，声学场景由需要识别的声音和不需要识别的声音组成。在实际生活中，经常会出现非常复杂的声学场景，空旷音是其中的一种。

在录制过程中，由于周围环境较为空旷而表现出来的发音中带有回音，此现象称为"空旷音"。空旷音多发生在大会议室或空旷的房间里，回声会比较严重。它常出现于整句话的句中，此时，在做有效语音判定时该句话即被判定为无效语音。如图 5-7 所示是一个童声发出"自序"的语音的时域波形图和频域语谱图，正如虚线矩形框所示，频率的能量分布在时间轴上具有蔓延性，该段语音即为"空旷音"。

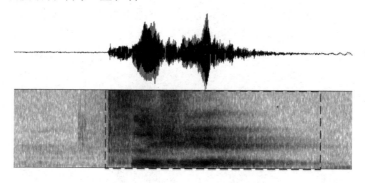

图 5-7　"空旷音"示例图

7．混响

混响是一种常见的声学场景。与回声不同，混响是音源发出的原始语音（也称"干声"）经多次反射、折射后叠加而成的混合声音。在实际生活中，任何环境都会产生混响。在音乐厅或练歌房内，房间构造产生的混响效果会让音乐和歌声听起来更悦耳。而对语音识别、语音合成等语音研究来说，语音的清晰度则更为重要，因此，在做有效语音判定时含有明显混响的语音段被判定为无效语音。

5.2.3　基本标注规范

1．语音段落截取

对于多段落的长语音，如演讲语音、会议记录等，标注人员需要从中截取出多个语音小段，对切开的每个语音小段进行分别标注。在截取语音段时需注意以下事项：

（1）考虑语义连贯性，以说话人的一整句为单位进行截取。若一整句的时长超过 8 秒，也可以截取成分句。根据经验，每个语音小段平均在 5～6 秒。

（2）每个时间边界的最佳位置应在语音波形图的最低点。

（3）不同说话人的语音分开截取到不同的语音小段。

（4）截取的语音小段前后尽量保留 0.2～0.3s 的静音段，若本身没有这么长时间的静音则不强求。

（5）尽可能截取没有突发噪声的语音段，可以为了避开突发噪声而缩短语音前后的预留静音时间，但不能出现切音的情况。

（6）只有一个字表示应答的（如"嗯""哦""对"），不用单独分割成独立语音段。

（7）若说话人第一遍读错句子，停顿后又重复朗读一遍该句子，则只截取朗读正确的句子即可。

2．有效语音判定

在执行语音数据标注时，语音有效性判定是必不可少的环节，为保证最终可用语音数据的高质量，不合格的无效语音段必须加以说明和丢弃。判定一段语音为无效语音的情况有：

（1）该段语音是用规定之外的语言朗读的，如规定是用印度英语朗读，而实际却是用中式英语朗读的；

（2）整段语音段没有说话人的语音，只含有噪声或者静音（可视为无声音）；

（3）语音段中含有很强的背景噪声，以至于覆盖掉说话人的声音；

（4）说话人的声音极小而导致无法听清语音内容；

（5）说话人语速过快而导致发音不清楚或吞音；

（6）说话人发音时一字一顿，每个停顿时间超过 1 秒；

（7）说话人发音时语气夸张，故意"怪里怪气"地朗读；

（8）语音段存在切音、吞音、丢帧、喷麦、重音等异常；

（9）语音段存在影响语音清晰度的空旷音、混响等异常。

3．语音内容转写

语音数据标注的重中之重即语音内容的转写。语音内容转写的基本原则为"所听即所写"，即转写文本必须与说话人发音内容完全一致。注意：语音内容转写具有主观性，对于语音段中模棱两可的片段，不同标注人员可能标注的结果不同。常见易存在异议的字（了-啦）、（么-吗）、（呀-啊）、（嗯-呃）、（哎-诶）等，对于这些存在争议的字或音，建议在保证整条语音具有语义的前提下，以一个标注人员的标注结果为准，不深究，避免造成规范混淆。详细的语音内容转写规范包括以下几个方面：

（1）词汇。转写的词汇必须和听到的语音完全一致，不能多字、少字、错字。例如，实际发音为"我是北[停顿]北京人"中"北"字有重复现象，在转写时要写成"我是北北京人"。

当语音的发音比较清楚，而对应文字不确定时，如普通人名等，可以选择同音字代替，但需要保证转写文字的读音正确。在有明确的上下文语义情况下，优先选择符合发音及语义的词汇。

（2）感叹词。在转写语音中出现的感叹词时应使用其标准拼写格式，如"呃""啊""嗯""哦""唉""呐"等，要按照正确发音进行转写。语气词中除"了""不"没有口字旁，其他基本上都有口字旁。

（3）数字。所有数字应根据实际发音转写为文本，绝不能写成阿拉伯数字。例如：

① "1 2 3"应转写为"一、二、三"；

② "123"应转写为"一百二十三"。

注意区分"一"和"幺"，"二"和"两"之间发音的不同。

（4）英文。语音中的英文发音应转写成相应的汉字或英文，具体可分为以下几种情况：

①语音中包含网址时，应将其按照实际发音转写为大写字母或汉字。例如，发音内容为"www.pp.com"，应转写为"三 W 点 PP 点 COM"。

②语音中包含英文单词时，应将其转写为小写字母，如"apple""book"。

③语音中包含英文字母时，应将其转写为大写字母，如"A""B"。

④语音中含有专有名词或英文缩写时，应将其转写为大写字母，如 WTO、ERP 等。

（5）标点符号。在转写语音内容时运用标点符号主要是为了方便阅读，可使用的标点符号仅限于以下几种：

①句号"。"加在陈述句的结尾；

②问号"？"加在疑问句的结尾；

③感叹号"！"加在感叹句的结尾；

④逗号"，"加在满足语法规范的从句之间；

⑤顿号"、"加在并列词语之间。

除此之外，空格只允许出现在英文单词之间或中文与英文单词之间，英文字母以及中文之间均不能出现空格。

（6）其他符号。转写文本中只允许含有中文、英文以及常用标点符号（空格、逗号、句号、问号、感叹号、顿号）。如果符号被读出，则根据发音转写成相应汉字或英文。例如，"@"读成"at"时要转写为"at"，".com"读成"点 com"时要转写成"点 com"。

（7）噪声。在有些情况下，除了需要转写语音内容之外，也需要标识语音段中含有的噪声情况。一般情况下，可将可能出现的噪声划分为四类并记为 NSPT，它们分别表示：

①[S]：表示说话人发出的表示非语音内容的噪声信息，包括咂嘴声、咳嗽声、清嗓子声、喷喷声、笑声、打喷嚏声、脚步声、喝水声、呼吸声等。

②[N]：表示偶然出现的、非人类语音的声音，如操作鼠标的声音、敲击键盘的声音、闹钟提示音、敲门声等。

③[T]：表示录音环境中非偶然出现的、稳定的噪声，如音乐声，风声、雨声等自然声，空调声等机器发出的自噪声等。

④[P]：表示非当前说话人的其他说话人发出的非语音噪声，包括咂嘴声、咳嗽声、清嗓子声、喷喷声、笑声、打喷嚏声、脚步声、喝水声、呼吸声等。

在转写语音内容时，并非语音中出现的所有噪声都需要标识。标识噪声的充分条件为独立和明显。当噪声和说话人发音同时存在时即不构成独立条件；若标注人员需仔细循环播放语音才能听到噪声即不构成明显条件。也就是说，只有当语音段中的噪声比较明显且与人声独立时才需做噪声标注。举例如下：

例 1：说话人说完"今天"后笑了下，继续说"我去吃饭了"，那么此时应该标识噪声，转写为"今天[S]我去吃饭了"。

例 2：当说话人说话时，周围环境产生了噪声，此时因为噪声不构成独立条件，所以不需要标识噪声。

4. 说话人属性标注

对于语音合成、说话人识别等语音研究而言，说话人信息也是非常重要的特征，因此，有些语音数据还需要对说话人的信息加以标识，如说话人的性别、年龄、口音等。若语音段含有多个说话人的声音，则需要分别标注所有说话人的以上属性，并标注说话人身份信息，如记为"speaker 1""speaker 2"等。

5.3 典型开源语音数据标注工具

5.3.1 Praat 语音学软件

Praat 是一款跨平台的多功能语音学专业软件，主要用于对数字化的语音信号进行分析、标注、处理及合成等实验。该软件可以跨多个平台使用，包括 Windows、Macintosh、Linux、

FreeBSD、Solaris、Chromebook 等不同的操作系统。它可以对语音信号进行采集、分析及标注，还可以对其进行滤波和转换。目前，Praat 已经成为世界上实验语音学、语言学、语言调查、语言处理等相关领域的研究人员普遍使用的软件。如图 5-8 所示是 Praat 语音数据标注窗口。

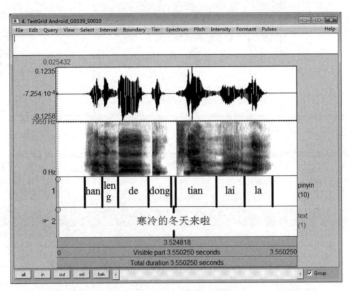

图 5-8　Praat 语音数据标注窗口

利用 Praat 进行语音数据标注生成的标注对象是一个后缀名为"TextGrid"的文件，它是一种"分段"文件，详细记录了语音的总时长、每一个标注层内所有标注区间的时长及标注内容等信息。

虽然 Praat 软件提供了一种语音数据标注的方法，但在标注多段落的长语音时仍存在很大局限性。另外，对于说话人角色、性别以及语音是否有效等属性，只能通过新建多个标注层来完成对语音的详细标注，这无疑大大降低了工作效率。总而言之，Praat 软件可以实现语音数据标注的基本功能，但在处理复杂场景的语音数据标注任务时仍有不足。

5.3.2　语音数据标注平台

此处以数据堂数加加语音数据标注平台为例进行讲解。图 5-8 介绍了常见语音数据标注任务的种类，可见实际的语音数据标注任务由简单至复杂具有多种形式。与 Praat 语音学软件具备的语音数据标注基础功能相比，语音数据标注平台则提供了交互性更强、更自动化的一套集成系统。该系统可以将任意多个标注属性表现在一个标注界面上，并支持标注属性的自定义功能，提供更为良好的用户体验，从而辅助标注人员更方便快捷地执行语音数据标注任务，极大地提升了语音数据标注的准确率与执行效率。

随着人工智能技术的飞速发展，算力也正在不断提升，随之而来的是广大研究者对大规模智能数据的需求也在不断增加。以此为契机，近年来，已经萌发了众多专注于智能数据产品生产的企业，它们各自开发出用于辅助标注人员工作的数据标注平台。如图 5-9 所示为数加加语音数据标注平台的操作界面图。

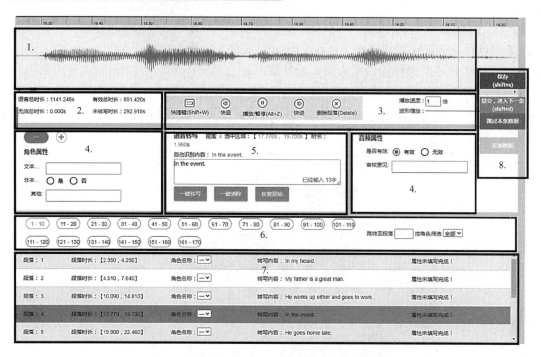

图5-9 数加加语音数据标注平台的操作界面图

在该标注平台中，执行语音数据标注任务的基本框架由8个子模块组成，它们分别是：

1. 语音数据展示模块（模块1）

如图5-10所示，该模块以时域波形图的形式刻画了待标注语音数据的能量分布，上方的时间刻度指示着语音段的时间维度。在该模块，标注人员可以参照时间刻度与语音能量分布选取特定的语音时段，点击被选波形区域即可播放该时段的语音。并且，该模块支持任意调整选取的语音时段范围，提供给标注人员更为灵活的语音审查方式。

2. 语音数据标注统计模块（模块2）

如图5-11所示，该模块不仅显示了本条语音的总时长信息，而且实时统计并显示了正在进行中的语音数据标注情况，包括标注为有效语音段的总时长、标注为无效语音段的总时长、未标注语音内容的总时长。通过对整条语音的标注详情做全局的统计分析，更便于标注人员对语音的质量及工作的进度有整体上的把控。

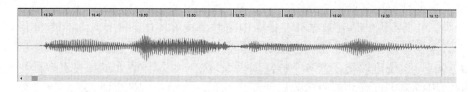

图5-10 语音数据展示模块

语音总时长：1141.248s	有效总时长：851.420s
无效总时长：0.000s	未转写时长：292.918s

图5-11 语音数据标注统计模块

3．语音播放控制模块（模块 3）

在模块 1 中，点击选中的语音时段即可自动播放对应语音内容。为了控制语音播放的进度，该模块还提供了语音播放智能控制功能，如图 5-12 所示，主要包括播放/暂停、快进、快退三大功能选项。除此之外，该模块还提供了语音播放速度调控、语音时域波形缩放控制功能，便于标注人员更为精确地定位待标注语音时段。同时，该模块还提供了删除已选取语音时段的操作，用于撤回对某一语音时段的选取，从而方便重新选取合适时段。

图 5-12　语音播放控制模块

结合图 5-12 介绍的语音段截取规则与模块 1、模块 3 具备的功能，标注人员可以高效、准确地完成语音段落的截取。

4．属性标注模块（模块 4）

在对截取的语音段落进行语音数据标注时，首先需要了解清楚当前执行语音数据标注任务的要求。一般来说，语音数据标注由属性标注和内容转写两部分组成。属性标注模块可根据具体标注任务的要求设计待标注属性及其展示形式。图 5-13 中的属性标注模块是针对某一标注任务而设计的，在后面的实践示例中会看到，在其他的标注任务中，该模块可能具有不同的样式。

图 5-13　属性标注模块

如图 5-13 所示，多数情况下，该模块负责标注语音段落中说话人角色、说话人性别、说话人口音等角色属性以及语音段落的有效性等属性。

5．语音内容转写模块（模块 5）

该模块是语音数据标注工作的重中之重，需要标注人员具有一定的知识储备，同时也对标注人员的专注力和观察力提出很高的要求。如图 5-14 所示，标注人员通过倾听待标注段落的语音，鉴别说话人的发音内容，并按照文本数据标注章节所述语音内容转写规则书写出规范的语音内容转写文本。

此外，更加智能的标注平台还可以提供预识别结果以辅助标注人员完成语音内容转写，预识别结果通常是标注平台的后台程序预先将待标注语音文件通过语音识别算法预测出可能对应的文本。在说话人发音清晰、背景环境良好的情况下，语音识别算法的准确率可以达到90%以上，使得预识别结果具有相当重要的参考价值，大大提升了标注人员的准确率和标注效率。同样地，在某些朗读类语音数据标注任务中，如果说话人在录制语音时参照朗读文本按顺序发音，则标注平台可以设计语音-文本对齐算法，将语音段落与朗读文本逐字对齐，从而提供给标注人员参考。

语音转写 段落: 4 选中区域：【 17.770s， 19.730s 】 时长：
1.960s
自动识别内容： In the event.
In the event.
已经输入 13字
一键转写
一键清除
恢复原始

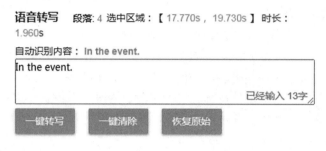

图 5-14　语音内容转写模块

6．标注时段检索模块（模块 6）

如图 5-15 所示，该模块可辅助标注人员更为快捷地搜索、定位已标注语音段落，它支持分段式检索、位置搜索与条件搜索。

1 - 10
11 - 20
21 - 30
31 - 40
41 - 50
51 - 60
61 - 70
71 - 80
81 - 90
91 - 100
101 - 110
111 - 120
121 - 130
131 - 140
141 - 150
151 - 160
161 - 170
跳转至段落
按角色筛选
全部

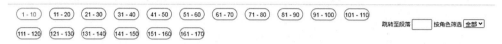

图 5-15　标注时段检索模块

7．标注信息综合模块（模块 7）

如图 5-16 所示，该模块用于显示已标注语音段落的所有内容，它综合了语音段落的时长信息、属性标注结果、内容转写结果等。直观、简洁、明了的展示形式更便于标注人员核查语音数据标注的准确性。

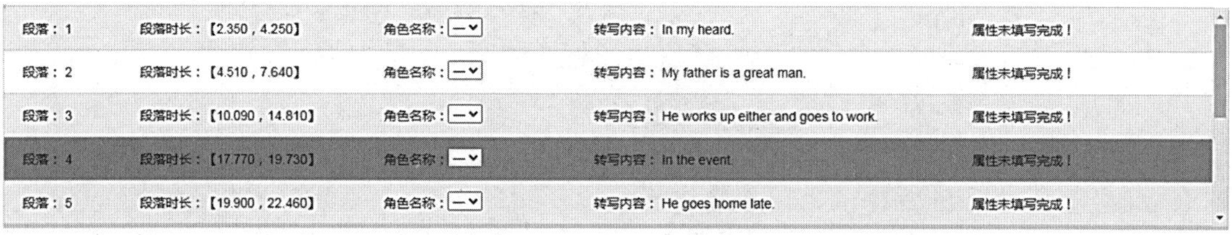

段落：1 段落时长：【2.350，4.250】 角色名称：— 转写内容：In my heard. 属性未填写完成！
段落：2 段落时长：【4.510，7.640】 角色名称：— 转写内容：My father is a great man. 属性未填写完成！
段落：3 段落时长：【10.090，14.810】 角色名称：— 转写内容：He works up either and goes to work. 属性未填写完成！
段落：4 段落时长：【17.770，19.730】 角色名称：— 转写内容：In the event. 属性未填写完成！
段落：5 段落时长：【19.900，22.460】 角色名称：— 转写内容：He goes home late. 属性未填写完成！

图 5-16　标注信息综合模块

8．标注进度控制模块（模块 8）

一般而言，标注人员需要对大批量的语音数据进行语音数据标注，该模块即负责数据标注的进度控制，如图 5-17 所示。

保存
(shift+s)
提交，进入下一条
(shift+d)
跳过本条数据
无效数据

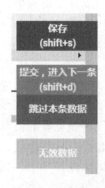

图 5-17　标注进度控制模块

9．半自动化语音数据标注

当标注数据量较大时，单纯依靠人力进行标注的全人工标注方式会耗费大量人力，并影响标注效率。而半自动标注方式采用训练好的模型对目标数据进行检测，并用标注平台进行完善。在半自动语音数据标注中，说话人性别检测、角色识别、语音端点检测、语音识别等技术可以提供给标注人员一定程度上的参考价值，大大减少了标注人员的工作量。

以上是对数加加语音数据标注平台的基本框架的介绍。如前所述，不同语音数据标注任务对属性标注的要求不同。在执行差别很大的语音数据标注任务之前，首先应根据任务的特点，为标注平台设计合适的功能和界面。如图 5-18 所示是执行普通话朗读类语音数据标注任务的标注平台界面，与图 5-9 相比，该标注平台的界面更为精简，只包含语音数据展示模块、语音数据标注统计模块、语音播放控制模块、属性标注模块、语音内容转写模块以及标注进度控制模块，其中，属性标注模块仅用于标注语音段落的有效性。

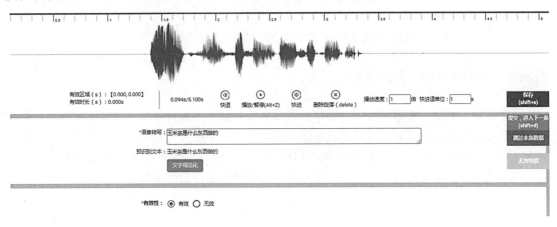

图 5-18　普通话朗读类语音数据标注平台界面

对于普通话朗读类语音数据标注任务，其待标注语音数据来源于在相对安静的环境下、说话人统一采用标准普通话的发音方式所录制的语音，说话人被要求按照已精心设计的朗读语料（包括通用类、交互类、家居命令、车载命令等日常用语）吐字清晰地朗读出来。由此可见，该任务中待标注语音数据具有说话人单一、朗读清晰、语音时长短、背景噪声小等特点，这决定了在设计与之配合的语音数据标注平台时：

（1）可忽略标注时段检索模块和标注信息综合模块；

（2）在属性标注模块，无须标注说话人角色等属性，只需判定该条语音是否有效即可；

（3）由于待标注语音数据较为简单，可预先借助语音识别算法预测出可能的语音内容，辅助标注人员进行更精准更快速的语音内容转写。

因此，如图 5-19 所示，在设计普通话朗读类语音数据标注平台时，考虑使用依赖于语音识别模型的半自动化标注平台，给标注人员提供了语音转写的参考文本，同时简化属性标注模块，提高语音数据标注效率。

可以看出，不同的语音数据标注任务适用于不同的标注平台模板，关键在于语音数据标注任务的需求如何。

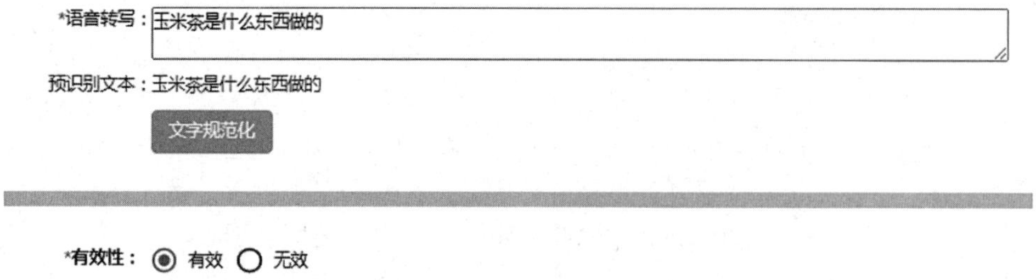

*语音转写：玉米茶是什么东西做的

预识别文本：玉米茶是什么东西做的

文字规范化

*有效性： ◉ 有效 　○ 无效

图 5-19　普通话朗读类语音数据标注平台特点

5.4　语音数据标注整体流程

本节以多人自然对话语音数据标注项目为例，介绍语音数据标注流程。

5.4.1　项目背景与意义

语音识别、语音合成等智能语音处理技术在单一说话人、发音规范、背景噪声良好的情况下已经具有较为突出的表现。然而，当前阻碍智能语音处理技术实用化的一大困难是复杂条件下性能降低的问题。在实际生活场景中，自然发音、口音、复杂噪声、声音混叠等现象随处可见。同时，随着深度学习技术的发展，数据对于训练模型的影响越来越重要。因此，生产复杂场景下的智能语音数据无论对于学术研究还是企业开发，均具有重大意义。

多人自然对话语音数据在单一说话人朗读类数据的基础上增加难度，对应于实际生活中的会议、小组讨论、聚会等场景，为复杂场景下的语音识别、说话人识别、性别检测等智能语音处理技术的研究提供重要的数据支撑。

5.4.2　语音项目整体规程

语音数据标注是语音数据产品生产流程中的一个环节。总的来说，语音数据产品生产包含了从语音采集到数据交付的各个环节，各个环节之间相辅相成、紧紧相扣。如图 5-20 所示，语音数据产品生产过程具体包括语音采集、数据预处理、语音数据标注、数据质检与数据交付 5 个模块。

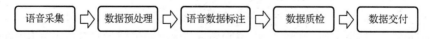

图 5-20　语音数据产品生产流程

1. 语音采集模块

人工智能语音数据涵盖范围广，语种多，语境广，场景复杂，很难基于传统的方式实现数据采集。因此，需要利用移动互联网的发展，发挥广大群众的智慧，通过个人智能手机对各类人工智能相关的底层数据进行大规模采集。

2．数据预处理模块

大数据领域有一个非常古老的观点："垃圾进、垃圾出"。因此，必须对采集的数据进行严格把关，才能有效提高后续质量。数据清洗、信息脱敏是常见的数据预处理方法。

3．语音数据标注模块

人工智能已成为未来发展的必然趋势，具有极为广阔的市场前景和社会意义。多类型、大体量的样本空间及高质量数据是人工智能技术精度的重要保障，且需要处理大量的非结构化数据。目前对这类处理过的数据利用率却远远不及预期，其中最主要的原因在于，绝大多数企业和科研机构缺乏处理非结构化数据的技术和人才储备。同时，由于场景的不同而导致的高度个性化的数据处理需求则更加剧了这一问题的严重程度。因此，语音数据标注是语音数据产品生产流程中的关键环节。

4．数据质检模块

在语音采集、语音数据标注环节，根据严格制定的通用质检点的特征来检查数据质量的过程即为数据质检。除了检查语音数据的质量，该模块还负责控制语音数据的整体情况。质量检查能够确保数据标注结果有价值，符合规范与要求。根据项目特性，数据质检方法有逐条检查、抽样检验、机器验证等。

5．数据交付模块

数据交付是语音数据产品生产的最后一个环节，在完成语音数据的生产后需准备齐全的说明文档与规范化的数据存储格式。

5.4.3　语音数据标注过程详情

1．分析待标注语音数据

经过语音采集与数据预处理环节，已经生成大规模的多人自然对话型语音数据。这些待标注语音数据为在相对安静的环境下、说话人统一采用标准普通话的发音方式录制而成的，语音数据为由 2～5 人组成的小组就某一话题展开的自由对话，围绕每一话题展开的自然对话的平均时长约为 30 分钟。语音数据的数据量、说话人性别分布、年龄分布、地域分布均符合在其应用场景下的机器学习和模型训练的需要。

2．制定标注说明规则

根据项目背景、意义及数据应用场景，按照该领域的专业常识，从机器学习算法的角度出发，制定满足机器学习模型训练的标注规则。5.2.3 小节为通用语音数据标注规则，在具体项目中会有所改动。在本项目中，若语音涉及说话人的手机号、银行卡号、身份证号、家庭住址等敏感信息，则出现这些具体内容的句子判定为无效语音段，并需要记录错误类型为"含敏感信息"。

3．设计语音数据标注平台

在进行语音数据标注前，必须根据项目特点设计更易操作、更高效的语音数据标注平台。由上文可知，该任务中待标注语音数据具有说话人众多、对话内容自由、语音时长较长、背景噪声小等特点，这决定了在设计与之配合的语音数据标注平台时，需要考虑更为全面、详细的标注方式。

（1）在该标注任务中，语音段落截取是首要的重点工作，需要严格按照 5.2.3 小节的规范（尤其是多人交谈可能发生的语音重叠情形）将长语音截取成多段待标注语音段。

（2）在属性标注模块，除了判断该段语音段是否有效，还需对说话人的角色、性别属性加以标识。

（3）在该任务中，由于待标注语音数据时长较长、数据量偏大，考虑借助语音端点检测算法、语音识别算法、角色识别算法及性别检测算法预先对待标注语音进行有效语音段截取、语音预识别、角色预判定、性别预判定，标注人员可根据预判定结果进行准确鉴别与转写语音内容。

如图 5-21 所示是执行多人自然对话语音数据标注项目的标注平台界面，可见，其基本框架与图 5-9 所示界面相似，不同之处在于属性标注模块细节上的设计。如图 5-22 所示，在普通话自然对话类语音数据标注平台中，在属性标注模块设计了说话人角色等属性。

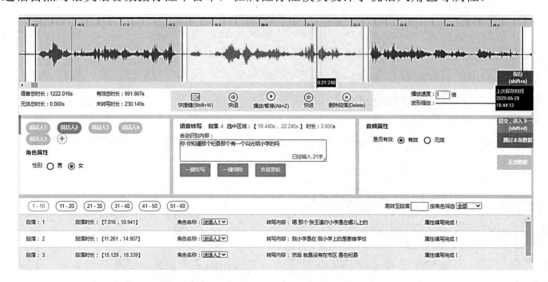

图 5-21　多人自然对话语音数据标注平台界面

图 5-22　普通话自然对话类语音数据标注平台特点

4．开展语音数据标注任务

在开展语音数据标注任务时，需首先利用语音端点检测、语音识别、角色识别、性别检测等模型预先判定待标注语音数据的标注结果，继而将待标注语音数据及预标注结果上传至半自动标注平台。在标注前，还需对标注人员进行相关任务培训，包括标注平台的使用方法、标注任务的目的、标注内容和标准。

5．标注结果质量检查

在完成语音数据标注后，仍然需要关键的一个环节——数据质检。该环节的目的在于确保数据标注的结果具有价值，符合应用场景。在标注结果质量检查中，如果根据通用质检点的特征判断出语句的一部分出现了标注错误，如错误标注、有效错误等，则认定这句话为错误标注语句。标注准确率的计算公式为：

标注准确率=1-错误的标注语句数/全部标注语句数×100%

一般来说，若对标注结果的准确率要求比较高，则标注结果的句正确率应该在 97%（含）以上。

6．标注结果输出

语音数据标注的结果包含语音标签的时间位置和标签的具体内容（如转写内容、说话人信息、噪声等）。不同标注任务和要求会产生不同的结果，但不影响定义数据格式及组成部分。标注文件的输出格式为 TXT 文件或其他通用的输出格式，其中文件应包含详细的标签信息，如图 5-23 所示。

0.720005748088	3.11517638483	O1	你喜欢什么名人之类的吗？
3.13457047905	10.0913805426	O2	名人我觉得毛泽东是最伟大的一个名人了，没有他我觉得就没有今天的我们。
10.1047062916	13.6053402991	O2	更没有这个现在特别厉害的中国。

图 5-23　多人自然对话语音数据标注结果示例

如果是单句录音，则每个文件中包含一个标注对象；如果是多语句录音，则每个文件中包含多个标注对象，每个标注对象包括语音段的起止具体时间位置和语音内容信息、说话人的信息、噪声标识等。

在交付数据时，标注团队需对最终提交的数据量进行总结与说明。完整的交付内容包括：原始数据、标注结果、说明文档、关于标注数据的 Metadata（包括描述原始数据的元信息）。此外，交付的数据最好以规范的存储结构保存。如图 5-24 所示为单人录音情况下保存语音数据标注数据的存储结构，如图 5-25 所示为多人对话类语音数据标注数据存储结构。

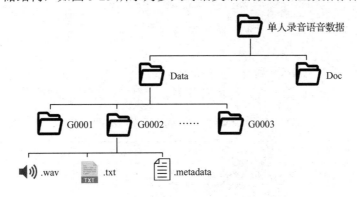

图 5-24　单人录音语音数据标注数据存储结构

其中，存储目录的结构说明如下：

（1）Data：数据文件夹；

（2）Doc：说明文档文件夹；

（3）G×××××：录音人编号，该文件夹数量与实际录音人员数量一致，如图 5-26（a）所示；

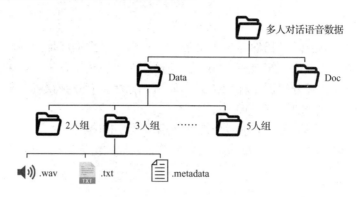

图 5-25 多人对话语音数据标注数据存储结构

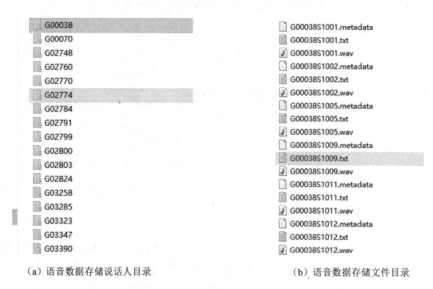

（a）语音数据存储说话人目录　　　　　　　　（b）语音数据存储文件目录

图 5-26 语音数据存储目录

（4）2 人组/3 人组/5 人组：表示自然对话语音中参与人员的数量；

（5）.wav：语音文件，如图 5-26（b）所示；

（6）.txt：标注结果文件，与语音数据一一对应；

（7）.metadata：数据标签文件，与语音数据一一对应，如表 5-2 所示。

表 5-2 metadata 文件内容示例与字段说明

字 段	内 容	说 明
FIP	data/category/G00001/G00001S1001.wav	音频文件相对于 data 文件夹的路径
CCD	reading	语料内容类别
REP	indoor	录音场景
SAM	16000	音频采样率
SNB	2	采样点数据存储情况
SBF	lohi	数据在文件存储时的高低位顺序
SSB	16	音频位深度
QNT	wav	音频文件格式

续表

字 段	内 容	说 明
NCH	1	音频文件声道数
SCD	G00001	录音人 ID
SEX	男	录音人性别
AGE	23	录音人年龄
ACC	成都	录音人所在地
ACT	西南官话	录音人口音
MIP	close	录音设备与录音人位置关系
SCC	Quiet	录音环境信息
LBD	G00001S1001.txt	音频对应的标注文件名
LBR	3.06	音频文件的时长
ORS	我过来了你会不会给我玩	未经标注修改的原始朗读文本

5.5 多样化语音数据标注项目

除了上文介绍过的普通话朗读类语音数据标注任务与多人自然对话语音数据标注项目，在实际的语音数据产品生产过程中，存在多种形式的语音数据标注项目，它们具有不同的项目背景、意义及数据应用场景，本节将介绍其中最典型的几类。

5.5.1 智能家居儿童语音数据标注

智能家居行业是人工智能在生活服务领域的重要落地场景，也是我们感知人工智能落地最深的行业之一。语音识别是智能家居产品中最常见的应用技术。随着科学技术的进步，智能音箱、扫地机器人、智能电视等智能化产品已经广泛出现在人们的家居生活中。特别地，由于成年人的工作等原因，导致这些智能家居产品更多地是服务于常在家里的儿童和老人。儿童吐字不清、发音不流畅等问题是当前影响智能家居语音产品性能的一大问题，因此，大量的智能家居场景下的儿童语音标注数据对于提升语音产品性能具有关键作用。如图 5-27 所示为智能家居儿童语音数据标注项目的标注平台界面图。

1．语音数据采集

参与录制儿童的年龄分布在 6～12 岁，性别、地域分布均衡，在相对安静的环境下采用手机录制。发音的语料包括：

（1）儿童作文故事：通过网络采集获取的小学生日记、作文、读后感等。

（2）交互命令：儿童与语音助手、智能设备的交互文本。

（3）家居命令：智能家居类命令语句，如"拉开窗帘""客厅灯关""把电视的音量调高些"。

（4）通用类短文本：包含多个领域，如新闻、音乐、影视、经济、娱乐等。

（5）数字串：分为 6 个类别，包括日期、时间、电话号码、自然数、逐字朗读的数字串、货币。

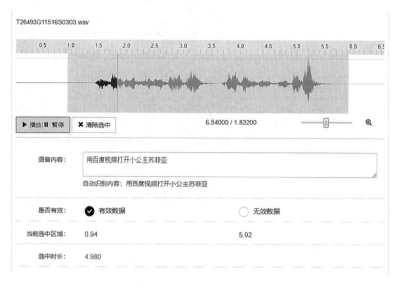

图 5-27　智能家居儿童语音数据标注平台界面

2．标注规则

（1）截取有效语音。标注人员需要在标注平台截取出多个有效语音段。

有效语音段是指当前儿童的录制语音。截取时应在语音实际的起止时间点前后各保留约 0.5 秒的静音段，但不可将领读人的语音截取进来。

无论一个语句是否有效，都需要在平台上截取出来，只是判断为无效的在平台上选无效。但如果出现录音人读错句子，停顿后再读一遍的情况，则只截取正确的句子即可。

（2）语音有效性判定：

①如果一句话完全是用规定之外的语言朗读的，则应该认定这句话无效。

②如果一句话没有录音人的语音，则应认定这句话无效。

③如果一句话听不清录音人在说什么，则应认定这句话无效。

④如果一句话中存在明显的语音不完整现象，则应认定这句话无效。

⑤如果一句话有很强的背景噪声，覆盖了第一说话人的语音，则应认定这句话无效。

⑥如果一句话有回音、空旷音，则应认定这句话无效。

⑦如果一句话中有第二说话人的声音，则应认定这句话无效。

⑧如果一句话存在丢帧的情况，则应认定这句话无效。

⑨如果一句话存在截音/切音的情况，则应认定这句话无效。

⑩如果一句话存在严重喷麦或多次喷麦的情况，则应认定这句话无效。

（3）内容转写。

内容转写的基本原则为：文本内容需与音频发音一致；如果不一致，修改文本。

需特别注意以下几点：

①数字：所有数字应根据它们的发音进行记录，不能写成阿拉伯数字。如"1 2 3"应写成"一 二 三"。

②标点：以下为语音数据标注时可能用到的标点符号。运用标点符号主要是为了方便阅读。标点符号的类型仅限于以下几种：

●句号"。"加在陈述句的结尾；

●问号"？"加在疑问句的结尾；

●逗号","加在满足语法规范的从句之间。

③感叹词：应用感叹词的标准拼写格式。

音频中说话人清楚地讲出的语气词，如"呃""啊""嗯""哦""唉""呐"等，要按照正确发音进行转写。语气词除了"了""不"没有口字旁，其他基本上都有口字旁。

④噪声：

●[S]：表示说话人的各种非文本内容的噪声信息，包括咂嘴唇、咳嗽、清嗓子声、喷嚏声、笑声。

●[N]：非人发出的声音，主要是一些偶然出现的噪声，如鼠标操作声音、敲击键盘的声音等。

●[T]：稳定的噪声，主要是录音环境的一些非偶然噪声，如周围音乐、风声、空调声等（成对出现）。

●[P]：非说话人的周围人发出的噪声，包括咂嘴唇、咳嗽、清嗓子声、喷嚏声、笑声。

⑤其他。用（（text））标注不知所云的语音。其中的内容是标注员猜测的语义。用（（））表示不知所云的语音（一个或几个汉字），标注员不能猜出其语义。

3．数据质检

标注的句正确率应该在 97%（含）以上。

如果语句的一部分出现了标注错误，如错误标注、有效错误等，则认定这句话为错误标注语句。

标注准确率=1-错误的标注语句/全部标注语句×100%

注：噪声符号错误不计入标注错误

5.5.2 智能音箱语音数据标注

1．项目背景

智能音箱作为音箱的升级产物，是用户通过语音进行网上各类操作的一个重要工具，如点播歌曲、上网购物或了解天气预报，它也可以对智能家居设备进行控制，极大地方便了用户的各类操作。

国内市场部分小厂商的智能音箱并不"智能"，对于用户的指令并不能很好地做出响应。而其中所欠缺的就是对用户指令的理解，首要的就是用户语音识别。这也就需要标注人员对大量的真实用户语音进行加工，转写为对应的文本内容，进而不断训练和优化智能音箱的语音识别算法，达到更优的识别率。

2．标注需求

如图 5-28 所示，在设计好的语音数据标注平台上，听取音频内容，判断音频有效性，并对有效语音转写对应文本，标注噪声情况、说话人类型和口音三个属性。

3．标注规则

有效语音判断原则：

（1）背景有人说话，如果声音比当前说话人小，可以作为背景噪声则标注为有效语音，噪声情况标注为含噪声；说话声音很大，跟当前说话人声音大小接近，则标注为无效语音。

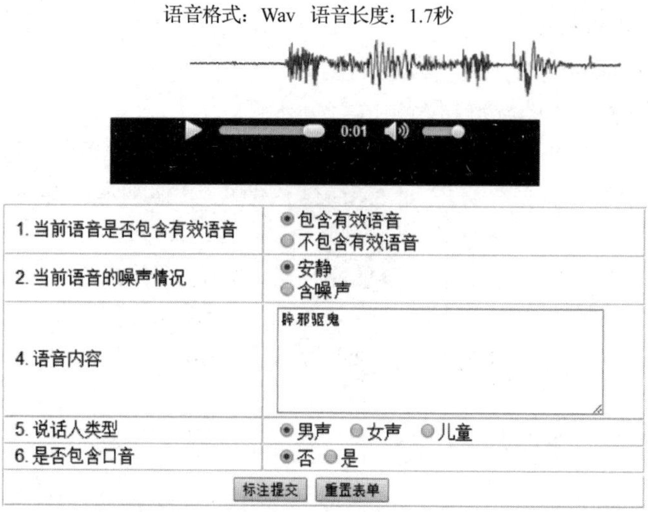

语音格式：Wav 语音长度：1.7秒

图 5-28　智能音箱语音数据标注界面

（2）如果声音极小，小到几乎听不到，标注为无效语音。

（3）只含有噪声或者静音，则标注为无效语音。

（4）语音有首尾截断的情况，如"取消"，"消"被截断一半，听起来只有声母"x"的音，这种情况只标注为"取"；如果截断的比较少，还是能听出来音的情况下，标注为"取消"；截断明显而不能准确写出字的情况，标注为无效语音。

（5）只有一个字的"嗯""啊""为"等，标注为无效语音。

（6）如果一个人唱歌，则标注为无效语音。

（7）整句听不懂的，标注为无效语音。

（8）个别字听不懂，可以用同音字代替。句中个别字确实听不清的，无法标出同音字的，标注为无效语音。

噪声判断规则：

根据语音情况选择，存在一定噪声但还能听清语音内容，请选择"含噪声"。如果噪声比较小，可默认为"安静"。

文本转写规则：直接输入语音内容。根据自己听到的内容进行输入。

具体规则如下：

（1）语音内容必须和听到的语音完全一致，不能多字、少字、错字。

（2）语音中有犹豫或者"嗯""啊"等语气词也要写出对应的汉字。

（3）阿拉伯数字要写成汉字形式，如"一二三"，而不是"123"。注意区分"一"和"幺"，"二"和"两"。

（4）标注中只能含有中文、英文以及英文中的特殊符号，如"I'm"中的"'"。如果符号被读出，则根据发音写成相应汉字或英文。例如，"@"读"at"时要写为"at"，".com"读成"点com"时要写成"点com"。

（5）语气词：音频中说话人清楚地讲出的语气词，如"呃""啊""嗯""哦""唉""呐"等，要按照正确发音进行标注。

（6）标注内容的完整性要与实际发音一致，不得删减，如发音为"我是北 北京人"，"北"字有重复现象，那转写的时候要写成"我是北，北京人"。

（7）同音字标注算正确，但需要保证标注读音正确，包括音调正确。

（8）有口音的要按照正确的来标注。例如，说话不标准，说的是"这个地方在喇"，正确结果为"这个地方在哪"，属于口音"1""n"不分情况。

（9）专名、电影、歌曲名、电视剧、诗歌等不好判断的情况下需要搜索确认。

说话人性别标注规则：能听出是儿童的标为"儿童"。

说话人口音标注规则：能听出说话人有口音的就标为含口音，比如"n""ng"不分，"n""1"不分，或者方言等。

4．数据质检

按语句统计，句准确率要求达到 95% 以上，即验收正确句数/验收总句数≥95%记为数据合格。

5.5.3 智能客服语音拼音标注

拼音标注也是语音数据标注的一种形式。语音拼音标注的目的是为整个数据库提供准确的、逐字的拼音记录。拼音记录的顺序与音频文件的时序一致，音频信号及其他语音特征用特殊符号标注。语音数据标注人员在有参照文本的情况下将听到的语音文件译成拼音。每一条音译结果包含一组拼音序列及其他特殊标注符号等。

如图 5-29 所示为执行该智能客服语音拼音标注项目的标注平台截面图，用于完成对每条语音判定语音有效性、拼音标注等功能。

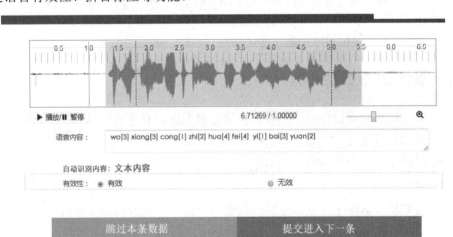

图 5-29   智能客服语音拼音标注界面

1．语音有效性判定规则

如果是有效拼音，则直接提交；如果是无效拼音，则需要标注人员修改正确后再提交。

（1）有效拼音：如果工具转写的拼音与文本一致，则判定为有效。

（2）无效拼音：如果工具转写的拼音与文本不一致，则判定为无效。

例如，文本内容为"我想充值话费 100 元。"，

工具转写拼音为"wo3xiang3cong1zhi2hua4fei4yi1bai3yuan2。"，其中，"充"字拼音转写错误，则判定为无效，并进行改正。

2. 拼音转写规则

（1）录音转写的第一要求。忠实地按照文本内容进行转写，如文本内容为"我们去哪哪里啊"，"哪"字有重复，就要忠实地转写成"wo[3]men[1]qu[4]na[3]na[3]li[3]a[4]"。

（2）口音问题。由于口音或个人习惯导致的音变，按实际发音及音调进行标注，如多音字或者生活中有不同发音的字，"办公室"的"室"，有人说成"shi3"，则标为"ban[4]gong[1]shi[3]"；有人说成"shi4"，则标为"ban[4]gong[1]shi[4]"。又如"那个人"的"那"，有人说成"nei4"，则标为"nei[4]ge[4]ren[2]"。

（3）数字。数字符号应完全按照其读音转写成对应的拼音及音调。例如：

"2004"可转写为"er[4]qian[1]ling[2]si[4]"，也可转写为"liang[3]qian[1]ling[2]si[4]"；

"19%"可转写为"bai[3]fen[1]zhi[1]yi[1]shi[2]jiu[3]"。

"1"可以念"一"或者"幺"，分别转写为"yi[1]"或者"yao[1]"。

（4）语气词。录音人语句中出现的语气助词（如"嗯""啊""哇塞""喂"等），一个或两个字简短的，都需要按文本内容标出。

3. 数据质检

该项目的数据质量保证依然要求按句统计标注准确率。句标注准确率要达到 95%（含）以上。

如果语句中出现有效性错误、内容错误、标注项错误，则该语句为错误标注语句。例如：

有效性错误=出现无效的内容标注为有效。

内容错误=文本与转写的拼音内容不符（错一个拼音视为拼音与文本不符）。

标注项错误=基本项判断错误。例如，发音为 2 声标注时标为 3 声等。

句标注准确率=1-错误的语句数量/总的语句数量×100%。

5.5.4 演讲语音数据标注

在实际生活中，与会议记录、课堂讨论等场景不同，有些应用场景如演讲场景的语音数据是混有噪声的长段语音。这类数据的特点是语音说话比较自然，时长较长，对于这类数据进行语音数据标注是一项非常浩大的工程。

1. 截取语音段

标注人员需要在标注平台截取出多个有效语音段，对切开的每个语音段分别进行标注。考虑语义连贯，以句为单位进行截取，太长的句子可以截取成分句，每句最长不超过 8 秒，但也不要太短。根据标注经验，每个自然语音段平均在 5～6 秒左右即可。

每个时间边界的最佳位置在波形的最低点，如果仅有几个字没有包含进来，那么建议舍弃这几个字。

不同说话人的语音不能截在同一句里。

截取时做标注的语音段周围尽量留 0.2～0.3 秒静音段，如本身没有这么长静音的情况则不强求。尽可能截取没有突发噪声的语音段，可以为了避开突发噪声而缩短语音前后的预留时间，但不能出现切音的情况。

只有一个字表示应答的，不用单独分割成独立语音段（如"嗯""哦""对"）。

2．语音有效性判断

若整段语音出现以下情况，则整段语音无效，不做截取、标注等后续工作：

整段语音声音极小，小到几乎听不到；

整段语音中只含有噪声或者静音（视为无声音）。

若整段语音合格，则该段语音需要按句截取。出现以下情形的，判定为单句不合格，单句不合格的句子不进行截取和标注：

（1）如果一段语音中两个人说话声重叠，若声音大小接近，重叠部分比较多，则标注为无效语音；若重叠部分较少（仅一两个词），截取不重叠部分标注为有效。如果重叠另一个人声音很小则可忽略。

（2）如果一句话中少于或等于 2 个字，如只有"嗯""啊""哇噻""喂""好的"等，则该句标注为无效。

（3）一句话有听不清楚的部分，不能判断内容，无法转写出正确结果的情况下，则该句标注为无效。

（4）若语音涉及说话人的手机号、银行卡号、身份证号、家庭住址等敏感信息，则出现这些具体内容的句子标注为无效，并需要记录错误类型为"含敏感信息"。

（5）一句话如果是纯方言而非普通话，难以理解其含义，则该句标注为无效。

3．说话人标注

若整段语音前后有多个演讲人的情况，需要标注说话人身份信息，如记为"speaker 1""speaker 2"等，并标注不同说话人相应的性别。

4．内容标注

数据处理人员根据所听到的音频写出内容，力求使文本内容与音频发音内容保持一致。一般准则如下：

（1）如果两个人说话重叠声音大小差不多，重叠部分切出去标注为无效语音。例如，两个人说话重叠，甲说"今天的天气好热呀"，话还没完，乙说"嗯"，"嗯"字正好跟"热"字重叠了，且两个人声音大小差不多，则把"今天的天气好"切成一句，"热呀"标注为无效语音。

（2）转写的内容必须和听到的语音完全一致，不能多字、少字、错字。

（3）音频中的阿拉伯数字要写成汉字形式，如"一二三"，而不是"123"。注意区分"一"和"幺"，"二"和"两"

（4）音频中有英文发音的应写成相应的汉字或英文。具体分为以下几种情况：

①网址中包含的所有的字母均为单词，均为大写。例如，发音内容为"www.pp.com"，应转写为"三 W 点 PP 点 COM"。

②发音中包含的英文单词，转写时全部为小写。

③发音中包含的英文字母，转写时全部为大写。

④对于一些专有名词，或者一些英文缩写，全部大写，如 WTO、ERP 等。

（5）语气词：音频中说话人清楚地讲出语气词并且紧接着正常语音，如 "呃""啊""嗯""哦""唉""呐"等后接"吃了"，要按照正确发音进行转写，如"嗯 吃了"。语气词除了"了""不"没有口字旁，其他基本上都有口字旁。

（6）标注内容的完整性要与实际发音一致，不得删减。如发音为"我是北 北京人"，"北"字有重复现象，标注的时候要写成"我是北北京人"。

（7）发现听得比较清楚，但是语义不确定，而发音可以确定，如普通人名等，可以选择同音字代替，但需要保证标注读音正确。在有明确上下文句意的情况下，选择符合发音及句意的字进行标注。

（8）标注中只能含有中文、英文以及常用标点符号（空格、逗号、句号、问号、叹号、顿号）。如果符号被读出，则根据发音需写成相应汉字或英文。例如，"@"读"at"时要写为"at"，".com"读成"点com"时要写成"点com"。

（9）关于添加空格的注意事项：

①空格只允许出现在英文单词之间。

②英文字母、中文、中文和英文之间均不能出现空格。

5. 质量保证

标注的句正确率应该在97%（含）以上。

如果语句的一部分出现了以下错误标注、有效错误等标注错误，则认定这句话为错误标注语句。

句标注准确率=1-错误的标注语句数/全部标注语句数×100%。

5.6 本章小结

本章围绕语音数据标注任务，首先分析了语音数据标注产业目前的背景及研究意义，然后介绍了在开始执行该任务前需了解及掌握的语音学基本知识，接着重点说明了执行该任务时需谨记和遵守的规则与规范，具体示范了如何利用开源工具执行语音数据标注任务，详细说明了语音数据产品生产的过程及语音数据标注在其中发挥的重要作用。总而言之，语音数据标注任务是一项非常考验细心、耐心、专注力以及知识储备等多方位能力的工作，对标注人员提出了较高的要求，需要标注人员在熟知概念与规范的前提下勤加练习。

5.7 作业与练习

1. 用于描述声音的特征有哪些？其中，男女声音具有显著区别的特征是什么？在讲话时使用扩音器后哪个特征会产生明显变化？

2. 什么是数字化语音信号？为什么要数字化语音信号？在数字化语音信号的过程中会涉及哪些概念？请举例说明你遇到过哪些语音数据格式。

3. 可视化语音信号的方式有哪些？它们的区别是什么？

4. 常见的语音异常现象有哪些？

5. 语音内容转写的基本原则是什么？

6. 什么情况下需要标识噪声？

7. 可用于语音数据标注的方式有哪些？

8. 在本书的语音数据标注平台示例中，它的基本框架包含几个模块？分别是什么？

9. 在半自动语音数据标注平台中，常见的可以为标注人员提供参考价值的技术有哪些？

10. 语音数据产品生产的流程包含哪些环节？

文本数据标注作为最常见的数据标注类型之一，是指将包括文字、符号在内的文本进行标注，让计算机能够读懂并识别。从本质上来看，文本数据标注就是一个监督学习的过程，而标注问题又是更复杂的结构预测（structure prediction）问题的简单形式。标注问题的目的在于学习模型，使该模型能够对观测序列给出标记序列作为预测。这也决定了标注问题的工作流程，即输入是一个观测序列，之后输出是一个标记序列或者状态序列。需要注意的是，标记个数是有限的，但其组合缩成的标记序列的个数是依照序列长度呈指数级增长的。

6.1 文本数据标注简介

6.1.1 文本数据标注的发展与研究现状

自然语言对话是网络大数据语义理解的主要挑战之一，被誉为人工智能皇冠上的宝石，而文本数据标注就是这一系列工作中最基础、最重要的环节。自然语言对话系统的研究是希望机器人能够理解人类的自然语言，同时实现个性化的情感表达、知识推理和信息汇总等功能。文本数据标注就是为了让机器准确识别人类的自然语言，并促使机器对人类的自然语言做出精准定位。近二三十年的研究成果显示，自然语言对话系统历经了由基于概率决策过程的多轮对话系统到基于深度学习的生成式对话系统，再到将深度学习和符号处理相融合的神经符号对话系统的快速发展。但是，无论系统发展得如何迅速，无论系统朝着何种方向发展，自然语言对话系统的核心推动力从未改变，即更好地进行自然语言理解、知识表示和逻辑推理。

从自然语言识别的难易程度来看，自然语言对话系统大致分为两大类：一类是统计对话系统；另一类是深度对话系统。其中，深度对话系统又包括检索式对话系统、生成式对话系统、有"复制"机制的生成式对话系统、连接知识库的生成式对话系统以及任务驱动的多轮深度对话系统。

统计对话系统是基于部分可观测马尔科夫决策的过程，该过程将用户看作机器人的外部环境，将自然语言理解模块作为机器人的感知系统。对话管理是借助马尔科夫决策过程实现的，由对话模型和策略模型两部分构成。其中，对话模型主要涉及两个概率分布——观测概率和转移概率，而策略模型与行为选择相对应，整个对话系统的参数可以通过监督学习和强化学习来调整。

检索式对话系统没有独立的对话管理和自然语言生成模块，该系统主要是通过自然语言理解模块将输入的人类自然语言文本表示为机器的语义向量，然后通过查询对话知识库搜索最优的回复结果。因此，如何表示文本以及度量文本之间的语义相关性便成了检索式对话系统研究的核心问题。度量语义相关性的常用方法有余弦相似度模型、话题模型、翻译模型和深度文本匹配模型。

生成式对话系统是在理解人类对话的基础上，自适应地根据对话内容生成新的对话。在基于检索的对话系统中，无论我们定义多么智能的匹配模型，都无法应对所有可能的对话情形，因此，生成式对话系统应运而生。

在实际对话中，经常需要在回复中"复制"输入的部分文本。例如，用户说"今天天气是怎样的"，神经响应机制可能给出回复"目前没有堵车"，这句话虽然语句通顺，但是"答非所问"，用户中的"天气"这一文本信息显然没有复制下来，出现提问与回复没有丝毫关联的情况。

连接知识库的生成式对话系统的关键在于对话过程中的知识传递功能。为了生成既包含正确的知识又有流畅的回复结果，需要引入一种可以查询外部知识库的端到深度对话系统端——神经生成式问答系统，该系统包含了一个新的模块"神经查询器"，负责知识库的查询。

任务驱动的多轮深度对话系统是一种以任务完成为驱动的多轮深度对话系统，该系统包含了标准对话系统的所有模块，每个模块都是通过神经网络进行建模的。其中，自然语言理解部分通过循环神经网络进行用户意图识别，对话管理中的状态更新模块是通过循环神经网络来实现的，策略选择部分的输入来自更新后的对话状态、数据库的查询结果和用户当前输入的意图向量，这些输入通过一个深度网络计算得到机器的行为。

6.1.2 基本概念

文本数据标注分为序列标注、关系标注、属性标注和类别标注等类型。其中，序列标注包括分词、实体、关键字、韵律、意图理解等；关系标注包括指向关系、修饰关系、平行语料等；属性标注包括文本类别、新闻、娱乐等；类别标注包括篇章级的阅读理解等。下面对部分概念进行详细介绍。

1．序列标注

序列标注（Sequence Tagging）是一个比较简单的自然语言处理（Natural Language Processing，NLP）任务，也是最基础的任务。序列标注的涵盖范围非常广泛，可用于解决一系列对字符进行分类的问题。这里再对实体标注、词性标注、韵律标注、意图理解做简要介绍。

实体标注用于命名实体识别（Name Entity Recognition，NER），其目的是识别出文本里的专有名词（实体）且属于哪个类（实体类别），最常见的 3 种命名实体类别为人名、地名和机构名，其他细分的命名实体类别还有歌名、电影名、电视剧名、球队名、书名、酒店名等。如图 6-1 所示为命名实体标注结果示意图。

图 6-1　命名实体标注结果

词性标注是文本数据标注的一种形式，可标注文本内容的实体名称、实体属性和实体关系。

韵律标注是要标注韵律符号的位置。韵律是句子中字词之间的停顿。大多数情况下，一句话中不能完全没有停顿，总会出现或长或短的停顿，这些停顿就是要标注韵律符号的位置。根据停顿长度不同，韵律符号也会相应发生变化。

意图理解数据就是搜集各种用户的问法，然后按领域分类，标记每句话所属的意图以及槽位、槽值。领域是一个大分类，例如，智能音箱的领域有天气、音乐、戏曲、新闻、电台、提醒、控制命令、交通、美食、百科等。意图代表客户明确要问的事情，如“天气”领域里有“查询天气”“查询气象-雨”“查询气象-雾”“查询气象-气温”等意图，如图 6-2 所示。每个意图会定义一组槽位，就是用户问句里会出现的关键词类别。例如，“查询气象-雨”里，槽位有时间、季节、国家、省、市。一个槽位在不同句子里会有不同的槽值。

text	slots				
	time	festival	state	city	country
7月2日天津是雨天吗	7月2号			天津	
未来三天有雨天吗	未来三天				
印度9月7日下雨吗	9月7日				印度
冰岛后天还是雨天吗	后天				冰岛
本周六银川是雨天吗	本周六			银川	
惠州这周的雨天有几天	这周			惠州	
桃花节时日本是雨天吗		桃花节			日本
兰州2月9号下雨了吗	2月9号			兰州	
兰德3月1号是雨天吗	3月1号			兰德	
7月1日厦门是雨天吗	7月1号			厦门	
北京未来三天是雨天吗	未来三天			北京	
杭州每年会有多少雨天	每年			杭州	
广州5月26号是雨天吗	5月26号			广州	
6月7号葫芦岛会下雨吗	6月7号			葫芦岛	
2月24号桂林下雨了吗	2月24号			桂林	
上海未来三个月是雨天吗	未来三个月			上海	
惠州1月19号是雨天吗	1月19号			惠州	
9月10号咸阳会下雨吗	9月10号			咸阳	
告诉我贵州今年雨天天数	今年			贵州	
柏林每年4月有多少雨天	4月			柏林	
白城5月2号会变雨天吗	5月2号			白城	
我想知道里昂5月3号是不是雨天	5月3号			里昂	
3月21号沐川是雨天吧	3月21号			沐川	
3月25号南京是雨天吗	3月25号			南京	
5月19号埃及下雨了吗	5月19号			埃及	
告诉我南京后天是雨天吗	后天			南京	
巴东3月7号会是雨天吗	3月7号			巴东	
查下格拉斯哥是不是雨天吧	3月8号			格拉斯哥	

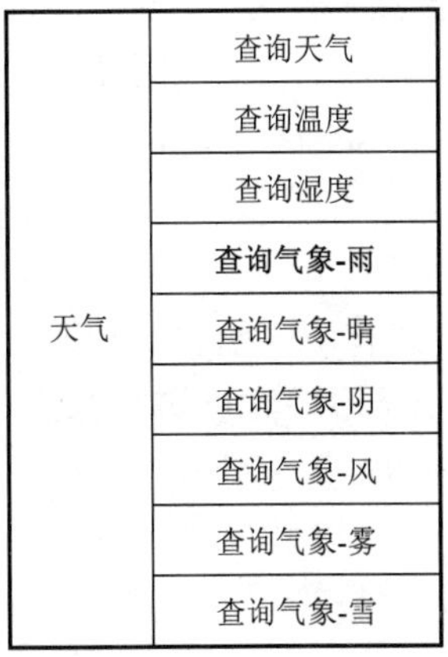

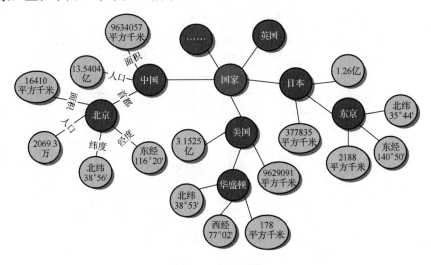

图 6-2　意图理解数据

2．关系标注

关系标注是对复句的句法关联和语义关联做出重要标示的一种任务，是复句自动分析的形式标记。下面对涉及关系标注的知识图谱做简要介绍。

知识图谱，也叫知识库，客户用来做查询和推理用。知识图谱的结构包括实体、属性和关系。例如，用户提问“北纬 38° 56'，东经 116° 20'的城市在哪个国家”，机器回答“这个城市是北京，且在中国”，如图 6-3 所示。

图 6-3　知识图谱

3．属性标注

属性标注就是对文本数据中的对象属性进行标签。情感标注作为属性标注的重点内容，下面对其做简要介绍。

情感标注用于情感识别，又叫情感分析、情绪识别。情感标注任务就是标记原始文本对应的情感。客户希望标注的情感，因客户而异，难度递增。其中难易由低到高为：最基础的包括正面、负面和中性（无情感）；细分类的有高兴、愤怒、悲哀和失望等；更为细致的情绪强度，如高兴分为一般高兴和很高兴，甚至对高兴程度进行打分，等等。如图 6-4 所示为一个情感标注的样例。

图 6-4　情感标注

值得注意的是，标注结果会因标注用途不同而导致标注方式有所区别。从如图 6-5 所示的例子可以发现，"今天北京是不是下雨"作为原始文本，可以从 6 个角度进行标注：

（1）从词的角度进行标注，把每一个词看作一个集合，把整句话按词分开，依次为{今天}、{北京}、{是不是}、{下雨}；

（2）从词性的角度进行标注，"今天"的词性为 nt，"北京"的词性为 ns，"是不是"的词性为 v，"下雨"的词性为 v；

（3）从命名实体的角度进行标注，"今天"为 TIME，"北京"为 LOC；

（4）通过意图分析进行标注，该句的意图在于询问是否会下雨，关心的查询气象为"雨"，时间定位为"今天"，城市定位为"北京"；

（5）从情感角度分析，该句仅仅是一个简单的询问语句，不包含任何的正面或者负面的情绪，所以该句属于中性；

（6）考虑英文翻译，该句的英译为"Is it raining in Beijing today"。

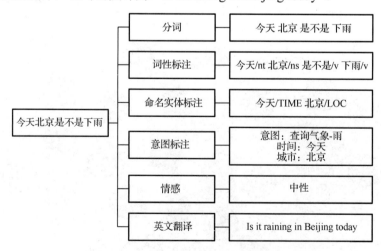

图 6-5　不同的文本数据标注示例

6.1.3　流程介绍

文本数据标注项目的大致流程为：预处理、标注（线上标注、线下标注）、质检、验收、数据处理和数据交付。具体到各个步骤，操作细节如下：

（1）预处理：根据数据的规范要求，对数据进行算法的初步处理。

（2）标注：根据项目要求，可以将标注分为线上标注（数据+平台）和线下标注。

①线上标注：将源数据上传到"数据+平台"，通过互联网进行操作；

②线下标注：通过线下小工具或线下文本（TXT、Excel 等）进行操作。

（3）质检：根据数据合格率要求，由理解定义规范的人员对已标注数据进行抽查。

（4）验收：由数据质量中心对质检合格数据进行再次验证。

（5）数据处理：利用技术处理成客户需要的格式（如 JSON、UTF-8 文本或 Excel 等）。

（6）数据交付：数据加密后交付客户。

6.1.4　交付格式

文本类标注任务的数据结果包含文本标签的位置和标签的具体内容。不同标注任务和要求会产出不同的结果，但不影响定义数据格式及组成部分。

标注文件的输出格式推荐使用易解析、易存储的数据格式，包括 JSON、XML、TXT 等。标注文件应该包含详细的标签信息。每个独立标签应包含以下信息：

（1）标签 ID：每个标签的独立编号。

（2）文件路径：待标注文本的文件链接。

（3）原始文本：待标注文本的全部内容（文本数据标注任务仅需提供文件路径或原始文本中的一个）。

（4）置信度：为标签的置信度。

（5）每个标签中可能包含多个对象，对于每个对象需要定义：

①对象类型：如 text_classification 或者 text_tag；

②对象详情：对象的具体文本位置和内容信息，或与其他对象的关系信息。

数据交付时，标注团队需对最终提交的数据量进行说明。交付的内容应包括：

（1）标注结果（必选）；

（2）交付和说明文档（可选）；

（3）关于标注数据的 Metadata（可选），包括描述原始数据的元信息；

（4）原始数据（可选，有时数据使用方可直接访问原始数据，则无须单独交付原始数据）。

6.1.5　应用场景

文本数据标注是最常见的数据标注类型之一，在现实生活中已得到了充分应用。具体来说，文本数据标注应用比较多的场景包括新零售行业、客服行业、广告行业、金融行业和医疗行业等；应用类型主要有语义识别、实体识别、场景识别、情绪识别以及应答识别等。

1. 新零售行业

国务院办公厅印发的《关于推动实体零售创新转型的意见》(国办发〔2016〕78 号)明确了推动我国实体零售创新转型的指导思想和基本原则,引导实体零售企业逐步提高信息化水平,将线下物流、服务、体验等优势与线上商流、资金流、信息流融合,拓展智能化、网络化的全渠道布局。新零售是指个人、企业以互联网为依托,通过运用大数据、人工智能等先进技术手段,对商品的生产、流通与销售过程进行升级改造,进而重塑业态结构与生态圈,并对线上服务、线下体验以及现代物流进行深度融合的零售新模式。在此过程中,需要对客户的问题进行精准定位,既需要对客户的问题进行量身定制,又需要考虑多数客户的共性要求,这就需要借助文本数据标注的方法,将顾客的相应问题做出标记。

2. 客服行业

客服服务主要体现一种以客户满意为导向的价值观,它整合及管理在预先设定的最优成本——服务组合中的客户界面的所有要素。客服基本可分为人工客服和电子客服,其中人工客服又可细分为文字客服、视频客服和语音客服三类。文字客服是指主要以打字聊天的形式进行的客户服务;视频客服是指主要以语音视频的形式进行的客户服务;语音客服是指主要以移动电话的形式进行的客服服务。随着互联网技术的兴起,电子客服越来越多地取代了人工客服。电子客服同样也可进行文字客服、视频客服和语音客服,这就需要机器对客户的说话方式进行识别。考虑到不同人的说话方式不同、说话习惯不同,对于同一个问题提问的方式也会不同。但是对于机器而言,面对同一问题,顾客提问方式虽然不同,但做出的回答应该是完全相同的。这就要求对同一问题的不同提问方式进行学习,从而做出回复。

3. 广告行业

广告行业是在市场经济充分发展的条件下逐步形成的,从单一的广告活动发展成为独立的广告行业经历了漫长的过程。广告制作作为广告行业的重点工作之一,需要广告设计工作者的辛勤劳动。考虑到未来商品市场的发展趋势,以及单个商品的文案设计与广告宣传工作,类别相近且销量较高的商品文案可相互借鉴,将已有的单个商品文案进行综合,取其精华、去其糟粕,通过文本数据标注将文案中的"精华"与"糟粕"标记出来,让文案设计工作者可以在案例中进行提取综合,这无疑将提高工作效率。

4. 金融行业

在现代商业化背景下,企业签约越来越广泛,合同的签订也是十分常见的。在企业的商务合同中,对关键信息的读取就显得尤为重要。例如,合同中提到的公司名称、合同编号、发票编号、相关金额、到期日期和风险提示等,这些内容囊括了甲乙双方公司的核心信息。对于一个规模较大的公司来说,每天的签约合同非常之多,如果采用一个或几个人对这些合同中的相关信息加以提取乃至核对,这项任务就显得十分繁重而且意义不大。在人工智能时代,可以考虑建立一个企业合同分析模型,对合同中的相关信息进行提取,从而可以减少劳动量,降低人力成本,提高工作效率。

6.2　文本数据标注工具

6.2.1　开源文本数据标注工具

常用的开源文本标注工具包括 doccano、YEDDA、Chinese-Annotator、IEPY、DeepDive 和 BRAT 等，下面分别对其中的主要标注工具做简要介绍。

1. doccano 工具

doccano 是一个开源文本标注工具，提供了文本分类、序列标记以及序列到序列任务的标注功能，因此，可以为情感分析、命名实体识别、文本摘要等标注任务创建带标签的数据。如图 6-6 所示为 doccano 序列标注任务界面。

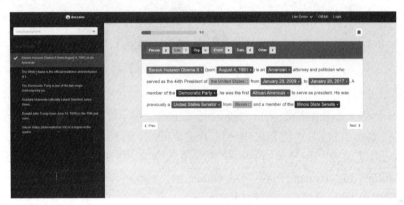

图 6-6　doccano 序列标注任务界面

2. YEDDA 工具

YEDDA 是一个针对实体类的开源文本注释工具，提供了序列标记的标注功能，是一个轻量级且高效的文本边界（span）注释的开源工具。YEDDA 为文本跨度标注提供了一个系统的解决方案，从协作用户标注到管理员评估和分析。它克服了传统文本注释工具效率低下的问题，通过命令行和快捷键对实体进行注释，这些实体可配置自定义标签。如图 6-7 所示为 YEDDA 序列标注任务界面。

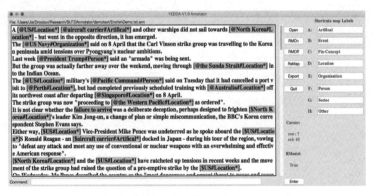

图 6-7　YEDDA 序列标注任务界面

3．Chinese-Annotator 工具

Chinese-Annotator 是一款智能中文文本标注工具，拥有简洁的标注环境与智能的学习算法，能够进行线下学习。该标注工具的标注界面非常友好，让标注操作尽可能简便和符合直觉。标注框架是一个较为完整的系统，包括前端、后台与数据库。如图 6-8 所示为 Chinese-Annotator 标注界面。

图 6-8　Chinese-Annotator 标注界面

4．IEPY 工具

IEPY 是一个专注于关系提取的信息提取开源工具。举一个关系提取的例子，如果我们试图在以下位置找到出生日期："约翰·冯·诺伊曼（John von Neumann，1903 年 12 月 28 日至 1957 年 2 月 8 日）是匈牙利和美国的纯数学和应用数学家，物理学家，发明家和数学家。"IEPY 的任务是将"John von Neumann"和"December 28，1903"识别为"was born in"关系的主体和客体。如图 6-9 所示为另一个关系提取样例。

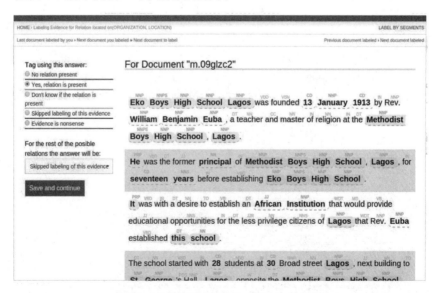

图 6-9　IEPY 关系抽取工具标注示意图

5．DeepDive 工具

DeepDive 与 IEPY 类似，也是针对信息抽取类型任务的开源标注工具。DeepDive 非常适

合信息抽取，是构建知识库的利器。DeepDive 能够基于词性标注、句法分析等，通过各种文本规则实现实体之间关系的抽取，同时可面向异构、海量的数据。如图 6-10 所示为 DeepDive 标注界面。

图 6-10　DeepDive 标注界面

6. BRAT 工具

BRAT 可以用于各种自然语言处理（NLP）任务，该工具是为实体识别和关系抽取设计的。BRAT 服务器是一个 Python 程序，默认情况使用 Ubuntu 操作系统，网页浏览器使用谷歌浏览器。如图 6-11 所示为 BRAT 标注界面。

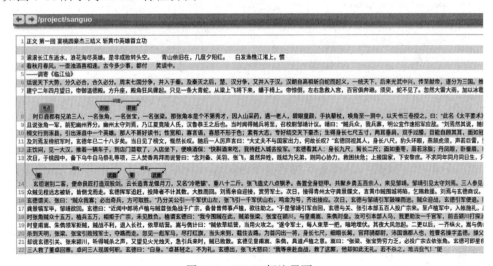

图 6-11　BRAT 标注界面

6.2.2 专业文本数据标注工具及其标注场景

前面介绍了常见的开源文本标注工具。由于开源标注工具不合适大规模的文本标注，以及在私有环境下的数据标注，此处以数据堂的文本数据标注工具为例介绍几种典型的文本数据标注场景。

1. 韵律标注

韵律原指诗词中的平仄格式和押韵规则，后引申为音响的节奏规律，这里的韵律是指句子中字词之间的停顿。可以感受一下平时阅读或说话，大多数情况下，我们不能完全没有停顿地说一句话，总会或长或短地有些停顿，这些停顿就是我们要标注韵律符号的位置。根据停顿长度不同，韵律符号也会相应发生变化。

（1）标注规则：韵律符号分别用为#1、#2、#3 和#4 表示。其中，#1 表示韵律词边界，一般表现为词与词之间连续处；#2 表示韵律短语边界，语感上能感知到的停顿，如意思阶段性表达完整、短暂停顿调整、语调转换、字尾拉长音、强调、重音处等；#3 表示语调短语边界，一般表现为在句中大标点前（大标点包含但不限于逗号、冒号、分号、问号、感叹号等），或需要长停顿处；#4 表示句末边界，一句话中有且仅有一个#4，在句子末尾处。如图 6-12 所示为韵律标注界面。

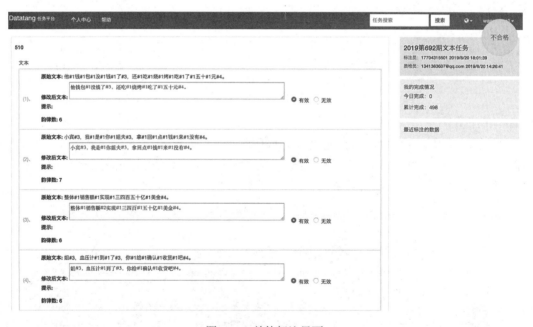

图 6-12 韵律标注界面

（2）注意事项。根据给定的文本及音频进行标注，使用标注工具有如下注意事项：

①确认文本一定经过文本标准化转换（Text Normalization，TN，是指将文本中出现的符号和数字转化为汉字）；

②校对文本、音频是否一致；

③判断文本是否存在错字、多字、少字问题，进行修正；

④主要以音频为主，适当根据音频修改文本；

⑤一句中只能存在一个句号，多个连续无意义标点要进行修改；

⑥句意不通、不完整、乱码的句子，线下记录或平台上判为无效。

有音频标注时需按照音频发音人停顿感进行标注；四字词语需要切分，多个领域属于两两成词而不是成语，当出现无法判断的词语时可以借助网络或汉语词典查询，不属于成语的要进行切分。

2. 词性标注

词性标注是文本数据标注的一种形式。词性标注工具可对文本内容进行实体名称、实体属性、实体关系标注，如图 6-13 所示为实体标注工具。实体标注工具具有实体名称列表、文本显示区、属性编辑框、标注列表、工具栏等，能够进行选中文本、新建/编辑/删除实体标注操作，同时支持自定义标签功能。

图 6-13　实体标注工具

（1）实体标注工具有如下功能：

①实体名称列表：实体名称列表代表实体的类别，只作为展示，显示配置的所有实体名称，不同实体显示不同颜色。名称列表显示在文本展示区左上位置，如果实体名称数量过多而无法显示，可上下滑动查看所有名称。

②文本显示区：文本显示区域，显示全部文本，不做分页处理，行间距根据标注内容自动调整。

③属性编辑框：属性编辑框在新建标注或修改标注时显示在文本显示区，默认出现在当前选择文本的正下方，不遮挡当前选择文本；如果正下方不够显示属性列表，则显示在正上方。属性编辑框可以用鼠标拖动，属性列表半透明漂浮。点击文本显示区可关闭编辑框并取消文本选中。

④标注列表：显示标注后的标注结果。标注列表默认显示在图像绘制区右侧上方位置，图形列表半透明漂浮。标注列表以关系组为单位，按照时间倒序排序。

⑤工具栏：工具栏始终位于屏幕下方。

⑥选中文本：在文本文字区域，点击鼠标左键向左或右拖动鼠标，松开鼠标左键后选中文本，最少选中一个文字，选中后自动弹出标注弹窗，对文本实体进行名称选择和属性编辑。

⑦新建实体标注：选中文本弹出编辑框后，可选择实体名称（单选）、标记实体属性（属性根据标签随之变化，选择名称后才能选择属性），单击"确定"按钮完成标注。注意：标记完成后，选中的文本覆盖与实体相同的颜色，透明度为 60%，如果文本多次被选中，则显示最后的颜色标记；标注完成后，自动生成实体对象编码（实体对象编码命名规则：E+数字，俗称实体编码）；点击空白区域放弃编辑。

⑧编辑实体标注：鼠标右键单击已标注的实体弹出编辑框，只能编辑"实体属性"，如需改变"实体名称"，需删除重新创建实体。

⑨删除实体标注：通过工具栏的"删除"按键或快捷键删除标注；如实体标签已标注实体关系，则删除实体的同时，实体关系也一并删除。

（2）自定义标签。自定义标签是指用户可根据需要配置实体名称、配置实体属性、配置实体关系、配置辅助功能、设置高亮显示，如图 6-14 所示。

①配置实体名称：可配置实体名称，并对应英文名称，可配置填充颜色。

②配置实体属性：可支持单选、多选、输入框的表单形式，表单内容可配置。

③配置实体关系：可对已配置的实体进行关系属性配置。在配置界面中进行如下操作：开始实体，下拉选择已配置好的实体；结束实体，实体关系结束的实体，下拉选择已配置好的实体；关系，文本框输入关系的名称。

④配置辅助功能：可配置知识库、自动标注、知识库预标注、重叠标注、外部参考功能。

⑤高亮显示：鼠标移入实体名称，高亮实体名称以及选中文本；鼠标移入实体关系，高亮显示连接线、实体名称、实体所选中的文本。

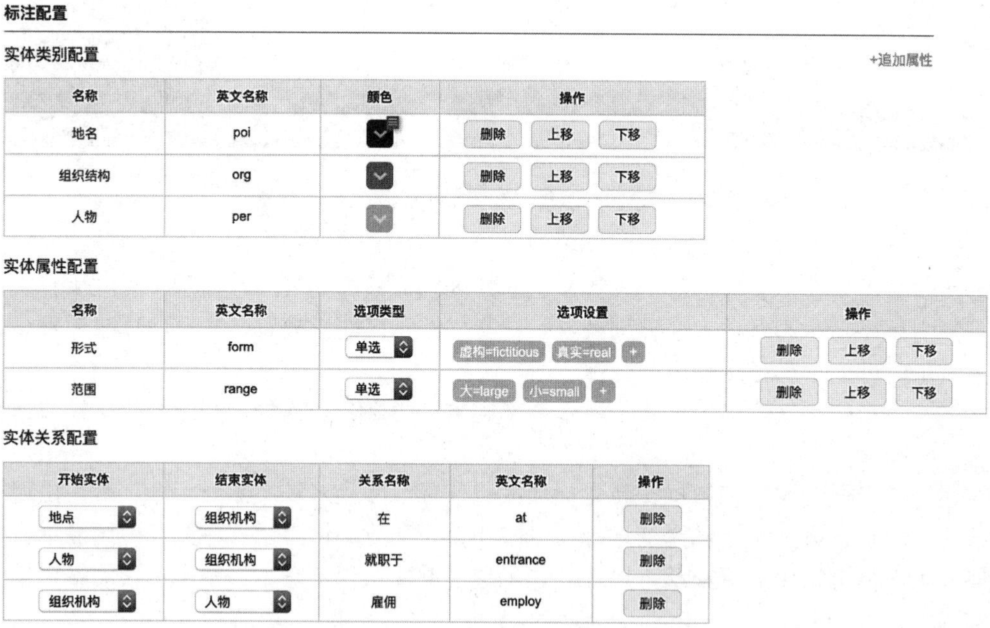

标注配置

实体类别配置 +追加属性

名称	英文名称	颜色	操作		
地名	poi		删除	上移	下移
组织结构	org		删除	上移	下移
人物	per		删除	上移	下移

实体属性配置

名称	英文名称	选项类型	选项设置	操作		
形式	form	单选	虚构=fictitious 真实=real +	删除	上移	下移
范围	range	单选	大=large 小=small +	删除	上移	下移

实体关系配置

开始实体	结束实体	关系名称	英文名称	操作
地点	组织机构	在	at	删除
人物	组织机构	就职于	entrance	删除
组织机构	人物	雇佣	employ	删除

图 6-14　实体标注工具：自定义标签

3．词性（实体）关系标注

词性（实体）关系的标注，需要先对文本进行实体标注，然后对实体之间进行实体的关系标注。标注流程为实体标注、实体关系标注、质检、验收，如图 6-15 所示。

图 6-15　实体关系标注流程图

（1）实体标注。点击鼠标左键向左或右拖动鼠标，松开鼠标左键后选中文本，最少选中一个文字；选中后自动弹出实体选择框，选中需要标注成的实体选项，单击"确定"按钮完成标注。

（2）实体关系标注。首先选择好需要进行关系标注的实体，鼠标左键点击开始实体文本的实体标签，按住鼠标左键移动到结束实体文本的实体标签上，然后松开鼠标左键。

开始实体和结束实体之间就会通过一条线将 2 个实体进行关联，线中间显示配置好的实体关系，如图 6-16 所示。

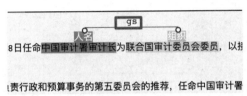

图 6-16　实体关系标注

（3）质检。质检包括实体质检和实体关系质检。质检员可以对实体进行质检合格、不合格操作。

①实体的质检操作。鼠标在需要进行质检的文本实体标签上双击，弹出属性编辑窗口，对实体进行编辑质检。可以质检为其他实体，然后单击"合格"按钮，质检为合格；或者选择错误原因，再单击"不合格"按钮，质检为不合格实体，如图 6-17 所示。

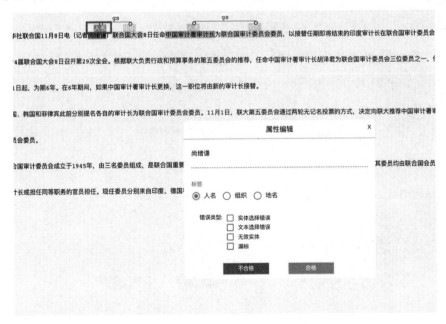

图 6-17　实体质检窗口

②当存在实体之间的关系不正确时，质检员双击实体关系线的关系标签，弹出质检窗口，对实体关系进行质检，如图 6-18 所示。

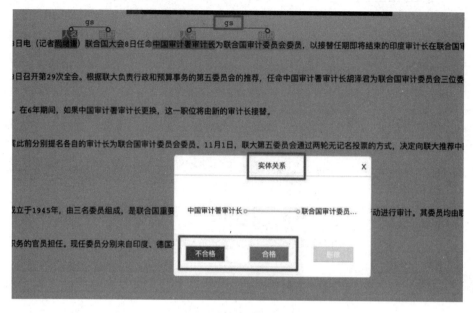

图 6-18　实体关系质检窗口

（4）验收。验收包括实体验收和实体关系验收。

①实体的验收操作。鼠标在需要进行验收的文本实体标签上双击，弹出属性编辑窗口，对实体进行编辑验收。可以验收为其他实体，然后单击"合格"按钮，质检为合格；或者选择错误原因，再单击"不合格"按钮，验收为不合格实体，如图 6-19 所示。

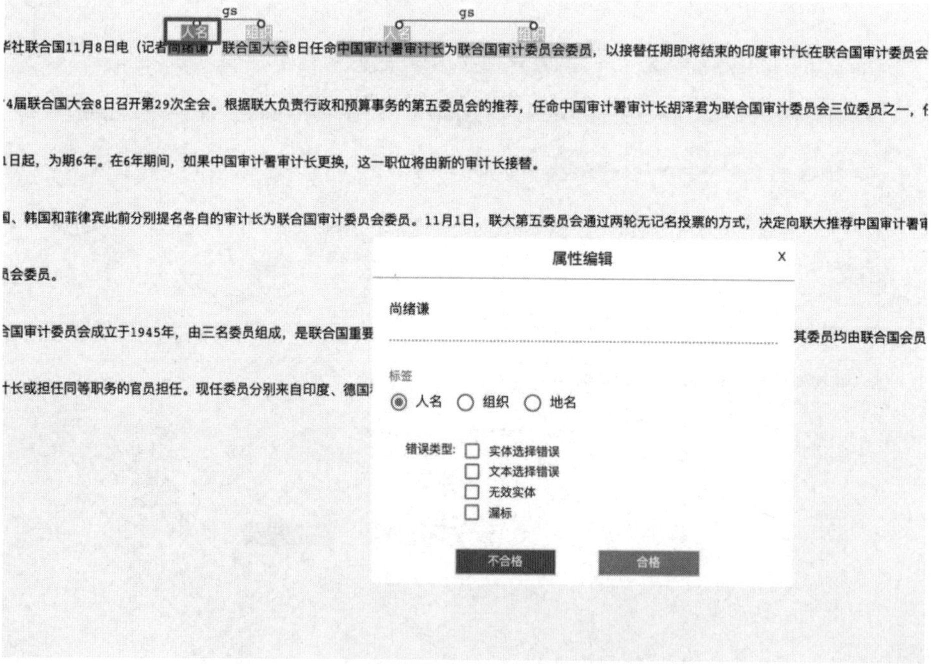

图 6-19　实体验收窗口

②当存在实体之间的关系不正确时，双击实体关系线的关系标签，弹出验收窗口，对实体关系进行验收合格或者不合格，如图 6-20 所示。

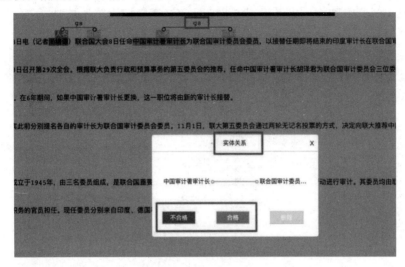

图 6-20　实体关系验收窗口

4．音调多音字标注

通俗地讲，就是给一个多音字加读音，例如，"骈"读音（pián），便（pián）宜等。可通过音调多音字标注工具，实现快速标注。

首先通过算法把一段文本的多音字识别出来，与原始文本一起导入平台，模板会同时将文本和读音加载显示在标注页面。

标注方式也非常简单，用鼠标点选对应的读音即可。如图 6-21 所示为多音字标注的展示界面。

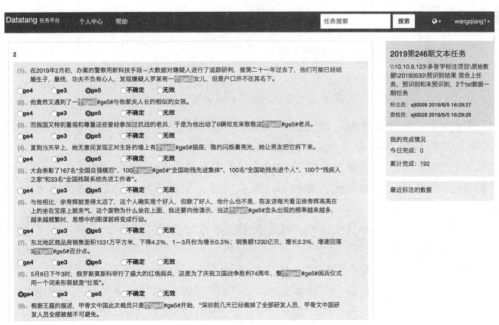

图 6-21　多音字标注展示界面

5．语义标注

语义标注是文本数据标注的一种形式，针对交互的短文本进行理解，标注出文本的意图。语义标注工具可进行意图标注以及设置自定义标签。语义标注首先是要自定义标签，自定义标签包括意图级别配置、功能配置、预识别配置等，如图 6-22 所示。

（1）意图级别配置：意图可配置级别和内容，支持 CSV 文件导入配置意图内容；

（2）功能配置：可配置知识库和外部参考，默认全部配置；

（3）预识别配置：按照预识别文件配置。

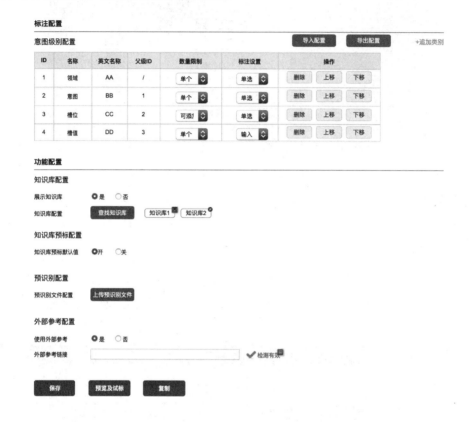

图 6-22　意图标注工具：自定义标签

意图标注工具的操作界面功能有搜索功能区、任务信息栏、文本展示区、标注列表、标注方式等，如图 6-23 和图 6-24 所示为意图标注展示界面。

（1）搜索功能区：展示配置的知识库或外部参考功能，默认都配置。

（2）任务信息栏：在中间正上方展示，展示信息有数据序号、标注人信息、标注进度、数据标注用时。

（3）文本展示区：文本显示区域，根据配置展示文本数据，行间距根据标注内容自动调整，文本下方展示选项。

（4）标注列表：标注列表默认展示在文本展示区右侧，标注后仅为实时展示。

（5）标注方式：载入时展示文本和选项，选项默认展示为空，下拉框选择标注意图。当可添加层级标注一个以上的意图时，单击"删除"按钮可删除标注；修改标注时，下级意图自动清除；四级意图未标注、出现漏标时无法保存。

图 6-23　意图标注工具（1）

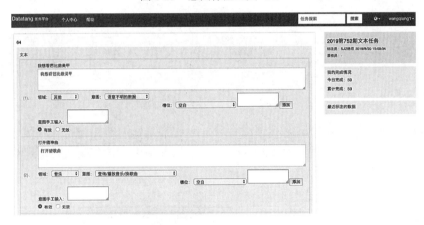

图 6-24　意图标注工具（2）

6．阅读理解标注

　　阅读理解的模板区域和实体标注的基本一致，不同之处在于右侧显示的是问答标注列表，可以在该处进行问答填写，同时底部也没有工具栏，如图 6-25 所示是阅读理解标注界面。

图 6-25　阅读理解标注界面

阅读理解标注工具可实现标注、质检、验收操作。

（1）标注。标注时首先在标注列表中根据问题对文本进行针对性的阅读，然后将满足问题的文本在标注列表窗口中进行选择填写，如图 6-26 所示。

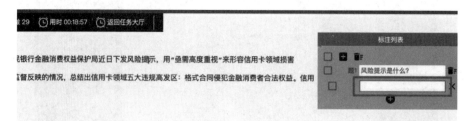

图 6-26　标注列表

找到答案后，点击标注列表的答案填写窗口，然后鼠标左键选中并按住开始文本不松开，移动鼠标到结束文本，对答案文本进行选中，松开鼠标左键时选中的答案文本会自动地填充在答案窗口中，如图 6-27 所示。

图 6-27　标注列表：回答问题

（2）质检。可对标注好的阅读理解问答进行质检为合格或者不合格。在标注列表中对答案进行选中，然后单击"合格"按钮质检为合格，或者单击"不合格"按钮质检为不合格，如图 6-28 所示。

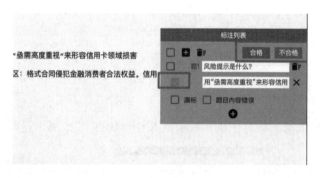

图 6-28　质检列表

①质检为合格时，标注内容项将显示为绿色，如图 6-29 所示。

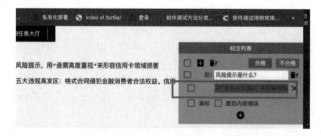

图 6-29　质检合格

②质检为不合格时，标注内容项将显示为红色，如图 6-30 所示。

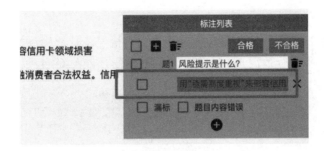

图 6-30　质检不合格

（3）验收操作。可以对标注好的阅读理解问答进行验收为合格或者不合格。在标注列表中对答案进行选中，然后单击"合格"按钮验收为合格，或者单击"不合格"按钮验收为不合格。如图 6-31 所示为验收列表。

图 6-31　验收列表

①验收为合格时，标注内容项显示为绿色，如图 6-32 所示。

图 6-32　验收合格

②验收为不合格时，标注内容项显示为红色，如图 6-33 所示。

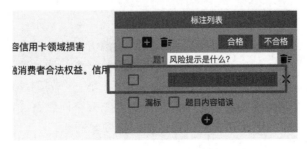

图 6-33　验收不合格

7. 标注准确率计算

数据质检完成后，根据标注结果与质检结果比对情况，计算标注的准确率，标注人员和质检人员均可以在任务执行情况页面查看实时的准确率，如图 6-34 所示。

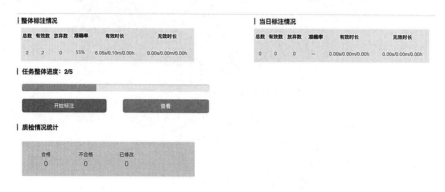

图 6-34　准确率计算

6.2.3　优秀的标注工具应具备的条件

标注工具对于数据产品生产任务至关重要，一个好的标注工具能够大大减少标注过程中出现的问题，减少标注人员出现的错误，提高数据产品生产效率与数据质量。

那么一款优秀的标注工具应当具备什么样的条件呢？此处给出以下几个考量点：

（1）扩展性强；

（2）操作便捷；

（3）容错性强；

（4）数据存储稳定；

（5）数据导出格式多样；

（6）支持预识别算法；

（7）支持多语种；

（8）网页版。

6.3　序列标注方法举例

6.3.1　外卖成分识别标注案例

1. 项目背景

随着外卖行业的飞速发展，点外卖成为一种时尚潮流，越来越多的上班族已经习惯用点外卖的方式解决一日三餐。顾客在点外卖时，考虑的第一个问题是要买什么，即商品的类别是什么；第二个问题是商品的品牌是什么、规格怎样；第三个问题是顾客本身对某些特定产品的偏好。而商家在接到顾客的外卖订单时，考虑的第一个问题是顾客的需求如何，应该提供什么样的商品；第二个问题是顾客的位置，如何给顾客送达。

2．标注目的

标注结果用于训练外卖成分识别模型，优化来自外卖意图的召回和排序效果。

3．标注规范

（1）需要在句中划词并选择标签；标注人员需要对用于搜索的意图进行推断，确定查询词的边界以及对应的成分类型；对于模糊查询，需要借助搜索引擎来判断查询的意图；如果存在多种分析结果，就填写多次，按粗粒度、细粒度顺序填写。

（2）需要标记去掉品牌和属性后剩下的具有独立语义的商超词。

（3）含有属性词的商品，若该表达不是固定词汇或具有同义表达，需要切分出属性词；多个商品组合且有描述关系，则描述词应当标为属性-商品描述；服务类词汇应标为属性-用户需求。

（4）较长的商家名中含有的描述词汇，具有限定意义的应标为属性；去掉不影响商家名的，应标记为无效词 NA。

（5）品牌仅限于商超品牌，其他 POI（Point of Information）相关均为商家。同是商超品牌也是商家的词，需要根据上下文查询意图判断，模糊不清难判断的应同时标注商家和品牌。

（6）品类定义为泛词，通常用来表征多类商品，如"儿童用品"包含玩具、衣服、食品等多种类别。能明确归类的商品都不算品类，如"鲜花"；主观判断模糊难以区分的，应同时标记"品类"以及"商品"标签。

（7）商品和商家/品牌存在重合，可根据查询意图区分。

（8）地址和商家/品牌重合部分，若分割后不影响商家/品牌独立性的可分割；地址和商品重合部分，若分割后商品为独立实体，应尽量分割。若难以判断，界线模糊，优先拆分地址。

（9）药品名通常为专有名词，若能够独立准确表达特定药品，应标为商品不切分；若包含品牌且切分品牌后仍可表达该商品，应切分品牌；若包含属性且切分属性后仍可表达该商品，应切分属性。

4．标注流程

根据项目要求，需要标注的内容如表 6-1 所示。

表 6-1 定义标注内容

标 注 内 容	符 号
地址	L
品牌	B
其他	U
品类	C
口味	AT
商品描述属性	AS
用户需求属性	AU
规格	AQ

标注结果如表 6-2 所示（选取案例中的 10 个样本为例）。

表 6-2　标注结果

序　号	查　询　词	标　　注
1	赵记笼笼肉夹馍	赵记/P；笼笼/AS；肉夹馍/S
2	捷信牛奶甜品世家	捷信/P；牛奶/AS；甜品/C；世家/U
3	奈雪の茶苏州中心广场店	奈雪の茶/P；苏州中心广场/L；店/U
4	韩四娃鸡汁米线	韩四娃/P；鸡汁/AS；米线/S
5	新都榴莲蛋糕	新都/L；榴莲/AS；蛋糕/S
6	睡眠美白面膜	睡眠/AU；美白/AU；面膜/S
7	大波珍珠奶茶	大波/AS；珍珠/AS；奶茶/S
8	素食套餐外卖鸭肉	素食/C；套餐/C；外卖/U；鸭肉 S
9	秦镇米皮腊汁肉夹馍	秦镇/L；米皮/S；腊汁/AS；肉夹馍/S
10	猫山王榴莲甜品店	猫山王/P；榴莲/AS；甜品/C；店/U

6.3.2　单品推广文案标注案例

1．项目背景

　　单个商品的推广文案，其目的是让公司所经营的产品更有认知度及销售力，更好地得到顾客的认知和青睐，更有效地把产品价值传达给顾客。随着商品数量的增加，可以把类别相近且销量较高的商品文案相互借鉴，这就需要将已有的单个商品文案进行综合，将推广范围大的商品文案的优点标注出来，将推广受到阻碍的商品文案的缺点标注出来，将各类产品的特色加以识别。再通过对已有文案数据进行训练，使产品线脉络清晰化，建立单个商品的推广文案模型，更加有效地为顾客服务。

2．标注需求

　　对于单个商品的推广文案，通过整理现有的推广文案，标注生成通用性的文案，然后训练模型，最终得到单品文案模型。

3．标注规范

　　（1）删除语句中明显或隐含限定性的词语，如价格、型号、品牌、时间等（文本中大括号{}里是算法模型预训练的限定性词语）；

　　（2）最终只保留一个槽位，即{品类词}槽位，如果没有则手动添加到相应位置；

　　（3）保证语句的通用性，即{品类词}槽位无论是什么品类，语句均适用；

　　（4）如果一段语句都是限定词，请本人删除限定词之后，自己造句；

　　（5）修改后，保证语句的通顺性；

　　（6）标注每行样本中"#@#"前的文本语句，"#@#"后的内容不要做任何改动。

4．标注结果

　　标注结果如表 6-3 所示（选取案例中的 10 个样本为例）。

表 6-3　标注结果

序　号	标　注　前	标　注　后
1	{美的}{洗衣机}巨划算，最近苏宁易购买{满 1000 减 100}，上不封顶#@#洗衣机大家电 B2B 对公洗（烘）衣机大家电母婴家电喂养用品	{洗衣机}巨划算，买多少送多少，上不封顶#@#洗衣机大家电 B2B 对公洗（烘）衣机大家电母婴家电喂养用品
2	花茶果茶养生粥{荣事达}{养生壶}{1}{0}大功能一键搞定！#@#功能花茶 养生壶厨房小家电厨卫电器生活电器果茶果汁切餐饮	{养生壶}一秒就搞定！#@#功能花茶养生壶厨房小家电厨卫电器生活电器果茶果汁切餐饮
3	隔壁邻居入手的{美的}{洗衣机}，没想到这么便宜！到手仅{1999}#@#洗衣机大家电 B2B 对公洗（烘）衣机大家电母婴家电喂养用品	隔壁邻居刚入手的{洗衣机}，没想到这么便宜！#@#洗衣机大家电 B2B 对公洗（烘）衣机大家电母婴家电喂养用品
4	{诺基亚 X5}{智能人脸识别，全面屏 AI 拍照}{手机}，到手价{939 元}#@#手机手机通信手机数码配件 3C 产品 B2B 对公智能	{手机}活动超低价#@#手机手机通信手机数码配件 3C 产品 B2B 对公智能
5	防止重金属污染，你可能需要这款{AO 史密斯}{净水器}！快来看看吧！#@#净水金属净水器厨卫大家电厨卫电器生活电器厨卫生活电器大家电	你可能需要这个{净水器}！快来看看吧！#@#净水金属净水器厨卫大家电厨卫电器生活电器厨卫生活电器大家电
6	防止重金属污染，你需要一款{净水器}！{AO 史密斯}{净水器}现价{2388}元！#@#净水金属净水器厨卫大家电厨卫电器生活电器厨卫生活电器大家电	你需要一个{净水器}！史上最低价！#@#净水金属净水器厨卫大家电厨卫电器生活电器厨卫生活电器大家电
7	降价了！{海尔}{10 公斤变频静音}{洗衣机}仅{2299}元#@#洗衣机大家电 B2B 对公洗（烘）衣机大家电母婴家电喂养用品	降价了！{洗衣机}价格低到你不敢相信！#@#洗衣机大家电 B2B 对公洗（烘）衣机大家电母婴家电喂养用品
8	限时秒杀，这{微波炉}太耐用，{加热快，寿命长，大容量}#@#微波炉厨房小家电厨卫电器生活电器厨卫生活电器大家电容量	限时秒杀，这{微波炉}太好了，你还在等什么#@#微波炉厨房小家电厨卫电器生活电器厨卫生活电器大家电容量
9	限时秒杀，这款{微波炉}太好用，{加热快，寿命长，大容量}#@#微波炉厨房小家电厨卫电器生活电器厨卫生活电器大家电容量	限时秒杀，这款{烤箱}太实惠，速来抢购吧#@#微波炉厨房小家电厨卫电器生活电器厨卫生活电器大家电容量
10	限量{200}名，参与{一元试驾奔腾 T77}，回复试驾体验赢{小米}{移动电源}#@#电源 DIY 硬件电脑办公外设移动电源手机配件手机数码配件小米粮油食品饮品手机通信手机数码配件	限量参与{移动电源}特惠活动，体验不一样的感觉#@#电源 DIY 硬件电脑办公外设移动电源手机配件手机数码配件小米粮油食品饮品手机通信手机数码配件

6.3.3　多音字关键词提取标注案例

1．项目背景

随着大数据时代的到来，人们越来越喜欢在互联网上进行信息检索，较多采用的就是关键词方式检索。考虑到多音字问题，这就需要对关键字的多音字进行识别。

2．标注需求

对于单个商品的推广文案，通过整理现有的推广文案，标注生成通用性的文案，然后训练模型，最终得到单品文案模型。

3．标注规范

（1）根据句子中的语义和语境，标注此句子中全部多音字正确的读音。

（2）以《现代汉语词典》为准，以百度汉语、汉典、百度百科等网络资源为辅助，以书面语注音为准。

（3）1代表汉语拼音一声，依次类推，5代表轻声。

（4）句子不通顺或正确读音缺失等情况归为无效数据，最终随有效数据一并返回。

（5）字准确率为99.5%，即每1000个多音字标注最多只允许标错5个字的读音，且每批次验收次数不能超过3次，如果超过则甲方不予质检，本批次数据作废。

4．标注流程

标注结果如表6-4所示（选取案例中的10个样本为例），标注平台的标注界面（结果展示）如图6-35所示。

表6-4　标注结果

序号	字	词	训练数据	解　释
1	冲	冲劲（儿）	chong1	说"某物"比较勇猛
			chong4	词典：1 形容"人"敢做、敢向前冲的劲头儿；2 刺激性气味（指酒等）
		冲孔机	chong4	按照字典意思，冲压、冲孔读4声
2	当	当天、当晚、当夜、当年、当月、当日	dang1 和 dang4 视上下文而定	词典 dang1 指过去某一时间
				词典 dang4 指本年，同一年
				需要视上下文而定
		当灯泡、当靶子、当备胎、当亲人、当外人、当饭吃、当祖宗、当亲哥哥；当回事、不当回事；把玩家当傻子、给人家当孙子	dang1	2019.7.10 类似语境可统一标为1声，只要不影响听感和理解
		当成、当作、当做	dang4	词典 dang4，我们要求都标注 dang4
		行当	dang5	
3	得	作为词尾的助词用法：舍不得、恨不得、怪不得、懂得、使得、晓得、记得、舍得	de5	词典 de5
		夹在两个字中间作为助词的情况：跑得快、过得幸福	de5	词典 de5
		非助词用法：取得、只得、获得、见得、录得（10个交易日录得8个涨停的市北高新）	de2	词典 de2
		值得	de2	词典两可，我们要求都标 de2
		见不得、不见得、了不得、了得	de2	词典两可，我们要求都标 de2
		半现代的小说中，例如，想得片刻，开口问得一语	de2	经确认
		得瑟	data err	属错别字
4	个	一个人、这个…、那个…、首个…	ge5	作为量词夹在两个字中间时，建议标注 ge5 轻声
		个别、个人、个体户、整个、一个个等	ge4	
5	空	空箱子、把房子腾空了	kong1	里面没有东西
		空饷、座位都空着	kong4	闲着，没有被利用的地方或时间
6	量	质量	liang4	
		估量	liang2	
		力量、商量、思量、打量	liang5	
		有商有量	liang2	经确认

续表

序号	字	词	训练数据	解 释
7	为	为人民所拥护、为我所用	wei2	介词 wei2 表被动
		为之骄傲、为之振奋、为之执鞭；为之动容；为之一振	wei4	介词 wei4 表主动
		不足为外人道	wei4	介词 wei4 表"对""向"
		为之所 XXX	wei2 和 wei4 视上下文而定	词典 wei2：表被动时，要求标 wei2
				词典 wei4：表主动时，要求标 wei4
				需要视上下文而定
8	血	血型、血压、多血质；一口血箭喷出	xue4	出现在书面语，主要是医学相关的词
		游戏中"没血了""加血"、献血点；以血还血	xie3	如果语境是生活中，那么读 xie3 没有问题
9	钻	钻孔、钻个眼儿、钻木取火；钻探	zuan1	词典：1 用尖的物体在另一物体上转动，造成窟窿
		钻井	zuan4	词典：名词，工具、钻戒。仅发现这个词组为动词（用钻机打井）
10	给	给予、给与	ji3	词典：也读 gei3，这里要求统一标 ji3，给予帮助、给予同情，"给与"雷同
		给水、给排水	ji3	词典：供应、供给，供应生产或生活用水

图 6-35 平台标注结果展示

6.4 关系标注方法举例——中文阅读理解分析案例

1. 标注内容

给定新闻文章内容，要求标注员根据文章内容提出问题，并对问题进行回答。

2．标注过程

一次标注过程中，系统会在页面左侧显示文章内容并按照段落划分好。

（1）标注者快速阅读段落内容。

（2）提问。标注员在右侧输入框内输入标注者根据段落内容想到的问题，要求问题与段落内容相关，标注员自己组织语言提问，不得复制文章内容当作问题，问题表述与段落内容差异越大越好。

（3）标记问题答案。标注员根据问题和段落内容，在段落中选择答案所在位置。要求选出所有答案，在选择过程中按照答案与问题匹配程度由高到低选取。段落开头有类似"####"的特殊标记，标注者首先选择可以正确回答问题的答案，然后选择这个特殊标记作为分隔，之后选出看似是答案但是实际不能正确回答问题的可疑答案。

对于每个段落，要求标注员提出 1～5 个问题，如果某段落不适合提问可以跳过。对于每个问题，如果段落中有正确答案，给出所有正确答案（同一答案出现在多处则只标注一个最佳位置即可）；如果有可疑答案，标记特殊标记，并标记至少一个可疑答案；如果没有正确答案，首先标注特殊标记，然后标注至少一个可疑答案。

例如，段落内容为：

> ####石墨烯如此低的电阻率自然是动力电池的最好材料，也有数据显示，石墨烯聚合材料电池的重量仅为传统电池 50%，成本将比锂电池低 77%，且石墨烯锂电池充电一次，耗时也不超过 10 分钟。不过有关石墨烯电池的说法已经流传了很久，至今没有实际落地，荣耀手机不大可能会进行"技术大跃进"。

标注员给出问题及答案示例如下：

问题 1：石墨烯电池的成本怎么样？

答案 1：比锂电池低 77%

答案 2：####

答案 3：仅为传统电池 50%

解释：答案 1 为问题的正确回答；答案 2 是正确答案与可疑答案的分隔；答案 3 是可疑答案，因为仅看答案貌似可以回答问题，但是结合段落上下文可知 50% 是指重量，而非成本。

6.5　属性标注方法案例

6.5.1　语音文本判别标注案例

1．项目背景

在信息化的时代背景下，语音通话的时长远远超过了面对面的交流，人与机器的交流也越来越多。在人与机器的语音通话中，能够将顾客问题精准定位是十分必要的。考虑到不同人的说话方式不同、说话习惯不同，因此，对于同一个问题提问的方式也会不同。但是对于机器而言，面对同一问题，顾客提问方式虽然不同，但做出的回答应该是完全相同的。这就要求对同一问题的不同提问方式进行学习，从而进行回复。

2．标注需求

在电话对话场景下，语音转为文本作为数据，因此，标注过程中需要充分考虑到这一环境，对可能存在的干扰数据进行排除。

3．标注规范

（1）在各个类别中，每个类别代表一个用户意图，其对应的句子语义表达跟类别意图相同或不同。需要将与意图相同的句子标注为 1，与意图不同的标注为 0。

（2）表达语义明确但存在干扰信息的句子中，与意图相同的句子标注为 1，与意图不同的标注为 0。

（3）表达语义不明确的句子，按照不相关进行处理，即标注为 0。

（4）数据标注准确率要求达到 98%。

4．标注流程

标注结果如图 6-36、图 6-37 和图 6-38 所示。

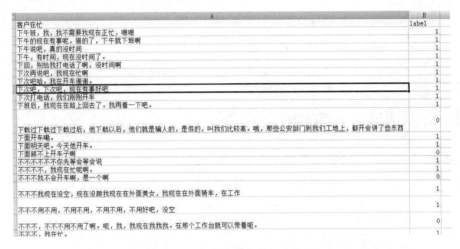

图 6-36　"客户在忙"标注结果

A	B
公司-什么公司	label
我说就是你们那个注册不上去，不知怎么搞的。	0
我说上次办的时候，你们那里没通过，我说准备再去带一次看一下，我想一下不用了。	0
嗯那个咭20点到单位里	0
哪个哪你们是哪个啊	1
不是你你你，你是哪里的？	1
你们那个好像利率太高了吧	0
你是你是哪里是录音，买是什么？	0
你是哪里哪位呀？	1
钱不够，跟你们那个下里面解脱。	0
你们那是正规的平台，但是我现在应该不需要了。	0
啊啊啊，你你那个行行行我那个手机号码，这些珠宝啊，对他们有人要攻击了你们，不用拨打电话啊，我一我一共就没打包，我这都这东西	0
我我我那个昨天，我试一下子下载你们那个整太明白	0
你哪里要带着了？	0
我是问题，你们那个利息太高了。	0
我说，你给我说的是哪个平台，我也不，我不懂了，你给我讲的，我也不	1
我在你们平台那里，我看到了我，我后来我弄不进去，我都没弄啊	0
怎么借钱了，我都说不需要了，你们那里怎么那么烦呢还	0
你哪里哪里哪里	1
对你，你们那个上面怎么就进了，就是	0
你们那个急诊，我吃了，我借的了	0
对你们那个利息是多少？	0
你是哪里的客服吧	1
那个哪个那个是怎么办理吗？	0
我，他们说，你们那都是高利息的	0
你们什么，什么，什么讲城？	0

图 6-37　"公司-什么公司"标注结果

	A	B	C
1	利息-利息多少	label	
2	你那利利率多少啊。	1	
3	我明白你的意思啊，我的意思就是说，你那个利息是对以后，我说过最高的和最低的好吧	0	
4	我不知道你怎么怎么会贷款，贷款的利率多少也没交	1	
5	你把利息多少啊。	1	
6	他那个利息是多少的	1	
7	利率都学呀	0	
8	他那个啥要，要是申请完的时候，不用他不用的话，是不是那就不大利息啊	0	
9	哦，那个借接口的话，那个利息是多少？	1	
10	我是你那个利息多少呀。	1	
11	三曰，你们收费是怎么收法？	0	
12	这个是利率多少1万元钱？	1	
13	他的喝多高的利息	1	
14	啊，不是我问你们这个利息多少多少钱呢？	1	
15	年利率告诉我，做好提醒。	1	
16	那个那个利息，那个利息就是那个那个利息是怎么样算的	1	
17	1万元钱一年多少钱，利息呀	1	
18	需需求，7月你们的利息多少钱？	1	
19	嗯，那个利息，我这	0	
20	嗯，那个是1万元钱一千两块钱，一年多少钱	1	
21	啊，你那多少利息呀。	1	
22	对你们那个利息是多少？	1	
23	我，他们说，你们那个都是高利息的	0	
24	这个利息照不高。	0	
25	我问一下，你那个出额度之后的话，如果不使用的话，收不收费。	0	

图 6-38 "利息-利息多少"标注结果

6.5.2 文本情感分析判别标注案例

1．项目背景

近年来，随着论坛、点评、微博、微信和 QQ 等社交软件平台的快速发展，在社交平台上的帖子直接关系到了企业形象的重塑等相关问题，这些帖子在无形中将影响公众的情绪和情感，深刻地影响社会发展。当我们在感叹"人言可畏"的同时，对舆情系统也提出了重大考验。社交平台上公众发表的帖子就是文本数据，通过对文本数据进行情感分析，可以实时把握群众的情感变化或舆论趋势，以此避免可能发生的恶性事件。

2．标注需求

对平台上获得的文本数据进行情感判别，可以在此基础上进行情感分析。

3．标注规范

（1）比较多的事件信息判断有误，例如，上市、涨停、公司合作、增持等均属于利好事件，比较突出的是很多涨停事件全部标记为负面。

（2）比较倾向性的情感描述，例如，有望、史上最大、看好、合作、腾飞等描述，均可以视作利好，这种描述表达了作者对市场的看好情绪，反之亦然。

（3）问句大多可视作中性的，但是如果可以具体判断出里面情感面的还是标注情感，并非一股脑全部判断为中性，而且中文描述中还是有很多疑问、反问、设问等修辞在里面，还是要多加甄别。

4．标注流程

标注结果如表 6-5 和表 6-6 所示（选取案例中的 10 个样本为例）。

表 6-5　标注结果

序　号	文　本	标注结果
1	"大气污染成因与控制技术研究"重点专项"京津冀及周边地区大气污染联防联控及重污染应急技术与集成示范"项目考核指标审核及实施方案论证会在京召开	中性
2	"十二五"国家 863 计划项目"效率 10% 以上 50MW 非晶／微晶硅叠层薄膜太阳电池成套制造工艺技术研发"通过验收	正
3	"阴阳合同"事件致 8 亿大单出逃影视股，多家公司连忙澄清，崔永元：演艺圈成垃圾场，天价片酬惯坏演员	负
4	2017 年国务院量化指标成绩单"亮眼"36 项指标任务圆满完成国内生产总值、企业减负规模、就业等指标明显高于预期	正
5	柏睿数据人工智能并行算法库技术闪耀美 Strata 硅谷峰会——大数据新里程碑：大数据底层技术与人工智能的深度加持	正
6	乘势而为，坚定不移，坚决打赢互联网金融风险专项整治攻坚战——人民银行会同相关成员单位召开互联网金融风险专项整治下一阶段工作部署动员会	中性
7	创造"雄安质量"努力成为全国高质量发展样板！雄安新区深入学习贯彻习近平总书记重要讲话精神	正
8	公安部：围绕互联网金融、投资融资、股市房市等重点领域，加快建设经济犯罪风险预警监测平台	正
9	国家市场监管总局抽查唐山三元食品：婴倍喜婴儿奶粉包装环节不达标、生产环境存在污染风险	负
10	国家统计局回应"2.7 万亿较 2.9 万亿增长"质疑：前 5 月工企利润增速"背离"源于四因素数据真实可靠	正

表 6-6　标注结果

序号	微博中文内容	评价
1	"未着白衣时他们是家中的支柱是父母眼中的孩子换上白衣后他们就是随时听从国家召唤使命必达的先锋战士在生与死之间为我们建起了一道坚固的防线"——人民日报向白衣战士致敬	正面
2	//@***：人日那条报道湖北急需口罩的微博评论里有路人也在说那年寿光水灾咱家第一个给灾区捐赠物资的事呢。虽说但行好事不计前程，但是有人记得就很开心//@***：//@***：之前那条微博转发里看到有人说去年寿光的事，就觉得做了总有人记得的评论配图	正面
3	//@***：这也是当务之急，但也不容易。//@***：继 SARS 和 MERS 之后，当人们第三次对抗冠状病毒家族，新的核酸疫苗技术正在和时间赛跑……#TechItOut#	中立
4	//@***：//@***：我真心理解那位出院的大姐为什么要说"住的都不想走了"，这方舱里的每一个细节，都是真实的温暖。真的好，医护好，患者好，后勤保障好，那种劫后余生的对健康生活的向往，更好	正面
5	//@***：我 03 年确强直性脊柱炎，现代医学对这病无有效的治疗手段，我 03 年月薪才一千多元，根本打不起生物针，索性放弃治疗，后来脊柱融合双骶髂关节也活动受限，12 年接触中医典籍，开始自学自治，现已基本痊愈，还治好了父母的慢性病。所以，中医药绝不是安慰剂。//@***：//@***	中立
6	//@***：我问过新河浦的推广志愿者，他说部分是产权不明，但也有明晰的。近几年好多北方人下来买楼，价格不等，最贵好像有几千万的	中立
7	//@***：O 网页链接 O 网页链接#恋与制作人二周年庆#"过来抱我。"??是新年贺文&迟到的两周年贺文这次私心里想写一个发烧感冒撒娇的白警官，在最后保留了一个小小的惊喜，希望往后每一年都是阳光干净，星河璀璨	正面
8	//@***：听说感染了这个病毒会变成一个无情的拉屎机器//@集墨成趣 fighting：就是拉肚子上吐下泻，是自限性疾病，评论不要紧张	中立
9	//@***：过年了，出行小心点吧//@毛十八：讲道理，17 年前就是因为国内先港疫情影响不大，演唱会照开赛照踢病患自由出入，结果广州患者到轰空在酒店引爆传染，又有酒店其他住客去住宅区探亲搞到公寓封口香港变灾区最后劫死了两三百……人家有 ptsd 的……换任何正常人都要 ptsd 的。就我们没有，rio 坚强	负面
10	//@***：下次进小区测额温顺大便问一下男同志：你蛋疼嘛……//@**：福州市中医院：2 月 10 日，我院接诊一名 79 岁因睾丸疼痛前来就诊的男性患者李某某，经院内专家会诊，确认为新型冠状病毒肺炎确诊病例……	中立

6.6 本章小结

本章首先介绍了文本数据标注的发展历程和研究现状，然后介绍了文本数据标注的相关名词概念，并给出了文本数据标注的一般流程，随后对开源的标注工具做了简要介绍，最后通过相关的案例分析，从不同的应用场景举例说明了序列标注方法、关系标注方法和属性标注方法的工作流程，案例中包含外卖类型文本数据、广告类型文本数据、多音字文本数据、商业类型文本数据、语音文本数据和情感类型文本数据等。总而言之，文本数据标注是对工作细心程度、耐心程度、专注力强度以及知识储备能力要求较高的一项任务，需要标注人员在熟知概念与规范的前提下勤加练习。

6.7 作业与练习

1. 什么是文本标注？
2. 常见的文本标注包括哪些标注方法？
3. 文本标注主要应用于哪些场景？
4. 什么是命名实体标注？命名实体标注的目的是什么？分类有哪些？
5. 什么是意图理解？请用自己的话进行叙述。
6. 知识图谱是什么？有什么作用？
7. 文本数据标注类型、任务有哪些？
8. 简述文本数据标注的流程。
9. 常用的文本数据标注工具有哪些？优秀的标注工具应该具备怎样的条件？
10. 文本标注有哪些具体的应用？

在之前的章节中介绍了二维图像标注和视频数据标注，目前二维图像数据标注仍然是机器学习最方便和最广为人知的数据标注方式。但是随着自动驾驶、智能安防、人脸支付、增强现实和城市规划等领域的发展，三维数据标注的需求逐渐增大。

7.1　3D 点云标注简介

3D 点云，即由一系列三维空间中的"点"构成的"云"，一般来自激光雷达，也可以来自毫米波雷达，是利用激光雷达和雷达传感器生成的三维点的集合，可分为黑白和彩色两大类，如图 7-1 所示。

  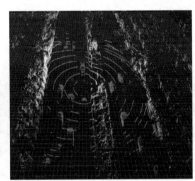

（a）黑白点云　　　　　　　　（b）彩色点云　　　　　　　　（c）雷达点云

图 7-1　点云分类

通常，X、Y、Z 表示一个点的空间位置，当很多点表示物体的表面轮廓时就形成了点云，有时点云会带有颜色等信息。作为一种常用格式，点云表示将原始几何信息保留在 3D 空间中，而不会进行任何离散化。一般单位面积上获取的点的数量增加，点密度增大。

点云数据（Point Cloud Data）是由激光雷达等 3D 扫描设备获取空间若干点的信息，一般包括 X、Y、Z 位置信息以及 RGB 颜色信息和强度信息等，是一种多维度的复杂数据集合。

3D 点云一般是激光雷达等采集设备产生的，是标注了空间三维坐标的点集。一般是符合 PCL 库标准的 PCD 文件，部分老式的用 PLY 格式文件。PCD 文件有二进制压缩、二进制未压缩和 ASCII 等 3 种格式。

点云的获取方法

1. 双目视觉传感器

　　双目立体视觉是机器视觉的一种重要形式，它是一种基于视差原理并由多幅图像获取物体三维几何信息的方法。双目立体视觉系统一般由双摄像机从不同角度同时获得被测物的两幅数字图像，或由单摄像机在不同时刻从不同角度获得被测物的两幅数字图像，并基于视差原理恢复出物体的三维几何信息，重建物体三维轮廓及位置，直接模拟人类双眼处理景物。如图 7-2 所示为双目视觉传感器原理及图像效果图。

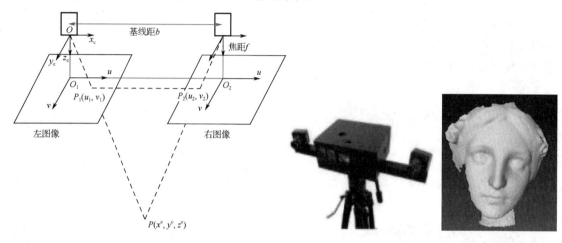

图 7-2　双目视觉传感器原理及图像效果图

　　双目立体视觉三维测量基于视差原理。如图 7-2 所示为简单的平视双目立体成像原理图，两个摄像机的投影中心连线的距离即基线距为 b。摄像机坐标系的原点在摄像机镜头的光心处，坐标系如图 7-2 所示。事实上摄像机的成像平面在镜头的光心后，图中将左右成像平面绘制在镜头的光心前 f 处，这个虚拟的图像平面坐标系 O_1uv 的 u 轴和 v 轴与摄像机坐标系的 x 轴和 y 轴方向一致，这样可以简化计算过程。左右图像坐标系的原点在摄像机光轴与平面的交点 o_1 和 o_2，空间中某点 P 在左图像和右图像中相应的坐标分别为 P_1（u_1，v_1）和 P_2（u_2，v_2）。假定两个摄像机的图像在同一个平面上，则点 P 图像坐标的 Y 坐标相同，即 $v_1=v_2$。由三角几何关系得到：

$$u_1 = f\frac{x^c}{z^c}; \quad u_2 = f\frac{(x^c - b)}{z^c}; \quad v_1 = v_2 = f\frac{y^c}{z^c} \qquad \text{公式（7-1）}$$

　　公式（7-1）中，（x^c，y^c，z^c）为点 P 在左摄像机坐标系中的坐标，b 为基线距，f 为两个摄像机的焦距，（u_1，v_1）和（u_2，v_2）分别为点 P 在左图像和右图像中的坐标。视差定义为某一点在两幅图像中相应点的位置差：

$$d = (u_1 - u_2) = \frac{f \cdot b}{z^c} \qquad \text{公式（7-2）}$$

　　由此可计算出空间中某点 P 在左摄像机坐标系中的坐标为：

$$x^c = \frac{u_1 \cdot b}{d} \qquad \text{公式（7-3）}$$

$$y^c = \frac{v \cdot b}{d} \qquad\qquad 公式（7-4）$$

$$z^c = \frac{f \cdot b}{d} \qquad\qquad 公式（7-5）$$

因此，只要能够找到空间中某点在左右两个摄像机成像平面上的相应点，并且通过摄像机标定获得摄像机的内外参数，就可以确定这个点的三维坐标。

2. 激光雷达

激光雷达（Light Detection And Ranging，LiDAR）是以发射激光束探测目标的位置、速度等特征量的雷达系统。其工作原理是向目标发射探测信号（激光束），然后将接收到的从目标反射回来的信号（目标回波）与发射信号进行比较，做适当处理后，就可获得目标的有关信息，如目标距离、方位、高度、速度、姿态甚至形状等参数，从而对飞机、导弹等目标进行探测、跟踪和识别。它由激光发射机、光学接收机、转台和信息处理系统等组成。激光发射机将电脉冲变成光脉冲发射出去，光学接收机再把从目标反射回来的光脉冲还原成电脉冲，进行处理后送到显示器。

影响激光雷达系统精确度的因素除了激光本身，还取决于激光、GPS 及惯性测量单元（IMU）三者同步等内在因素。LiDAR 系统包括一个单束窄带激光器和一个接收系统。激光器产生并发射一束光脉冲，打在物体上并反射回来，最终被接收器所接收。接收器准确地测量光脉冲从发射到被反射回来的传播时间。因为光脉冲以光速传播，所以接收器总会在下一个脉冲发出之前收到前一个被反射回来的脉冲。鉴于光速是已知的，传播时间即可被转换为对距离的测量。结合激光器的高度、激光扫描角度，从 GPS 得到的激光器的位置以及从 INS 得到的激光发射方向，就可以准确地计算出每一个地面光斑的坐标 X、Y、Z。激光束发射的频率可以从每秒几个脉冲到每秒几万个脉冲。举例而言，一个频率为每秒一万个脉冲的系统，接收器将会在一分钟内记录 60 万个点。一般而言，LiDAR 系统的地面光斑间距为 2～4m 不等。

激光雷达的工作原理与雷达非常相近，以激光作为信号源，由激光器发射出的脉冲激光，打到地面的树木、道路、桥梁和建筑物上，引起散射，一部分光波会反射到激光雷达的接收器上，根据激光测距原理计算，就得到从激光雷达到目标点的距离。脉冲激光不断地扫描目标物，就可以得到目标物上全部目标点的数据，用此数据进行成像处理后，就可得到精确的三维立体图像，如图 7-3 所示。

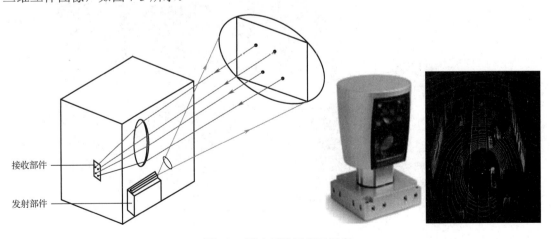

图 7-3 激光雷达原理及图像

3. 深度体感设备 KINECT/Xtion

深度体感设备 KINECT 是一款类似三维摄像机的仪器，具有实时动作追踪、图像识别、声音录入及辨别等功能。KINECT 体感装置内置一个底座马达，结合追焦技术可以上下左右调整 30°左右视角，中间镜头采用 RGB 彩色摄像机，通过人脸形状、表情和身体特征识别身份。左右两边镜头分别是红外线发射器和 CMOS 红外线摄影机，识别的是一个深度场。其中，每个像素颜色深浅表示该点距离摄像头的远近，距离摄像头较近的颜色较亮和深，距离摄像头较远的颜色较暗。采用非接触式数据采集，利用光编码技术进行 3D 侦测，获取深度信息，如图 7-4 所示。

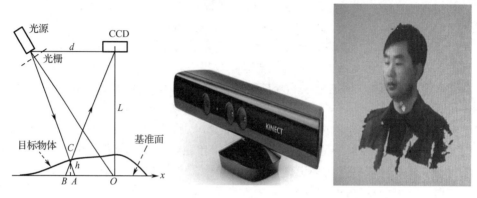

图 7-4　KINECT/Xtion 原理及图像

7.1.2 3D 点云应用

目前，3D 点云标注技术已开始尝试和探索在各类行业中的应用。

1. 多视图三维重建

多视图三维重建是利用多张同一个场景的不同视角图像来恢复出场景三维模型的方法，自然场景的多视图三维重建一直是计算机视觉领域的基本问题，有着广泛的应用。如图 7-5 所示为多视图三维重建示意图。

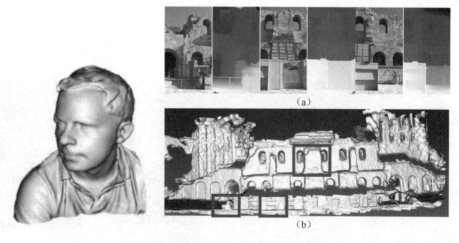

图 7-5　多视图三维重建示意图

2．三维同步定位与地图构建

三维同步定位与地图构建（Simultaneous Localization And Mapping，SLAM）最早由休•达兰特•怀特和约翰•莱纳德提出。三维同步定位与地图构建主要用于解决移动机器人在未知环境中运行时定位导航与地图构建的问题。如图7-6所示为三维同步定位与地图构建示意图。

图7-6　三维同步定位与地图构建示意图

3．三维目标检测

近年来，随着深度学习的发展，图像处理技术层出不穷，基于图像的目标检测也取得了不小的成就。与二维图像相比，3D点云数据的优势在于能够很好地表征物体的表面信息和一些深度信息。另外，由于3D点云数据的获取来源较多，因此，对3D点云数据的研究得以迅速增多，进一步促进了使用深度学习实现3D点云目标检测。如图7-7所示为三维目标检测示意图。

图7-7　三维目标检测示意图

4．三维语义分割

三维语义分割在医学、自动驾驶、机器人和增强现实（AR）等许多领域有着广泛应用。如图7-8所示为三维语义分割示意图。

图 7-8 三维语义分割示意图

7.1.3 3D 点云的存储方式及数据类型

3D 点云多以 PCD、PLY、STL 等格式文件储存，编码方式为 ASCII 码或二进制。存储格式因设备而异，但都可以通过后期进行处理（如切帧、时间对齐、格式转换），转换成标准的 PCL 文件格式。目前可以识别 ASCII、二进制、二进制压缩等 3 种 pcd 格式。如表 7-1 所示为 3D 点云存储格式及数据类型。

表 7-1 3D 点云存储格式及数据类型

类 型	文件格式	编码方式	特 点	描 述
BIN	.bin	二进制	法线 颜色（RGB） 标量场 标签、观点、显示选项等	传统二进制存储格式
ASCII	.asc .txt .xyz .neu .pts	ASCII	正常的 颜色（RGB） 标量场（在 1）（>1）	ASCII 点云文件（XYZ.etc）
PCD	.pcd	二进制	颜色（RGB） 正常的 标量场（>1）	点云库格式
PLY	.ply	二进制 ASCII	正常的 颜色（RGB 或 1） 标量字段（全部） 单一的结构	斯坦福三维几何格式（云或网格）
OBI	.obj	ASCII	正常的 材料和纹理	波前网格
2D images	.jpg *.png *.bmp etc	二进制	通用格式	压缩程度不同的 2D 通用格式
PV	.py	二进制	标量字段描述	点云-标量场

PCD：点云数据（Point Cloud Data），是一种存储点云数据的文件格式。

PLY：全名为多边形档案（Polygon File Format）或斯坦福三角形档案（Stanford Triangle Format）"，表示多边形的文件格式。

STL：立体光刻（Stereolithography），CAD 文件格式，用 3ds Max 或 CAD 软件处理。

OBJ：静态多边形模型，主要支持多边形（Polygons）模型，是最受欢迎的几何学格式文件之一。

0X3D：是一种专为万维网而设计的三维图像标记语言，全称为可扩展三维（语言），是基于 ISO 标准和 XML 格式的计算机 3D 图形文件格式。

PCD 格式有多个版本，如 PCD_V5、PCD_V6 等，分别表示 PCD 格式的 0.5、0.6 版本。PCL 使用 PCD_V7 版本。

PCD 文件必须用 ASCII 字符编码。文件格式头（File Format Header）说明文件中存储的点云数据的格式。每个格式声明及点云数据之间用"\n"字符隔开。PCD_V7 版本的格式头包含如下信息（文件格式头中的顺序不能改变）：VERSION、FIELDS、SIZE、TYPE、COUNT、WIDTH、HEIGHT、VIEWPOINT、POINTS、DATA。

7.1.4 3D 点云典型数据集

1. 悉尼城市目标数据集（Sydney Urban Objects Dataset）

该数据集包含用 Velodyne HDL-64E LiDAR 扫描的各种常见城市道路对象，收集于澳大利亚悉尼的中央商务区（CBD），含有 631 个单独的扫描物体，包括车辆、行人、广告标志和树木等。如图 7-9 所示为悉尼城市目标数据集样例。

图 7-9 悉尼城市目标数据集样例

2. 大规模点云分类基准数据集（Large-Scale Point Cloud Classification Benchmark）

该数据集为大规模点云分类数据集，提供了一个大的自然场景标记的 3D 点云数据集，总计超过 40 亿点，涵盖了各种各样的城市场景，包括教堂、街道、铁路轨道、广场、村庄、足球场、城堡等。

3. RGB-D 对象数据集（RGB-D Object Dataset）

RGB-D 对象数据集是 300 个常见的家庭对象的大数据集。该数据集是使用 KINECT 风格的 3D 相机记录的，该相机以 30Hz 记录同步和对齐的 640×480 RGB 和深度图像。对于每个物体，有 3 个视频序列，每个视频序列用安装在不同高度的照相机记录，以便从与地平线成不同角度观察物体。除了 300 个对象的孤立视图之外，RGB-D 对象数据集还包括 22 个带有注释的自然场景视频序列，其中包含来自数据集的对象。这些场景覆盖了常见的室内环境，包括办公室工作区、会议室和厨房区域，如图 7-10 所示。

图 7-10　RGB-D 对象数据集样例

4．纽约大学深度数据集（NYU-Depth）

纽约大学深度数据集包括 NYU-Depth V1 数据集和 NYU-Depth V2 数据集，数据由来自各种室内场景的视频序列组成，这些视频序列来自微软 KINECT 的 RGB 和深度摄像机。

NYU-Depth V1 数据集包含 64 种不同的室内场景、7 种场景类型、108617 个无标记帧和 2347 个密集标记帧，以及 1000 多种标记类型。

NYU-Depth V2 数据集包含了 1449 个密集标记的对齐 RGB 和深度图像对、来自 3 个城市的 464 个新场景，以及 407024 个新的无标记帧。

5．KITTI 标准数据集

该数据集来自德国卡尔斯鲁厄理工学院的一个项目，包含了利用 KIT 的无人车平台采集的大量城市环境的点云数据集（KITTI），这个数据集不仅有雷达、图像、GPS、INS 的数据，而且有经过人工标记的分割跟踪结果，可以用来客观地评价大范围三维建模和精细分类的效果及性能，如图 7-11 所示。

图 7-11　KITTI 数据集

7.2　3D 点云标注工具

此处以数据堂的 3D 点云标注工具为例进行介绍。

7.2.1　3D 点云标注工具的主要功能

3D 点云标注能够实现 3D 单帧标注、2D-3D 单帧映射、3D 追踪标注、2D-3D 联合追踪标注等功能。

（1）3D 单帧标注：可以提供点云或者点云与时间对齐的图片，但只标注点云。

（2）2D-3D 单帧映射：2D 和 3D 同一物体 ID 相同。

（3）3D 追踪标注：追踪同一物体 ID 一致，标注离开状态；提供点云或者点云与时间对齐的图片，但只标注点云。

（4）2D-3D 联合追踪：追踪同一物体 ID 一致，标注离开状态；2D 和 3D 同一物体 ID 相同。

注意：2D-3D 映射需要提供校准信息，每个摄像头均要求提供（摄像头的内参以及到激光雷达坐标映射的外参），一条数据下框准确率达 95%以上。

7.2.2　界面布局和操作

3D 点云标注工具界面由工具栏、主视图、三视图、帧控制区域、状态栏、属性区、对象列表区等 7 部分构成，如图 7-12 所示。

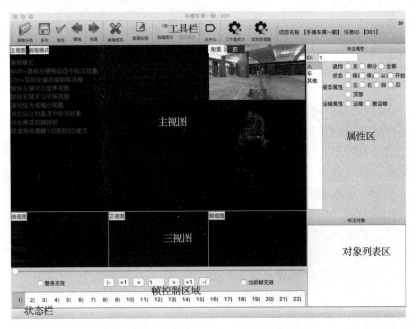

图 7-12　3D 点云标注工具界面

1．工具栏

工具栏用于整体任务或者显示的控制。主要包括如下内容：

（1）获取任务：根据当前登录账号，从数加加获取一条数据用于标注，可以区分标注、质检、返修、验收四种模式。

（2）保存：用于手工将标注数据临时保存在磁盘上，防止丢失。

（3）提交：用于标注等工作完成后向数加加提交结果。

（4）撤销：撤销上一个标注操作，最多可以撤销 10 步。

（5）恢复：恢复上一个撤销的操作。

（6）删除图形：删除选中的对象。

（7）隐藏标签：不显示所有对象的标签。

（8）隐藏图形：主视图和街景中不显示所有对象。

（9）合并 ID：用于找回对象，把两个不同的 ID 合并为一个，其后复制之前的属性。

（10）工作量统计：统计本次工作量。

（11）类别统计：按类别统计工作量。

其他是项目信息的显示区域，包括项目、任务、模式、计时和到期时间等。

2．主视图

主视图有两种模式——3D 模式和俯视模式，可以通过键盘 1、2 快捷键切换或者点击名字切换。主视图是 3D 点云的主要操作区域，可以查看、选中、新建、删除、修改对象。标注对象和街景中的选中对象是联动标注的。

（1）3D 模式下的操作：

①拖动整个 3D 空间：鼠标左键按下拖动。

②旋转视角：鼠标右键按下拖动。

③选中：鼠标左键点击对象。

④删除：选中后通过工具栏的"删除"按钮，确认后删除。

注意：这个模式下不能新建对象。

（2）俯视模式下的操作：

①拖动俯视后的 3D 空间：鼠标左键按下拖动。

②旋转：鼠标右键按下拖动（围绕 Z 轴旋转）。

③选中：鼠标左键点击对象。

④新建对象：有两种方式，一种是按下 Ctrl+鼠标左键点击，按照默认的 X+方向和默认的大小在鼠标所在位置建立一个对象；另一种是按下 Ctrl+鼠标左键按下拖动，代表按照拖动的对角线拉一个长宽匹配的物体大小，物体的高根据范围中点云的点自动计算，物体的朝向按照拖动的方向为右后（起始点）到左前（结束点）。

⑤移动对象：按下 Shift 键后，左键点击物体拖动到新位置。

⑥删除：选中后通过工具栏的"删除"按钮，确认后删除。注意：删除后的对象在各帧中都不存在了，应该区分删除和离开两个操作。

3．三视图

三视图是指用俯视图、正视图和侧视图去观察选中的对象。在三视图中可以移动和调整标注框，以便更加贴合。移动的方式和调整的方式与街景一致。

俯视图中可以调整旋转，方式为点中右边中间的前点，并拖动角度使得物体和标注框获得最优匹配。

4．属性区

属性区用于修改选中对象的属性。

标注时需要选择属性的类别，如车辆类型，不同的类别可能拥有不同的属性，如车辆颜色、种类，以及人的着装。

5．对象列表区

对象列表区用来显示本条数据中已经标注的对象，前面是对象 ID，后面是对象类别，这个同时也作为标签显示在主视图中。

前面的复选框代表本对象在本帧中是否出现。如果勾选，代表"离开"。

对象后面的眼睛图标，代表该对象是否在主视图和街景中展示。

可以在对象列表区中选择某个对象。

6．帧控制区域

帧控制区域可以把整条数据置为无效，或者把当前帧设置为无效；可以手动输入帧序号进行跳转，或者下一帧（快捷键 s）、上一帧（快捷键 a）、下十帧（快捷键 w）、上十帧（快捷键 q）、第一帧和最后一帧跳转；也可以点击下方帧号进行跳转。

7．状态栏

状态栏对操作成功与否进行提示。

8．快捷键

3D 点云标注工具已定义快捷键如图 7-13 所示。

其中，1 键代表 3D 视图；2 键代表俯视图；3 键和 4 键不调整目标框的位置，只选择新的朝向。W、S、A、D、R、F 键分别代表微调所选择的目标对象框的前、后、左、右、上、下 6 个面，向扩大的方向调整，每次调整 4 厘米；如果使用 Shift+上述键，代表向缩小的方向调整；如果使用 Alt+上述键，代表向外部整体移动框。如果使用 Ctrl+上述键；代表不旋转的情况下自动向内贴边。

Q 和 E 代表微调所选择框的旋转角度，每次调整 2°。如图 7-14 所示。

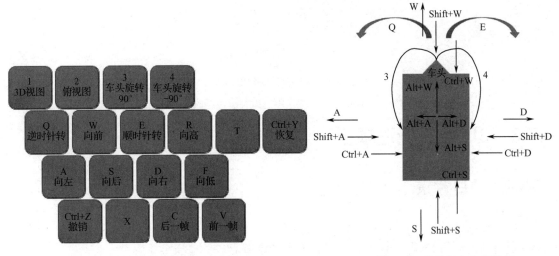

图 7-13　快捷键示意图　　　　　　　　　图 7-14　快捷键与车辆位置

*注意：R、F 和代表高低的面不方便画在图 7-14 上，效果与 A、S、W、D 快捷键类似。

7.2.3 标注输出格式

本标注工具输出格式为 JSON。JSON 格式类型可配置，不同类型可以有不同属性，属性又可以分全局和当前帧属性。如图 7-15 所示为 JSON 输出效果图（格式样例）。

```
        }
    },
  ⊟{
      "frameid":"001",
      "isvalid":1,
      "objects":⊟[
          ⊟{
              "objectid":1,
              "type":"cuboid3d",
              "label":"vehicle",
              "center":⊕Object{...},
              "rotation":⊕Object{...},
              "dimensions":⊕Object{...},
              "2dBox":⊕Array[2],
              "content":⊕Array[7],
              "isLeave":null,
              "isManul":0,
              "quality":null
          }
      ],
      "pointcloud":null,
      "cameras":⊕Array[0],
      "quality":⊟{

      }
    },
  ⊟{
      "frameid":"002",
      "isvalid":1,
      "objects":⊟[
          ⊟{
              "objectid":1,
```

图 7-15　JSON 格式样例

7.3　3D 点云标注项目

7.3.1 项目背景

3D 点云图像数据标注是在激光雷达采集的 3D 图像中，通过 3D 标注框将目标物体标注出来，目标物体包括车辆、行人、广告标志和树木等。

7.3.2 自动驾驶 3D 点云标注规范

3D 点云的标注规范包括标注框规范、类别规范、属性规范。

1．标注框规范

标注框需要 6 个面都贴合雷达点，不能出现漏点。同时，标注框需要结合俯视、后视、侧视这三个视角进行判断，否则单一视角可能会存在误判。

俯视视角：判断车辆的角度、标注框是否歪斜。

后视视角：判断车辆的顶部、底部、左面和右面是否出现漏点和标注框不贴合。

侧视视角：判断车头、车尾、车顶和车底部是否出现漏点和标注框不贴合。

2．类别规范

3D 点云需对目标对象的类别进行标注，包括车辆、公交、卡车、摩托车、行人、骑车人等。类别可自定义。

车辆（Car）：指运载少量人员的乘用车，如轿车、SUV、出租车等。

公交（Bus）：指承载 12 人以上的乘用车。

卡车（Truck）：指运载货物的车辆，根据运输的货物不同，卡车的形状大小会有变化。

摩托车（Moto）：指两轮摩托车。

行人（Pedestrian）：指出现在 3D 点云中的人员。

骑车人（Rider）：指乘坐任何个人移动设备如自行车、踏板车等的人员。

其他（Misc）：指不属于上述类别的其他车辆。

3．属性规范

3D 点云需对目标对象的属性进行注释，包括标注框的方向、大小、遮挡、截断、离开属性，以及目标对象的运动状态、TOS 属性等。

方向即目标对象前进的方向，如能够根据条件判断方向的需要标注方向，点云中无法辨别方向的行人、自行车、摩托车、树干、杆状物、障碍物等不需要标注该属性。

大小是指标注框的大小。所有目标对象都有默认且固定的长、宽、高，标注时不需要额外定义它的长、宽、高，保持一致即可。常见的标注框大小为：

（1）大型卡车 Truck（big）：长 7m/宽 2.5m/高 3m；

（2）中小型卡车 Truck（small/bongo）（小型/小型）：长 5.1m/宽 1.8m/高 2m；

（3）公交车 Bus：长 8.5m/宽 2.3m/高 3m；

（4）车辆 Car：长 5m/宽 1.8m/高 1.5m；

（5）摩托车 Moto：长 2.1m/宽 1.0m/高 1.5m；

（6）骑车人 Rider：长 2.1m/宽 0.5m/高 1.5m；

（7）行人 Pedestrian：长 0.5m/宽 0.5m/高 1.7m。

遮挡是指目标对象被其他目标对象遮挡的程度。根据遮挡百分比选择，包括无遮挡（默认）、部分遮挡（小于 50%）、大部分遮挡（大于 50%）和全部遮挡。

截断是指出现在点云边缘的目标对象。

离开是指目标对象离开点云视野时标注为离开。当后续帧中出现该目标对象时则需重新标注该目标对象。

运动状态包括移动（Moving）、静止（Stationary）两种。

TOS 是指在持续行驶或变换车道时可能与采集车发生碰撞的车辆的警告标识，包括 FC（Front Collision，前方碰撞）、RC（Rear Collision，后方碰撞）、BC（Blindspot Collision，盲点碰撞）、None（无碰撞）4 种，如图 7-16 所示。

（1）FC 是指在采集车（Ego car）前方区域可能发生碰撞的车辆；

（2）RC 是指在采集车的后方区域可能发生碰撞的车辆；

（3）BC 是指与采集车的尾部相距 0～20m 相邻车道区域中可能发生碰撞的车辆；

（4）None 是指 FC、RC、BC 以外其他区域的车辆。

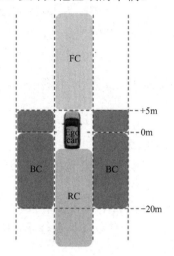

图 7-16　属性要求

如图 7-17 所示为 TOS 属性标注样例。

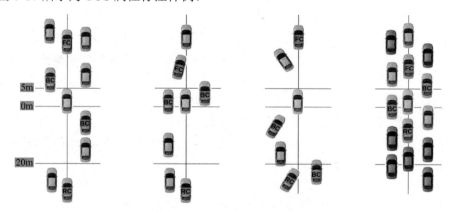

图 7-17　TOS 属性标注样例

注意：不需要对每一个有雷达点的物体进行注释。标注对象选择的主要标准为是否影响采集车的行驶路径，或者是否存在碰撞的可能性。橙色：需要标注；灰色：不需要标注。

7.3.3　3D 点云标注流程

1．数据标注

标注是针对未标注的数据或者经过预识别处理后的数据进行标注。以下步骤为数据标注的流程（如图 7-18 所示为 3D 点云标注样例）：

（1）启动客户端；

（2）单击"获取数据"按钮载入任务；

（3）主视图切换到俯视模式，新建对象，在三视图中调整使之贴合，选择正确的属性，看看是否需要调整街景的贴合；

（4）切换到其他帧调整位置，直到所有的 3D 和 2D 都完成追踪和映射；

（5）单击"提交"按钮。

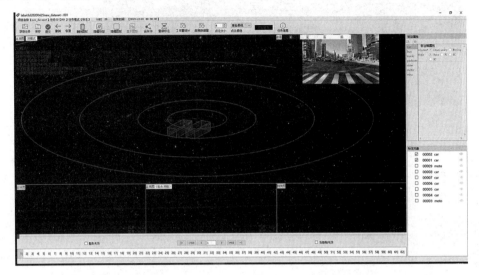

图 7-18　标注样例

2．质检

质检包括两种方式：单标注框质检，单帧质检。质检过程可以修改原有标注结果。质检结果可以进行撤销和恢复，包括质检信息以及对原有标注结果的修改。完成质检后单击"提交"按钮。

（1）单标注框质检。单标注框质检又分针对街景标注的 2D 标注框质检和针对点云标注的 3D 标注框质检。

单标注框质检过程中标注框默认为白色，表示当前目标标注框未被质检。质检合格时，标注框为绿色；质检不合格时，标注框为红色。质检不合格时需填写不合格原因。如图 7-19 所示为单标注框质检界面截图，如图 7-20 所示为质检不合格界面截图。

图 7-19　单标注框质检界面截图

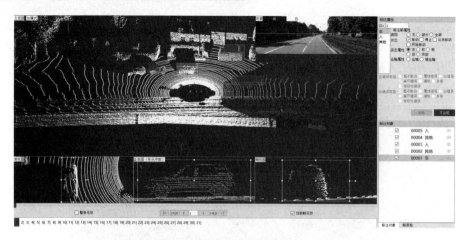

图 7-20　质检不合格界面截图

单标注框质检不合格的原因需要根据实际情况分别填写 3D 标注框不合格原因和 2D 标注框不合格原因。单标注框质检不合格的帧，在帧号上显示红色。合格、不合格的数据分别计入统计。

（2）单帧质检。单帧质检是指对视频的某一帧进行质检。单帧质检合格则在帧号上显示绿色，不合格则在帧号上显示红色，如图 7-21 所示。返修后提交的帧，其帧号显示为黄色。帧不合格不影响帧内的框的颜色和质检结果。

24　25　26　27　28　22　23　24

图 7-21　单帧质检效果图

3．返修

返修是指对质检结果的查看，以及对不合格标注数据的修改。单标注框返修时需根据不合格原因修改标注对象，修改后标注框将变为橙色，表示已修正。如图 7-22 所示为单标注框返修界面。

图 7-22　单标注框返修界面

在完成标注框修复时，帧号也会同步变为橙色，表示当前帧已修正。单帧不合格的，如果修改了该帧的任何内容，其帧号将同步变为橙色，表示当前帧已修正。

完成所有修复后，单击"保存"按钮保存修复结果，提交时将检查是否修正全部不合格目标框以及帧，如果未全部修正，则会有信息提示并且不允许提交。

返修完成后，可以将返修结果放入任务配置参数中，并且任务模式修改为质检，对返修结果再次进行质检。若质检不合格，则继续返修，如此往复，直到质检合格为止。

4．导出样例

如图 7-23 所示为 3D 点云标注导出界面。

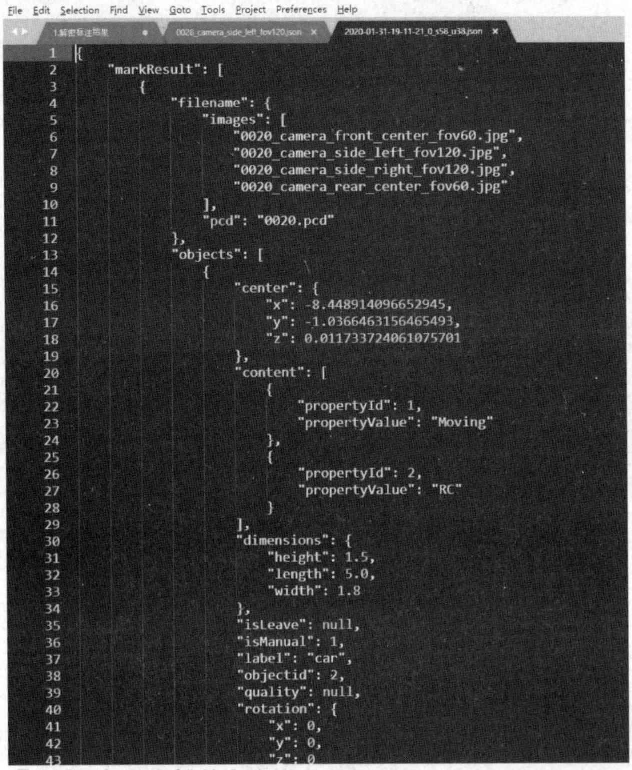

图 7-23　3D 点云标注导出界面

7.4　本章小结

本章主要讲述 3D 点云的概念和 3D 点云标注工具，并通过 3D 点云标注项目详细讲述标注规范，以及如何进行 3D 点云标注，让大家对 3D 点云标注有个清晰的认知，并能够进行 3D 点云标注。

7.5　作业与练习

1．什么是 3D 点云？
2．3D 点云的数据来源是什么？
3．3D 点云主要应用于哪些场景？
4．3D 点云的标注流程是什么样的？

5．如何判断 3D 点云中车辆目标框是否合规？

6．常见的 3D 点云数据格式有哪些？

7．3D 点云有哪些经典的数据集？

8．3D 点云标注工具具有哪些功能？

9．概述自动驾驶场景下的标注规范。

10．概述自动驾驶场景下的数据标注流程。

第 **8** 章

工程化数据标注的组织管理

前面的章节主要对数据标注涉及的相关工具、技术进行了说明和介绍，结合典型的数据标注任务实例对不同类型的数据标注原理和操作步骤进行了阐述。

从本章开始对如何组织、管理和实施数据标注任务进行说明，结合数据标注任务实例，对任务实施过程中涉及的重点管理目标和实际实施流程进行详细解释和说明。

本章主要围绕如何组织和实施数据标注任务，介绍数据标注项目的实施流程、数据标注团队的组织架构、参与角色和分工，以及数据标注团队的沟通和建设等。

8.1 数据标注项目实施流程

8.1.1 数据标注项目

站在数据产品生产企业的角度，面对大规模数据产品生产的业务需求，企业该如何着手组织和实施生产呢？

表 8-1 首先给出了一个实际的数据标注业务的需求内容。

表 8-1 武汉话语音采集标注项目需求

> 项目名称：武汉话语音采集标注项目
>
> 类型：语音采集标注项目
>
> 项目周期：3 个月
>
> 应用背景和场景：
>
> 人工智能的交互有主动交互和被动交互，其中，主动交互的最重要的方式就是语音，用语音指令让人工智能做出回应。语音交互的一个全套的流程大致是：人发出语音（说话）→AI 识别语音说了哪些字词（ASR）→理解字词（NLP）→搜索答案（Skill）→将答案转成语音做出回应（TTS）。
>
> 语音中最常见的就是语音识别（ASR），也就是识别人类发出的语音。
>
> 经过多年的发展，普通话的语音识别已经初具规模，现在对方言的需求与日俱增。武汉作为华中地区重要的枢纽城市，人口众多、历史悠久、经济发达，这就意味着用户数量庞大。为了贴合当地人民的语言习惯和应用方便，所以规划一套武汉话的语音识别数据。第一批次从 1000 小时开始。
>
> 规模：录制 2000 人的武汉话语音，每人录制 450 句，需要男女比例 1∶1，青年人占 60%，少年儿童占 30%，老年人占 10%。
>
> 标注内容及方式（需求、规范）：
>
> 标注员拿到的是一段段不超过 15 个字的短语音。标注员需要将短语音上的文字一个一个地转写出来。保持语音是有逻辑的，除非确实录音人读错，否则不会出现句子没有逻辑的情况。

因为语音包含原始预识别处理后的文本（就是原来有文字，只是可能文字不准确），所以项目更多地是校对原始文本是否准确。 首先是判断句子是否有效。无效是指：句子读音模糊、句子有技术错误等各种问题导致无法转写完全准确的文字。 其次是语音转写。第一要保证每一个录音人的发音都有一个对应的文字，并且注意武汉特有的用词和用字。第二要保证每一个文字的武汉发音和武汉当地的解释与录音人发出的语音都保持一致。做到每一个发音都有对应的文字，每一个词语都符合语音要表达的意思。 预估每两个人的语音可产出 1 小时有效的语音数据，总计可标注出 1000 小时有效的武汉话语音文本。（有效语音是指有录音人语音的，可转写出文本内容的语音时长。像那些没有录音人声音的、有噪声的、模糊听不清的，都算无效语音，在标注时会被记录，算法应用时丢弃。） 验收标准：产出 1000 小时有效武汉话语音数据含标注结果，截取句准确、属性准确，截取和属性标注的整体合格率达 95%以上。

表 8-1 中的需求定义了数据标注任务的名称、类型、项目周期、应用背景和场景、标注需求和规范以及验收标准，基本涵盖了数据标注业务需求所涉及的所有关键信息。除了这些关键信息，有些业务需求根据具体情况会包含其他一些补充说明信息。

在实际工作中，数据标注任务都是通过项目的方式来组织实施的。

在《项目管理知识体系指南》（Project Management Body of Knowledge，PMBOK）中，给出了项目的定义：项目是为创造独特的产品、服务或成果而进行的临时性工作。

根据这个定义，我们可以了解到项目的一些基本特征：

（1）项目具有临时性，每一项目都有明确的起点和终点；

（2）项目具有唯一性，每一项目都是独一无二的存在，与其他项目存在不同；

（3）项目具有渐进性，项目最终结果事先不可见，在实施过程中才能逐渐完善和精确；

（4）项目是创造产品、服务或成果的；

（5）项目创造商业价值，带来改变的同时也消耗资源。

建造一幢大楼、组织一场演出、开发一款软件、对某一课题的横向/纵向研究都是项目的例子。按照客户需求对数据进行标注，也是一个项目的例子。

分析表 8-1 中的需求内容，它满足一个项目的基本特征：

（1）满足临时性，有时间要求，定义明确的开始和结束时间；

（2）是独一无二的，对指定的数据按照需求定义的标注说明和标注规范进行标注，这和其他任何任务都是不同的；

（3）这个需求是客户给定的初始需求，实施过程中随着标注操作细节的确认和沟通，数据标注规范进一步清晰和细化（实际实施过程中，文档中标注规范的细节内容多次改动），要交付的标注数据也会越来越清晰；

（4）有产出，按照客户定义的格式交付标注后的数据；

（5）交付数据作为客户企业的数据源，应用于人工智能语音识别领域，同时也为数据产品生产企业带来收益，为双方企业创造了商业价值。

数据产品生产企业以项目的方式来组织和实施每一项数据标注业务，数据标注业务以项目的方式存在于企业内部。数据标注项目的管理目标和实施过程是基于现代化项目管理知识体系和理论的。

8.1.2　一般项目实施流程

我们来看一下针对表 8-1 所示业务需求的数据标注项目，企业大致需要做哪些工作。

初始阶段，销售引导跟客户沟通其业务需求，售前及数据产品经理会对需求可实施性及价格做出评估。

接下来企业组建团队，包括指定项目经理、资源经理、平台开发人员等。资源经理会去联系资源团队，这里主要是外包资源。项目经理会制订项目管理计划，组织召开项目启动会。

项目启动会之后，开始进入实际的数据标注作业阶段，其中很多数据标注作业从数据采集开始实施，比如表 8-1 所示业务需求便是从采集开始直至标注完成。这个阶段包括对标注人员和验收人员的培训，对项目进行试做和验收，试做结果验收合格之后再进入大规模数据标注作业阶段。

所有数据标注作业完成，将把最后一批数据交付给客户，客户全部验收合格之后，整个项目交付完成。

如果后续客户对项目有疑问等，客户对接人员（一般是销售）会确认并提供相关解释。

上述工作过程的描述中涉及一些人员的角色名称，具体的解释和说明见 8.3 节，这里只要大致了解即可。

事实上，上述实际的工作过程也符合一般项目的实施阶段流程。如图 8-1 为一般项目的实施阶段流程图。

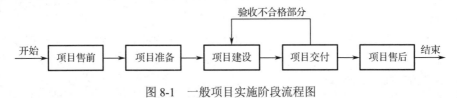

图 8-1　一般项目实施阶段流程图

1．项目准备阶段

本阶段进入项目前期工作，为后续大规模项目建设做好各项准备工作。主要工作包括：组建项目团队，协调内外部资源，制订项目管理和实施计划，准备项目所需软件和硬件环境，进行相关培训，召开项目启动会。

2．项目建设阶段

本阶段集中各项资源完成项目建设。主要工作包括：所有详细业务需求调研和确认，部署测试环境，制定和分发项目实施操作规范，按照项目实施计划进行项目实施，以及变更管理和实施等。

3．项目交付阶段

本阶段完成项目成果物的交付。主要工作包括：对项目成果物按照验收需求进行整体验收确认，之后交由客户进行确认。期间验收不合格的部分，将会回滚至前面阶段重新实施。

4．项目售后支持阶段

本阶段处理售后问题并给予客户技术支持等。主要工作包括：根据客户反馈对项目进行总结评估，对客户使用及操作上的问题进行支持等。

所有项目的实施流程都基本符合如图 8-1 所示的实施阶段流程。但因为项目种类千差万别，具体实施过程中可能在一些细节阶段上有所不同，或者实施阶段之间存在交叉现象。

8.1.3 数据标注项目实施流程

下面完整描述一下典型数据标注项目的实施流程，目的是了解数据标注项目实施过程分为哪几个阶段，每个阶段具体要做哪些工作，每个阶段大致有哪些角色参与等。

如图 8-2 所示为一种典型数据标注项目的实施阶段流程图。

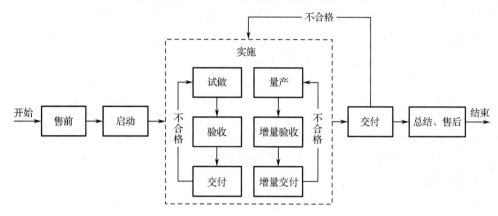

图 8-2　数据标注项目实施阶段流程图

1．启动阶段

项目启动和准备阶段的主要工作包括：汇总现阶段所有问题，并一一进行确认；制订项目具体实施计划；准备项目所需环境和资源，包括软件和硬件环境，以及所需人力资源；进行相关培训；召开项目启动会。

参与人员除了客户和高级管理层，全体项目团队成员均需参加。

2．试做阶段

从试做阶段开始，进入真正的数据标注实施阶段。试做阶段的目标是确认项目整理流程方案，找出问题，避免消耗过多资源和成本。在前阶段准备的基础上，测试一遍小批量数据的生产-验收-交付流程，确认项目整理流程后，总结其中遇到的问题并给出解决方案。

注意：在数据标注项目中，项目成果物即数据的交付是迭代或者增量交付的，所以不管是试做阶段，还是量产阶段，都伴随着验收和交付过程。

这里我们简单了解一下对数据进行标注-质检-验收的过程是怎样的一个流转流程。如图 8-3 所示是数据包的流转流程（由数据堂自行研发的数加加平台提供）。

试做阶段的参与人员主要包括项目经理、项目助理、技术支持、平台开发、验收人员、外包或者众包资源团队、兼职人员、实习生以及客户。无特殊情况，高级管理层不参与此阶段。

3．量产阶段

与一般项目建设阶段对应，正式开展项目实施，按照项目实施计划，有计划有步骤地开展数据的生产和验收工作。

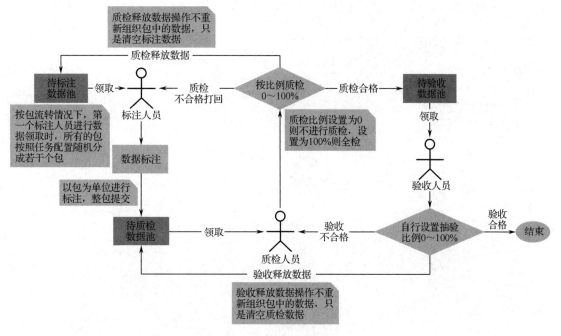

图 8-3　数据包流转流程

　　参与人员主要包括项目经理、项目助理、验收人员、外包或者众包资源团队、兼职人员、实习生等。无特殊情况，不包括高级管理层。

4．验收阶段

　　此处说的验收阶段通常是指交付前针对最后一批数据的验收。前面说过，因为数据标注项目的数据一般是迭代或者增量交付的，所以在量产过程中也会有不间断的验收。但最终所有数据结束后，也还会有一次验收，通常只是针对最后一批数据的验收。这一批验收完成并交付通常意味着项目基本完结。

　　参与人员包括项目经理、项目助理、验收人员。无特殊情况，高级管理层不参与此阶段。

5．交付阶段

　　数据交付后等待客户验收和确认。根据客户验收和确认的结果，如发现不合格，都会返回到量产阶段。严重的需求变更或者需求理解错误，甚至会导致恢复到试做阶段。客户验收并确认合格后，则本项目基本结束。

　　参与人员主要包括项目经理、项目助理、技术支持工程师。

6．总结和售后阶段

　　项目合格交付之后，结合客户的反馈和评价，针对项目的实施过程进行经验和教训总结，解散项目团队，项目结束。

　　参与人员包括全体项目团队，必要时包括高级管理层。后续如有需要解答客户问题的场合，由客户对接人员（销售经理）进行处理。

　　实际工作中我们通过线上系统来管理数据标注项目的整体实施流程，如图 8-4 所示。

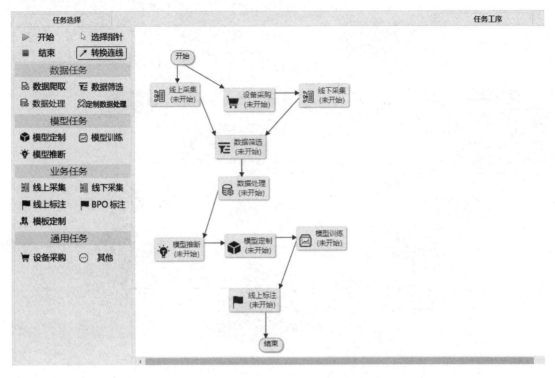

图 8-4 数据标注项目组织运作流程图

8.2 数据标注团队组织架构

8.2.1 数据标注团队组织类型

企业一般是通过组建项目团队来进行项目管理和实施的，数据标注项目的管理和实施同样需要先组建项目团队。

1. 项目团队的含义

项目团队不同于一般的群体或组织，它是为实现项目目标而建设的，一种按照团队模式开展项目工作的组织，是项目人力资源的聚集体。

通俗来讲，项目团队是指为了完成项目目标而把一群不同背景、不同技能和来自不同部门的人组织在一起的组织形式，如横向/纵向课题研究组、创新项目组、电影摄制组等。此外，广义的项目团队还包括项目利益相关方，如项目业主、项目发起人、客户等。

2. 数据标注项目团队的组建

数据标注项目普遍难度比较大，实施工序复杂，需要选择合适的项目团队组织结构类型，才能在项目制约条件（如时间要求、质量要求）下，高效完成数据标注任务。

通常项目团队有 3 种基本的组织结构类型：职能型、项目型、矩阵型。而其中矩阵型又分为 3 种类型：弱矩阵、强矩阵、平衡矩阵。根据各组织结构类型的特点和数据标注项目本身的特点，在实际工作中数据标注项目团队通常采用强矩阵的组织结构类型。以下简要介绍强矩阵组织结构类型的特点（如对其他组织结构类型特点感兴趣，可查阅相关资料）。

如图 8-5 所示是强矩阵组织结构类型示意图。

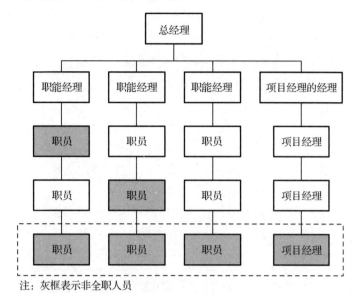

注：灰框表示非全职人员

图 8-5　强矩阵组织结构类型示意图

强矩阵组织结构类型拥有全职项目经理和全职项目行政人员，但项目并不从公司组织中分离出来作为独立的单元。项目经理向项目经理的主管报告，项目经理的主管同时管理着多个项目。项目团队成员根据需要分别来自各职能部门，他们全职或兼职地为项目工作。

这种组织结构中，项目经理决定什么时候做什么，而职能部门经理决定将哪些人员派往哪个项目、要用到哪些技术，与此同时，职能部门一直进行着它们各自的工作。

强矩阵会提高项目的整合度，减少内部权力斗争。但职能部门对项目的控制力弱，容易出现项目团队与母体组织之间的融合被削弱的状况。

数据标注项目团队采用强矩阵组织结构类型，即项目经理负责制，项目经理是项目团队内外部业务链条的决策者，项目团队其他成员则来自其他各职能部门。

另外，数据标注项目实施过程中负责具体数据标注操作的数据标注员，通常不是企业的常规雇员，他们一般来自外包资源团队或者众包资源团队，或者企业临时招聘的兼职人员、实习生等，他们是数据标注团队中的重要角色。

8.2.2　数据标注团队组织架构

8.1.3 小节介绍了数据标注项目的实施流程，包括分为哪几个阶段，每个阶段的主要工作，也提到了在每个阶段有哪些角色参与。而且我们知道数据标注团队采用强矩阵组织结构类型进行组织。那么，实际工作中，数据标注团队参与角色所在的组织架构是什么样子的呢？

在介绍数据标注团队组织架构之前，我们先来看一个典型的数据产品生产企业的组织架构（不同企业部门名称可能不同，但部门主要职责类似），如图 8-6 所示。

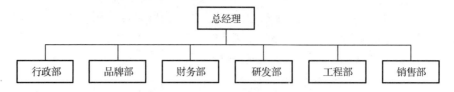

图 8-6　数据产品生产企业典型组织架构

其中，与数据标注项目关系最为密切的部门包括销售部、工程部、研发部和财务部。销售部主要负责开拓市场，获取订单；工程部主要负责实施数据产品生产，并对实施过程进行管理和监控；研发部一方面支撑数据产品生产项目，完成数据产品生产平台相关研发工作，另一方面研究业界前沿理论和技术，发展前瞻性生产平台技术；财务部则负责其中一切涉及费用相关流程的确认和结算，包括数据标注项目合同财务往来，标注员的工资费用结算等。

下面看一下数据标注项目的团队组织架构。

如图 8-7 所示给出了一种典型的数据标注团队的组织架构以及参与项目实施的主要角色。

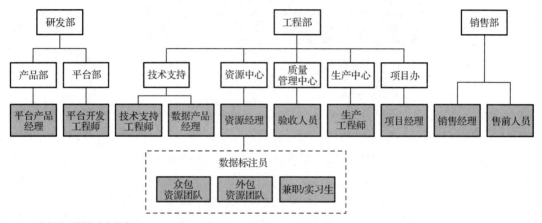

注：灰框表示团队参与角色

图 8-7　数据标注团队组织架构和参与角色

从如图 8-7 所示的数据标注团队组织架构可以看出，项目经理、生产工程师（又称项目助理）、验收人员、资源经理、技术支持工程师等直接负责项目实施和管理的角色均属于一个大的部门，而其他角色则属于其他平行的职能部门。这一方面保证了项目实施时能够快速有效地统一行动，另一方面使得其他职能部门人员在不需要支持项目时可以推进本部门自己的工作，可以充分有效利用与共享各类技术和专业资源。

而数据标注员是由资源经理引入的人力资源，他们不是公司常规雇用员工，一般是外包团队，即由外包供应商统一管理的人力资源团队；或者是众包团队，一般是远程登录数据标注众包平台做任务的一些散客组成的团队，在执行一个项目时由公司通过平台远程管理；或者是公司临时雇用的兼职人员或者实习生。针对不同的项目，项目经理、资源经理会统筹考虑时间、成本和其他制约因素，寻找合适的资源组成数据标注员团队。

从组织架构层面来看，典型的数据标注项目团队成员的构成如表 8-2 所示。

表 8-2 数据标注团队成员构成

公司内/外	部 门	团 队 成 员
公司内部资源	工程部	项目经理 生产工程师（项目助理） 资源经理 数据产品经理 技术支持工程师 验收人员
	研发部	平台产品经理 平台开发工程师
	销售部	销售经理 售前人员
公司外部资源	-	数据标注员

8.3 数据标注团队角色分工

8.3.1 数据标注团队角色分工之一

前面介绍了数据标注团队的组织架构和主要参与者的角色，下面对这些角色及其各自的分工进行介绍和说明。

1. 项目经理

项目经理是整个数据标注项目的领导者，负责整个项目的全过程管理，对项目交付的最终结果负责。其主要职责包括：

（1）控制整体项目流程，包括组织项目启动会→制订项目计划→监控项目执行→控制项目变更→组织项目收尾；

（2）解读和确认项目需求，界定项目范围；

（3）制订项目计划，管控项目资源；

（4）任务分配，协调项目组成人员的日常工作；

（5）解决团队成员间争议，确保团队始终目标一致；

（6）把握项目进度、质量与成本间的平衡关系，合理控制项目变更；

（7）定期发布项目动态；

（8）能独立完成项目交付文档，汇报项目整体进展，总结项目实践经验；

（9）管理和维护外包资源关系；

（10）有效引导客户需求，并达成客户综合满意度。

项目经理的职责发生在整个项目周期期间，其在领导项目团队达成项目目标方面发挥至关重要的作用。

2. 生产工程师

生产工程师也叫项目助理，是协助项目经理进行项目实施的人员。其主要职责包括：

（1）协助项目经理对接项目需求，撰写项目文档和方案汇总；

（2）能够独立对外沟通，并给外包资源进行专业培训和疑难问题解答，解决项目执行过程中遇到的问题；

（3）对项目数据的质量能够全程把控，及时给项目经理反馈项目问题；

（4）协助项目经理对所主导的项目进行信息跟踪、分析及报告，并定期进行更新；

（5）协助项目经理进行计划安排，全程参与过程监控、质量把控等；

（6）独自管理简单的项目，向中心负责人汇报。

生产工程师在整个项目实施过程中参与管理具体的生产过程，把握项目实施操作规范和质量要求，对项目的最终产出质量发挥非常重要的作用。

3．数据产品经理

数据产品经理负责对项目涉及的数据技术、算法等进行确认和调研，并根据项目业务需求提出项目的数据需求。

按照数据业务分为语音数据产品经理、图像数据产品经理、文本数据产品经理等。下面分别给出语音和图像方向数据产品经理的主要职责。

语音识别产品经理主要职责：

（1）深入了解 ASR、TTS 等语音识别领域的技术现状和趋势；

（2）根据技术现状和趋势，规划需要的数据产品；

（3）拟定规划数据的详细制作标准；

（4）了解市场算法，根据算法制定数据需求规则。

图像识别产品经理主要职责：

（1）深入了解和分析人脸、人体、无人驾驶等图像识别领域的技术现状和趋势；

（2）根据技术现状和趋势，规划需要的数据产品；

（3）拟定规划数据的详细制作标准；

（4）了解市场算法，根据算法制定数据需求规则。

数据产品经理深度理解项目涉及的数据产品需求，参与项目售前阶段的数据产品评估，为平台模板开发提供数据产品需求。

4．技术支持工程师

技术支持工程师是项目实施过程中提供数据技术支持的人员。其主要职责包括：

（1）响应销售对自有数据的咨询；

（2）根据自有数据的出库需求，编程进行数据提取；

（3）处理自有数据的售后问题；

（4）在售前咨询和售后处理的过程中，发现自有数据的不足并实时更新；

（5）按新数据标准，整理自有数据。

5．资源经理

资源经理提供项目实施所需要的内部基地、外包供应商以及众包人力资源。其主要职责包括：

（1）负责开拓数据采集或标注资源合作商，包括商务谈判、引入平台、日常维护工作；

（2）充分了解人工智能数据市场需求，制定合作方案，获取高价值数据资源；

（3）充分了解相关项目进展，负责跟进项目所需资源的使用情况，并为项目提供所需要的特殊资源；

（4）承办资源中心经理安排的其他任务。

6．质检员

质检员负责在数据标注过程中对标注数据的质量进行确认。图 8-7 中没有标注质检员角色，是因为质检员这个角色很多时候由别的角色兼任。实际工作中有时由经过培训的兼职人员、实习生来担任，有时候由项目经理或者项目助理来兼任。其职责主要包括：

（1）参加项目质检培训，熟知质检流程和相关操作；

（2）完成派发的质检任务并按照流程反馈质检结果。

7．验收人员

验收人员即质量工程师，负责对交付前的数据质量进行确认。比照项目需求，对产出数据进行数据范围、数据质量的最终确认。其职责主要包括：

（1）熟知数据质量要求和评判标准，提前拟定验收标准；

（2）负责质检员培训和答疑，验收项目经理质检合格的数据，并对验收结果负责；

（3）提前识别项目质量风险并对关键环节把关，对已有质量问题提供改善方案；

（4）及时总结质量经验，做好数据质量体系知识积累；

（5）及时完成主管派发的任务并反馈。

8.3.2　数据标注团队角色分工之二

8.3.1 小节内容介绍的角色在典型的数据标注组织架构中往往属于同一个部门，即属于表 8-2 中公司内部资源–工程部的人员。本小节针对表 8-2 中其余团队成员的角色与分工进行介绍。

1．平台产品经理

平台产品经理在数据标注项目实施过程中，对项目涉及的平台开发需求进行规划和设计。另外，其日常工作中还需对负责的数据标注平台和其他相关产品进行整体规划和优化，以使其在数据标注行业具有领先地位。其主要职责包括：

（1）分析项目需求，基于公司当前产品和平台进行规划和设计；

（2）编写产品需求文档，推进系统开发和上线；

（3）产品需求整体管理，合理安排和推进产品版本迭代；

（4）负责产品内外宣传运营相关网站设计，推进产品运营。

2．平台开发工程师

平台开发工程师负责按照产品经理的设计进行开发和测试，最终提供满足项目所需要的平台、模板及工具。其中的主要岗位包括 Python 工程师、语音识别算法工程师和图像识别算法工程师。

Python 工程师的主要职责包括：

（1）梳理和解读业务，提供数据层面的问题解决方案；

（2）协助进行数据提取、清洗、转换等处理工作，搭建自动化的数据产品生产线；

（3）参与数据处理框架的开发和数据处理平台的建设；

（4）协助开发和维护独立的数据处理工具；

（5）协助优化和标准化数据处理流程，设计及制定可以复用的处理模式。

语音识别算法工程师的主要职责包括：

（1）参与语音识别相关的智能处理服务系统研发；

（2）参与海量语音数据处理、清洗、转换等处理工作；

（3）配合后端开发人工智能数据服务，提供稳定的、高可用性的智能状态转移性 API 数据服务。

图像识别算法工程师的主要职责包括：

（1）参与图像语音识别、目标检测、图像分割、视频追踪等智能识别算法研发，并应用到实际产品中；

（2）参与海量图像、视频数据的提取、清洗、转换等处理工作；

（3）配合后端开发人工智能数据服务，提供稳定的、高可用性的智能状态转移性 API 数据服务。

3．售前、销售

售前负责提供售前的评估情况；销售协助与客户进行沟通，完成产品销售并签订合同。其中，销售经理的主要职责包括：

（1）根据市场情况，开拓国内外市场；

（2）独立完成公司数据采集、标注产品的销售，参与合同的谈判和签订；

（3）维系现有老客户关系，挖掘客户需求，促成新订单；

（4）了解客户状态，及时更新、维护、分析客户数据；

（5）负责客户订单的跟踪和交付，并处理售后问题。

4．数据标注员

如前所述，数据标注员属于企业外部的合作资源，一般不属于企业常规雇用员工，常常是企业外包资源团队或者众包资源团队的人员，或者企业临时招聘的兼职人员或实习生。

数据标注员（有时也和其他数据操作相关的人员一起，统称为数据标注员）是指在数据标注项目中，使用企业提供的数据标注平台实施具体标注操作的人员。其主要职责包括：

（1）参与企业组织的数据标注员培训，通过考试并合格；

（2）参与项目经理组织的项目需求说明会，消化项目需求中定义的内容和规范；

（3）严格按照项目经理和项目助理的安排实施数据标注作业。

5．客户、高级管理层

此外，参与项目的重要角色还包括客户和高级管理层。

客户提出项目需求，参与项目需求沟通，并进行最终验收。

高级管理层提供跨部门协调支持，以及特殊情况下进行协调并做出决策。

8.3.3　数据标注团队角色分工总览

此处对 8.3.1 和 8.3.2 两小节内容进行总结和概括，同时添加数据标注项目实施时需考虑的其他信息，如表 8-3 所示。

表 8-3　数据标注团队角色分工总览

角色名称	分　工	参与阶段	数　量
项目经理	项目管理者和领导者，对项目负责	全程	1 人
项目助理	协助项目经理管理和实施项目	全程	1 人
资源经理	负责沟通及提供标注员资源团队	启动阶段 试做及量产阶段需要变更 资源的场合	1 人
数据产品经理	负责确认和调研数据技术、算法等，提出数据需求	售前阶段 启动阶段 试做阶段	1 人
技术支持工程师	提供数据技术支持，包括数据咨询、提取、更新、整理等	售前阶段（如需要） 后续所有阶段	1～2 人
质检员	标注过程中质量确认并反馈	启动阶段 试做阶段 量产阶段	2～3 人 或更多
验收人员	验收待交付数据，确认其质量	试做阶段 量产阶段	1～2 人 或更多
平台产品经理	规划和设计标注平台开发需求	启动阶段 试做阶段	1 人
平台开发工程师	开发并实现标注平台开发需求	启动阶段 试做阶段	1～3 人 或更多
售前	评估项目可实施性和项目价格	售前阶段	1 人
销售	开拓市场，完成产品销售	售前阶段	1 人
数据标注员	实施具体数据标注操作	启动阶段 试做阶段 量产阶段	若干

表 8-3 给出了一个典型的数据标注团队包含的所有角色、分工、参与阶段及数量，供数据标注项目实施时参照。

其中，数据标注员的数量因为项目不同而不同，所以没有填写具体数量。在实际工作中，针对一个具体的数据标注项目，项目经理和资源经理又是如何估算需要多少数据标注员资源的呢？我们通过如表 8-4 所示的例子来说明。

表 8-4　短信实体标注项目需求

项目名称：短信实体标注项目

类型：文本数据标注项目

项目周期：100 天

应用背景和场景：

无论是语音还是图像，要与人交互就要理解人的意图。理解人的意图有两种方式：一种是对人的行为进行判断；另一种就是对人类的文字进行理解。本项目旨在识别用户的短信字词，然后找出用户的基本意图，并协助用户处理。

设想一下，当你正在外地出差，大汗淋漓地忙碌着，许久不见的朋友给你发了个短信约你出来聚聚。你告诉他后天才能回去。约定后是不是会忘记了呢？那么，如果有了短信识别 AI，手机就会自动记录后天你要和朋友聚聚的事情，提前一天就给予提醒，大大解决了用户的各种需要记忆的代办事项。而这只是短信实体数据能够提供的一种应用方式而已。

标注内容及方式（需求、规范）：

对实际的短信语句中的词汇进行判断，找出需要类型的词语实体，进行选择并标注类型。

该项目采用拆分工艺。将每个句子分给不同的标注员，每一组标注员只标注 12 种实体中的某一种或某几种。	
第一步，判断是否有效，也就是检查句子中是否有需要标注的实体。如果通篇没有自己要标注的实体，则视为无效。	
第二步，将句子中的实体选择对应的实体属性。	
规模：100 万个实体，有 12 种实体类型，每种类型的总需求量不同，按需求标注。	
验收标准：100 万个实体，按照不同实体类型的比例进行分布。保证抽查数据框合格率达到 95%以上。	

下面针对表 8-4 所列的项目需求，组织项目团队来实施该项目。

（1）项目团队人员配备如表 8-5 所示。

表 8-5　短信实体标注项目人员配备

角　色	分　工
销售	提供客户需求和规范
售前人员	评估项目可实施性
数据产品经理	提供数据规范建议
项目经理	领导和组织项目实施
项目助理	协助管理和协调数据产品生产
平台开发工程师	开发项目所需模板
技术支持工程师	提供实体预识别处理、格式转换等
资源经理	联系并提供外包供应商资源
验收人员	做好数据验收准备，对数据进行验收

（2）估算所需数据标注员（这里是外包资源）数量。客户需求是 100 万个实体标注，一个实体标注大概需要 50 秒，那么总体需要就是 1000000×50/3600≈13888.89 人时。

工期是 3 个月（客户额外给磨合周期），那么实际标注时间就是 66 个工作日。一个工作日按 8 小时有效工作时间计算，需要的标注员数量=13888.89/66/8≈26 名标注员。

加上风险，按照以往经验，需要准备 26 名标注员。而且，这个项目对标注员的要求是需要有逻辑，标注过文本实体项目的最好。

8.4　数据标注团队沟通和建设

8.4.1　项目相关方管理

8.3 节介绍了数据标注项目涉及的所有角色人员，他们都是项目相关方。项目相关方是指能够影响项目或受项目影响的人员、团体或组织。另外，在实际项目实施过程中，有些自认为会受项目影响的人员可能也会影响项目的实施过程，这样的人员也属于项目相关方。

项目相关方是项目的利益相关方，很多时候可以直接影响甚至决定项目的发展方向和完成情况，所以必须重视对项目相关方的识别和管理。

对于数据标注项目，涉及的项目相关方通常包括高级管理层、各平行部门领导、客户、客户上级、售前、销售、外包或者众包资源团队、兼职人员、实习生、租赁场地的房东，当然还有项目团队本身也是项目相关方，以及其他任何可能认为与项目有关系的人员。通常我们使用权力–利益方格对这些项目相关方进行分类，如图 8-8 所示。

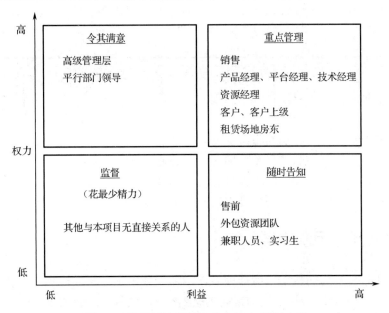

图 8-8　数据标注项目相关方权力-利益方格

　　数据标注项目启动后，必须对所有的项目相关方进行识别，并记录在相关方登记册中。需要强调的是，识别项目相关方并不是一蹴而就的过程，需要在必要时重复开展，至少应在每个阶段开始时以及项目或组织出现重大变化时重复开展。

　　识别项目相关方并完成分析和分类之后，需要对项目相关方进行管理。对项目相关方的管理属于对"人"的管理，与对"事"的管理不同，往往会遇到更多的阻力和挑战，而且包含更多不确定性因素。

　　其中，对相关方需求和期望的管理尤为重要，以下几点需要格外注意：

　　（1）有明确的也有隐含的需求和期望，需要通过各种沟通技巧挖掘出来；

　　（2）各相关方有不同的期望和需求，需要逐个分析；

　　（3）不同需求和利益之间需要寻求折中和平衡，不能损害客户利益；

　　（4）不要随意揣摩。

　　在实际的具体数据标注项目中，相关方管理会存在着各种各样的问题，如表 8-6 所示是几个数据标注项目相关方管理案例。

表 8-6　数据标注项目相关方管理案例

某个图片采集标注项目，客户说什么就承诺什么，结果项目根本无法实施，导致项目整体实施缓慢，最终客户也不认可。这里就是忽略了对于相关方期望的引导，如果客户期望不符合现实，需要引导降低其期望值。
某语音数据标注项目，平台开发人员因为自身工作多，忘记处理了。等项目经理问的时候再处理，时间已经来不及了。这里项目经理就忽略了对于平台开发人员（通常项目经理和平台经理交涉）这个相关方的管理。
举一个正确引导相关方期望的案例。某语音数据标注项目，客户公司的负责人一直觉得项目很简单，一时也很难说服他改变想法。于是项目经理联合销售和客户对接人沟通好，找机会让客户公司的负责人试做了一次标注，结果他就知道这个项目确实挺难做。后面在项目实施过程中就只需要告诉这位负责人整体的项目进展，他也不再对具体的实施细节指点点。

> 这个案例是识别相关方的案例。这个项目是用客户自己的工具进行数据标注。客户的标注规范不断调整，实施得很困难，而且客户中有些人对规范的变更完全不认可。由于项目实施组不了解客户的组织架构，项目组召开项目沟通会，并要求客户采购人引荐关键技术人员对接标注规范，项目组修改沟通流程，将采购加入项目相关方管理，后续所有的变更都要告知，并约定规范变更需要限制在一定范围内。

简单总结一下，数据标注项目的相关方管理中常遇到的问题包括：

（1）项目经理之外的人对项目过于强硬的干涉；

（2）相关方对项目过于乐观；

（3）相关方对项目过于悲观（相对少见）；

（4）有些项目组成员不愿过多参与项目，有逃避心理。

针对出现的以上问题，项目经理需要努力改变相关方不合理的需求和期望，修正其对项目的态度，有效引导其合理参与到项目实施的各个阶段中来。

8.4.2 数据标注团队沟通

在数据标注项目实施的整个生命周期中，沟通无处不在。而项目管理中涉及"人"的管理时，沟通显得尤为重要。从项目前期客户需求沟通，项目启动后项目团队组建，到贯穿整个项目生命周期的项目团队建设与相关方管理，沟通管理始终是各个阶段中最为重要的工作之一。

而且，在项目实施过程中，出现最多的问题便是沟通问题。表 8-6 中的几个案例，既是相关方的管理问题，也是沟通的问题。因此，必须对沟通问题加以重视，尤其是对容易出现的沟通问题要早加防范，以尽量消除沟通问题给项目实施过程带来的阻碍。

我们先从普通的日常沟通说起，沟通是我们每个人每天都在做的事情，但真要做到有效沟通，其实是一件不容易的事情。需要根据反馈练习总结，并不断重复这个过程，才能真正提高沟通效率。

一般的沟通过程模型如图 8-9 所示。

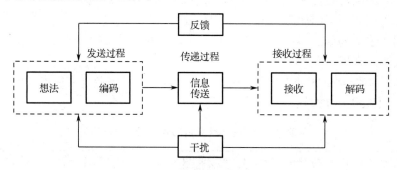

图 8-9　沟通过程模型

这个模型中需要重点注意的环节是反馈和干扰。

反馈是接收方接收并翻译信息后，向发送方求证理解是否正确的过程，也是接收方根据接收的信息提出问题和意见的环节。

干扰指的是可能对信息传递造成干扰的一切因素。常见的干扰有不同的文化背景、个人情绪、个人的价值观和伦理道德观、模棱两可的语言、认知水平的高低等。实际工作中，我们很难彻底消除所有干扰因素，只能尽量减少或弱化干扰的影响。

相比于普通的日常沟通，项目团队对于沟通效率的要求更高。因为项目要求在一定时限内实现高质量的产出，这使得在项目实施过程中必须和其他项目管理过程一样，对项目沟通进行体系化的规划设计和执行。

按照《项目管理知识体系指南》的定义，项目沟通管理由两个部分组成：第一部分是制定策略，确保沟通对相关方行之有效；第二部分是执行必要活动，以落实沟通策略。

1．制定沟通策略

为了达成项目目标，做好每个阶段的工作，必须在项目部门内部、部门与部门之间以及项目与外界之间建立沟通渠道，能够快速、准确地传递沟通信息，以使项目内外各部门达到协调一致。对于哪些人，建立什么样的沟通渠道，是这个阶段要考虑的重点问题。

这时需要做沟通需求分析，确定项目团队内部、项目相关方的信息需求，包括所需信息的类型和格式，以及信息对他们的价值。

具体需要确认的信息主要包括：

（1）有多少人在什么地点参与项目；

（2）相关方登记册及相关方参与计划中的相关信息和沟通需求；

（3）项目组织与相关方的职责、关系及相互依赖；

（4）内部信息需要（如何时在组织内部沟通）；

（5）外部信息需要（如何时与媒体、公众、外包商、合作伙伴、客户等沟通）。

同时，需要规划项目沟通时的沟通范围和采用的沟通方式。沟通范围包括一对一沟通、小组沟通、面向公众演讲式沟通、大众传播以及网络和社交工具多对多沟通等。沟通方式包括对话、会议、书面文件、社交媒体等。

这个阶段输出沟通管理计划，同时也是项目管理计划的组成部分。

2．落实沟通策略

通过项目管理信息系统能够确保项目相关人员及时便利地获取所需信息。用来管理和分发项目信息的工具很多，包括：

（1）电子项目管理工具：项目管理软件、会议和虚拟办公支持软件、网络界面、专门的项目门户网站和状态仪表盘，以及协同工作管理工具。

（2）电子沟通管理：电子邮件、传真和语音邮件，音频、视频和网络会议，以及网站和网络发布。

（3）社交媒体管理：网站和网络发布，以及为促进相关方参与和形成在线社区而建立博客和应用程序。

在项目实施过程中，需要根据项目管理计划中各节点安排，进行项目信息收集和报告。

另外，在围绕项目进行的各种沟通过程中，正如前面沟通过程模型所示，尤其需要注意每次沟通中的反馈问题。除了每次沟通中对于信息接收方的反馈进行回复以外，还要注意对反馈进行电子或纸质记录。对于反馈问题引发的项目变更，需要及时登记变更需求和更新项目文件。

在实际工作中，一般沟通时会使用即时通信工具（电话、电话/视频会议、即时通信软件等），确认结果之后需要发邮件给大家确认，需要书面反映的都要反映到相关文档中并发送邮件使读者确认。

下面通过如表 8-7 所示案例，看看在实际的数据标注项目中具体如何沟通，以及沟通中存在哪些常见的"坑"。

表 8-7　数据标注团队沟通实例

采集武汉话项目，最初客户提出的产品需求是比较技术的，描述得也比较简单。项目组拿到需求后，需要跟客户沟通武汉话具体指哪些区域——武汉市区还是包括郊区，并且客户反馈后需要书面反映到客户的产品需求中。

某文本数据标注项目，客户需求很多，售前评估需求时比较随意，感觉没有大问题就定下了。项目启动实施时发现有些需求不现实，无法实现，但项目经理怕得罪客户而没敢说，一段时间后才跟客户沟通。双方重新修改需求时，由于项目经理只是说明问题但没有解决方案，客户也不懂数据，双方无法互相理解，形成僵持局面。换了一个项目经理，列出所有问题，并从数据标注的角度提出了每个问题的解决方案。虽然其中有些方案客户不接受，但大部分都是认可的。最终项目得以顺利推进实施。这个案例出现过几次沟通问题，售前评估时对客户需求确认不细致，第一个项目经理报告问题滞后，且只提问题不给解决方案。

另外有的情况是，一些数据标注定制项目，客户对自己的具体需求其实还不明确。但这时候跟客户反复沟通需求，作用不大。此时，需要调整沟通策略，项目经理可以根据其多年数据处理经验，结合客户的说法，给客户列出一个需求明细清单，让客户确认。然后双方再沟通，最终确定一个明确的产品需求。

8.4.3　数据标注团队建设

和其他所有项目团队一样，在团队发展过程中，数据标注团队也需要通过团队建设来打造团队。

事实上，随着项目实施的推进，每个团队都会经历团队发展的五个阶段，如图 8-10 所示。

| 形成 | 震荡 | 规范 | 成熟 | 解散 |

图 8-10　团队成长五阶段

（1）形成阶段：团队成员第一次碰面便开始，成员相互认识和了解，并开始了解团队即将着手的工作。这时必须确保所有成员都参与决定团队的角色和责任，并且建立合作的团队规范。

（2）震荡阶段：一起工作时产生不同意见，造成冲突是难以避免的。这时需要学会如何共同解决问题，推动团队进步。

（3）规范阶段：整个项目团队开始作为整体更高效地工作。这时团队自身作为一个整体来解决问题和冲突。

（4）成熟阶段：项目团队以高水准运行，并且作为整体来实现目标。这时团队基本在无监管状态下也可正常运作。

（5）解散阶段：项目走向终点，团队成员开始转向不同方向。

数据标注团队构成人员相对比较复杂，大的数据标注项目涉及人员众多，如何做到统一目标、共同协作，高效完成数据标注工作，在实际中需要好好考虑和采取具体行动。好的团队建设，可以凝聚人心，可以改进团队协作、增强人际关系技能、激励员工、减少摩擦以及提升整体项目绩效。

团队建设中，项目经理需要做的重点工作之一是创建一个能够促进团队协作的环境，其间通过给予挑战和机会、提供反馈与支持，以及认可与奖励优秀绩效等方式，不断激励团队，实现团队的高效运行。

实际工作中，通常采用如下方法来实现团队建设的目标：

1. 集中办公

在同一个物理地点办公，可以增进成员沟通，提高集体感。集中办公可以是临时的，也可以贯穿整个项目。例如，数据标注项目实施时经常租用酒店等临时场所当作集中办公地点。

2. 虚拟团队

虚拟团队可以实现技术资源的共享，降低成本，相关方的沟通更为便捷。虚拟团队可利用社交媒体、在线会议、在线存储等多种技术来实现团队氛围的搭建。

3. 认可与奖励

项目实施过程中，对项目成员工作成果的及时反馈特别重要，可以有效地激励成员本身，同时也会带动其他项目成员的工作热情。具体采用的形式如金钱或物质奖励、口头表扬和赞赏，或者其他奖励方式，可以根据具体情况确定。

4. 培训

培训包括提高项目团队成员能力的全部活动，需事先制订培训计划，按照计划逐步开展。根据具体项目情况，包括多种形式，正式的或非正式的，课堂培训或在线培训等。

例如，数据标注项目在试做之前或者量产之前，都要针对不同的人员，经过一轮或者多轮的操作或验收培训。针对数据标注员的培训，会在 8.4.4 小节中进行详细介绍。

5. 会议及其他团队建设活动

定期或者临时的会议也是团队建设的一部分，如项目说明会、项目进展报告会、团队发展会议等。

其他团队建设活动包括为了增强团队凝聚力、提高团队成员熟悉感和协作能力的一些其他活动，如团队聚餐、野外团建活动等。

8.4.4　数据标注员培训

8.3 节中介绍数据标注团队角色时，提到了数据标注员的角色。数据标注员，也称作数据处理员，是在数据标注项目实施过程中实施具体标注操作的人员。数据标注操作有比较容易、不需要特殊数据标注技能的，大部分则是需要经过培训才能上手实施操作的。

数据产品生产团队培训工作中，最重要的一部分便是对于数据标注员的培训工作。培训本身是团队建设的一种方法，主要目标是提高技能、加强协作。数据标注员培训的目的是提高数据处理技能，统一常规操作步骤，避免常规错误，增强统一协作，提升工作绩效。数据标注员的效率直接影响到数据处理项目的效率，因此，数据标注员的培训工作显得尤为重要。

数据标注员的培训分为两类：一类是数据标注员的通用培训，是对数据处理通用性技能的培训；另一类是面对具体的数据产品生产项目，对其进行的针对项目本身操作规范和数据处理技能的培训。

下面介绍一下数据标注员的通用培训过程。

1．数据标注员的选择

数据产品生产企业通常会和各大高校开展合作，以保障数据标注员的自身素养和知识水平。面试和选拔数据处理人员时，要以"负责、细心、合作、进取"的基本原则招募数据标注员。

2．数据的理解培训

通过学习人工智能行业、大数据相关的一些知识，理解并掌握人工智能行业相关的知识结构，从应用层面理解数据的作用和需求分析的方法，掌握数据产品生产的目标与目的。这样会极大降低项目实施中因基本知识结构的偏差导致的数据质量问题。

3．通用数据处理培训

使用数据标注在线培训平台（如数据堂自行研发的数加加平台），上手练习和操作自有数据。对图片、文本、语音等不同数据进行学习，了解不同数据的主体特性和未来发展。

如图 8-11 所示，可在培训平台后台查看数据标注员的练习任务完成情况。

图 8-11　培训平台练习任务执行情况

4．数据标注员的通用考试

完成培训平台的系统培训后，参加培训平台的考试。企业会根据结果确定学员是否可以作为数据标注员参与数据处理项目。同时，学员也会对自身的数据处理技能和水平有一定了解。

如图 8-12 所示是数据堂的数加加平台的一个考试页面。

通过培训和考试之后，每位数据标注员还可根据自身情况得到自己倾向性的发展方向。例如，性格内敛的人员可向数据标注方向发展，性格外向善于组织的人员可向数据采集方向发展等。另外，数据标注员可进一步参加深入领域培训，例如，如果想向项目管理的方向发展，可以参加计算机技术与软件专业技术资格（水平）考试、项目管理专业人士资格认证、敏捷管理专业人士资格认证等考试及认证。

图 8-12　培训平台考试

8.5　国外数据产品生产组织方式案例

8.5.1　亚马逊机械特克平台

本章前面部分的内容介绍了一般数据标注项目的典型组织方式，其中提到具体组织和实施数据标注时，需要资源经理招募数据标注员，通常来自外包资源、众包资源或者临时招聘的兼职人员/实习生等。这里我们重点关注数据标注员的两个主要来源：外包资源、众包资源。看一下这两种方式在数据标注组织实施和管理上有什么样的优点和缺点。

亚马逊机械特克（Amazon Mechanical Turk，MTurk）平台可以说是出现最早也是最典型的众包任务平台之一。

机械特克平台被亚马逊公司定义为一个众包市场，于 2005 年上线。通过机械特克平台，个人和企业可以将其部分工作任务外包给网络后面众多可以虚拟执行这些任务的分布式劳动力，这些任务可以是简单的数据验证，也可以是主观的任务（如调查参与、内容审核等）。简单的数据采集和标注任务，同样也可以通过机械特克平台来完成，如简单的语音采集、目标检测框标注等。

众包是将耗时的工作任务分解为更小、更易于管理的任务的好方法。工作人员在众包平台发布分解好的任务（也叫作"微任务"），普通人登录平台领取感兴趣且可以胜任的任务，完成任务后可以获得报酬。为了保证任务完成质量，对于不同的任务，都会有不同的测试任务，测试合格后才能参与。如图 8-13 所示给出了机械特克平台的运作方式。

图 8-13　机械特克平台运作方式

下面从任务组织方面简单介绍以机械特克平台为代表的众包平台的优点和缺点。

（1）优点主要包括优化效率、增加灵活性和降低成本。

①优化效率：非常适合执行简单且重复的任务，使用机械特克平台将这一类的微任务众

包可以确保快速完成工作，同时为公司节省时间和资源，这时公司内部员工可以专注于高价值的活动。

②增加灵活性：对企业来说，扩大劳动力规模并不是容易的事情。机械特克平台可以提供全球按需的 7×24 小时全天候工作人员，使得企业和组织可以在需要时轻松、快速地完成工作，而不会遇到动态扩展内部工作人员的困难。

③降低成本：机械特克平台提供了一种有效管理与雇用临时劳动力的方式，通过在按任务付费模型上利用分布式工作人员的技能，可以显著降低成本，同时获得仅由一个专业团队无法实现的结果。

（2）缺点主要包括进度不可控、质量难以保障。

①进度不可控：参与众包任务的散落在全球各地的工作人员，本质上还是松散的结构，很难严格按照统一的进度要求去执行众包任务。因此，对于时间要求很高的工作任务，包括大部分的数据标注任务，实际上并不适合采用众包方式。

②质量难以保障：对于那种简单的、机械重复性的任务，通过标注平台的任务设计等进行质量把关没太大问题。但对于操作复杂的任务，例如，自动驾驶任务往往需要精细标注，画框精度有像素级别的要求，标注规范又很复杂多达几十条，则很难保证完成的质量。

如果想保证众包任务的质量，有两部分工作需要做。一是设计任务时加入各种质检操作，用户操作时若不合格就会提醒直至操作合格，但这样会增加任务设计的难度，对标注平台要求较高，而且会降低用户操作的积极性。二是对用户提交的结果进行严格的多次质检和验收，但这样会增加管理成本。

整体来说，机械特克平台是比较大而全的一个众包任务平台，简单的不需要太多技能的数据产品生产任务，如简单的语音录音、简单的目标检测框标注、地图位置标记等，可以通过机械特克平台进行任务发布和管理；但复杂而精细的数据标注任务，或者时间要求比较高的标注任务，则很难通过机械特克平台有效组织和实施。

8.5.2　澳鹏平台

澳鹏（Appen）成立于 1996 年，主要业务是采集并标注图像、文本、语音、音频、视频和其他数据，通过和全球超过 100 万众包资源进行合作，来完成数据产品生产任务。

澳鹏拥有业界先进的人工智能辅助数据标注平台，能够为科技、驾驶、金融、新零售、医疗和政府部门等提供部署世界级人工智能产品的培训数据。另外，澳鹏有经验丰富的项目管理团队，能够提供灵活的数据标注员资源团队，以满足客户对于数据规模和质量的需求。澳鹏把数据标注员资源分为以下几类：

（1）按需资源：提供 7×24 小时全天候的数据标注员，主要用于那些简单的不需要特定标注技能的数据标注任务，如特定语言录音、地理位置标注等。客户通过澳鹏数据标注平台来管理任务。

（2）远程资源：按照客户需求，提供澳鹏项目管理服务团队管理的合格标注员（包括在家远程工作的）。

（3）安全资源：经过特殊认证的标注员在澳鹏安全设施内工作（作为澳鹏安全服务的一部分）。

（4）现场资源：合格的标注员到客户所在的物理设施内工作，由澳鹏项目管理团队进行组织和管理。

（5）内部客户资源：客户自己拥有资源团队，使用澳鹏的技术和数据标注项目的管理服务。

通过澳鹏对数据标注员资源的分类我们可以得知，澳鹏既通过其数据标注平台为客户提供众包方式的数据产品生产，也提供统一组织和管理的外包方式来实施数据产品生产项目。

整体来说，澳鹏通过业界先进的人工智能辅助数据标注平台和经验丰富的项目管理团队，能够灵活组织和实施数据产品生产任务，也能够灵活应对客户的各种数据定制需求。

另外，澳鹏于 2019 年 4 月完成了对 Figure 8 的收购。Figure 8 的数据标注平台专注于机器学习，特别是将非结构化文本、图像、音频和视频数据转换成人工智能训练数据，主要用于自动驾驶车辆、消费品识别、自然语言处理、搜索相关性和智能聊天机器人等领域。合并之后，得益于 Figure 8 平台的技术，Appen 在提供高质量训练数据的数量、质量和速度方面得到很大提高。

8.6　本章小结

本章结合数据标注项目实例，主要讲述了如何组织和实施一个数据标注项目，如何在项目实施过程对数据标注团队进行组织与管理。主要内容包括：

（1）数据标注项目实施流程分为哪些阶段，每个阶段需要做哪些工作，有哪些角色参与；

（2）这些角色构成的数据标注团队采取什么样的组织架构，这些角色具体含义及各自承担的职责，并给出了一个典型的数据标注团队配置一览；

（3）项目实施过程中对"人"的管理，包括如何管理项目相关方，如何进行沟通管理，如何进行团队建设，并简单介绍了数据标注员的培训过程；

（4）最后简要介绍了国外应用比较广泛的数据产品生产组织方式的两个案例。

8.7　作业与练习

1．请简述项目的定义和基本特征。

2．数据标注项目具有哪些特征？

3．请简述数据标注项目的实施流程及每个阶段所做的主要工作。

4．数据标注团队采用哪种组织结构类型？请简述其主要特点。

5．请描述典型的数据标注团队组织架构。

6．请简述项目经理的主要职责。

7．请简单绘制一个典型的数据标注团队角色分工总览，包括角色名称、分工、参与阶段及数量。

8．请简述项目沟通管理的两个组成部分以及每部分分别要做的工作。

9．如何开展数据标注团队的团队建设？

10．如何提升人工智能训练师的职业技能？

第 9 章
工程化数据标注的质量控制

9.1 质量控制

　　质量控制贯穿于项目实施的全过程，该过程的主要作用是核实项目可交付成果和工作是否已经达到相关的质量标准，是否达到预期要求，可供最终验收。在该过程中及时找出偏差，并分析形成这一偏差的原因，纠正偏差，确保项目的顺利进行。质量控制的严格程度会因所在行业以及管理风格而有所不同。人工智能企业对数据标注的质量要求是非常高的，数据质量将直接影响算法效果。

　　质量控制需遵循相应的控制流程，搭建完善的质检体系。在开始标注项目前，项目成员应熟悉不同类型的质量标准。质量标准既是标注人员的工作准则，也是质检人员的评判标准。

　　项目经理对项目质量全权负责。在第 8 章已经提到，每一个标准数据标注团队都应设置质量管理中心，并配备相应的质检人员。事实上，项目团队中的任何一员都与质量控制密切相关。所有标注人员在开始标注工作前均需进行严格的培训及评测，评测通过后方可进行标注工作。项目执行过程中，标注员对所有完成的任务均需进行自检。接下来，质检员进行数据检查，合格的数据通过；针对未达到标准的数据，质检员告知标注员进行返工；若返工三次以上仍未达标，即取消该标注员标注资格。同时，需制定衡量标注人员工作合格率指标，定期监控标注员标注质量情况，对合格率较低的标注人员进行二次培训，并进行相应指导。项目经理需定期抽查数据，对标注过程中发现的数据质量问题进行总结与分析，并采取相应的措施，确保数据标注质量。

9.1.1 质量控制流程

　　质量控制遵循质量管理领域里过程控制的原则，贯穿于项目整个过程。整个流程分为三个主要阶段，分别是需求解读与确认、人员培训与任务试做、质检与验收，具体流程如图 9-1 所示。

1. 需求解读与确认

　　接到新标注任务后，相关人员首先自行进行需求解读，对需求进行大致了解，并记录下解读过程中产生的疑问。该阶段完成后，组织需求解读会，以会议集中讨论的方式，进行需求相关问题的探讨。根据会议讨论内容，整理出正式版本的项目验收、标注规范文档，并通过邮件等形式进行最终的多方确认。在进行需求解读的同时，进行标注任务的人员分配，主要是依据项目类型对个人、个人/团队效率方面的关注。在此阶段也将进行风险预估与控制，对项目中可能出现的风险进行预判，对该过程中的变量如设备、工作环境等进行控制，并完成备选方案的制定。上述环节是质量控制过程中重要的一环，尤其是需求解读和确认，是后续工作能够正确且有效进行的保障。

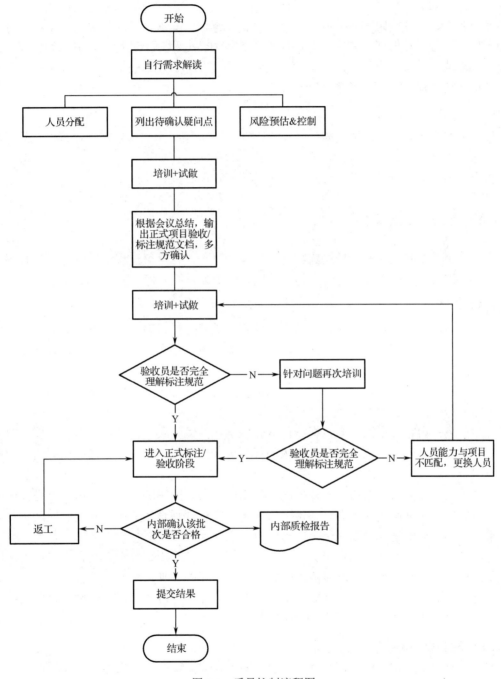

图 9-1　质量控制流程图

2. 人员培训与任务试做

　　完成需求最终确认后，开始对项目所分配的人员进行培训，培训完成后将进行任务试做，以此确保后续工作的顺利进行。在此过程中，如果经过培训后的验收人员的试做任务合格，对于规范完全理解，可进行后续的标注与验收工作；对于未能够理解规范的人员则需进行二次培训，确保所有人员对规范完全理解后，方可进行后续标注和验收工作。若在项目过程中或者经过二次培训后，该人员仍未达到标准，也就是说出现分配人员与项目不匹配的情况，此时需要更换人员。针对更换人员的情况，相关负责人需进行分析，分析的维度主要分为三个层面：首先，需要确定在人员分配环节是否出现漏洞；其次，针对该类人员重新进行个人能力评估并进行重点培训；最后，对该类人员的能力评估和分类进行及时更正和备案。人员培训直接影响到质检工作的质量，验收人员只有在充分理解规范的情况下，才能准确且高效地识别出标注过程中存在的问题。

3．质检与验收

以上工作完成后，进入正式的标注/验收环节。首先项目团队内部需确认该批次的标注和质检工作是否合格，若不合格则需返工，合格后将进入后续验收环节。在该阶段会输出内部质检报告，用于分析错误原因以及后期优化质检方式。

9.1.2 控制流程细则

在上一小节中我们对质量控制流程有了宏观的认识，在学习过程中也清楚地了解到，在整个流程中涉及了不同阶段。接下来将对不同阶段中涉及的流程细则进行简单介绍。

1．任务对接流程

任务对接流程是质量控制流程中的主干流程，也就是说只有准确地把握任务对接流程才能够对质量控制流程有更清晰的理解。任务对接流程包含了客户、项目负责人以及团队成员即包括标注人员、验收人员在内的整个项目流程中涉及的角色。在实际的标注项目中，任务对接流程一般由指派任务、确认标准、标准最终确定、项目实施、提交结果、验收等环节组成，具体流程如图 9-2 所示。

指派任务：由客户指派任务，指派任务时明确任务优先级、任务量、指定工期、项目规则等相关信息，同时客户应该对高优先级的任务进行提前通知，并将新任务相关信息发送至相关对接人。

确认规则：团队负责人与客户依据新项目规则，需共同完成规则确认后方可进行标准确认。项目规则是标准确认的依据。在该环节若未能完成规则确认工作，则需要团队负责人和客户继续对项目规则进行研究确认，直到标准最终确定。

标准最终确定：该环节是整个流程中关键的环节，需要团队负责人向客户多次确认后，确定最终标准，并输出项目规范文档。此文档可用于人员培训。

实施：实施过程包括培训、数据标注与质检。该环节严格遵循任务分配和培训流程，以及《团队人员标注准则》《团队人员验收准则》。

2．人员分配和培训流程

在上一小节中的实施环节，需遵循人员分配和培训流程，接下来将对实际项目中的人员分配和培训流程进行介绍，具体流程如图 9-3 所示。

任务对接流程

序号	行动	流程图	责任人	输入	输出	说明	文档模板
1	开始	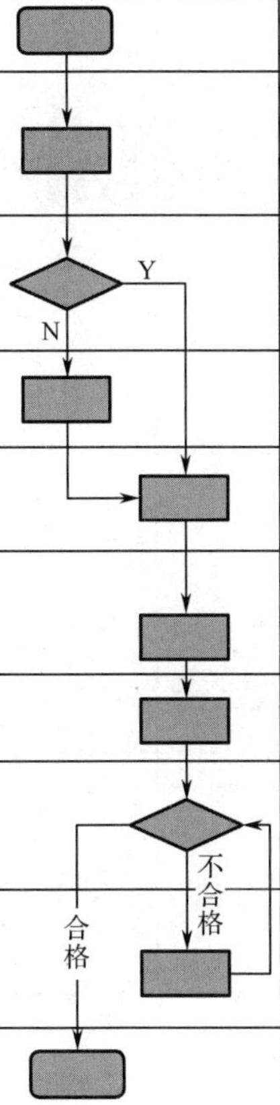					
2	指派任务		客户	新任务相关信息：①任务优先级；②任务量；③指定工期；④项目规则	①高优任务请提前通知；②指派任务请将新任务相关信息邮件发送至相关对接人		
3	确认标准	Y	团队负责人+客户		新项目规则		
4	重新确认规则	N	团队负责人+客户				
5	标准确定		团队负责人+客户		项目规范文档	需要客户再次确认后，方可用于人员培训	
6	实施		团队	任务分配&培训流程《团队人员验收准则》《团队人员标注准则》			
7	提交结果		团队				
8	客户验收	不合格	客户				
9	返工	合格	团队				
10	结束						

图 9-2　任务对接流程图

　　人员筛选：由团队负责人依据《质检员个人能力评估表》《质检员专业能力统计表》，参考项目难度、专业需求等因素进行人员筛选。

　　培训：人员筛选完成后，依据项目规范文档进行人员培训。

　　确认培训效果：培训后的人员依据新项目规划，通过试做、复述等方式确认对于标准的理解是否统一，若对标准理解有偏差将进行二次培训。培训合格后，进行任务分配。

3．团队人员验收准则

　　在验收环节中，需要质检员根据项目规范设定的标准，仅对标注结果是否符合规范要求做出判定：

　　（1）如标注结果已确认合格，则无须给出答案；

　　（2）标注结果确认不合格时，若验收人员有完全确定的修改意见，判定该标注结果不合格并给出参考答案。

人员安排&培训流程

序号	序号	流程图	责任人	输入	输出	说明	文档模板
1	开始	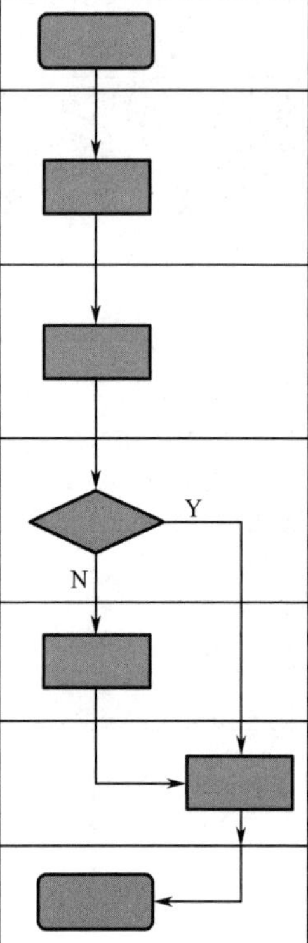					
2	人员筛选		团队负责人	《质检员个人能力评估表》《质检员专业能力统计表》		参考项目难度、专业需求等因素	
3	培训		团队负责人	项目规范文档			
4	确认培训效果		团队负责人＋质检员	新项目规则		通过试做、复述等方式确认标准理解是否统一	
5	二次培训		团队负责人＋质检员				
6	任务分配		团队负责人				
7	结束						

图 9-3　人员分配和培训流程图

9.1.3　质量监控

针对所在行业特点以及公司相关项目经验，搭建符合业务特点的质检体系，可以使得质检流程更加顺畅，结果更加准确。下面介绍一些在实际标注项目中常见的质检体系。

1. 相互协作式自检体系

在提交到质检部门进行质检之前，一般情况下，数据标注团队内部首先需进行自检。针对自检，一些成熟且经验丰富的标注团队会采用相互协作的检查方案，团队内部各个小组间进行互相检查，各小组的组长对自己组内的数据质量负责。互相协作质检完成且合格后，统一提交到项目质检组进行质检。此环节作为质检工作的首要环节，对提高质检效率和质量保证至关重要。

2. 多轮次质量检查体系

在项目实施过程中，针对标注场景要求可设置多轮次质量检查体系，经过多轮次质检的数据结果准确度更高。一般流程可分为自检-质检-验收这 3 个轮次，在自检和质检环节，分设 3 级质检员：低级质检员、中级质检员和高级质检员。项目组每完成一批数据，均采用相互协作质检的自检方式；协作质检完成后，交由质检组进行质检；质检通过后，交付客户进行验收。

（1）自检轮次：该环节由初级和中级质检员来完成质检工作。

①低级质检员：标注员完成标注任务后提交到初级质检员，初级质检员发现问题后，可以对数据进行重新标注和修改。

②中级质检员：初级质检员质检完成且合格后，提交到中级质检员；中级质检发现问题，可以对数据进行重新标注和修改。

（2）质检轮次：中级质检员质检合格后，提交高级质检员，即项目质检组。项目质检组对中级质检员质检结果进行最终质检。如合格，则可交付客户进行验收；如质检结果不合格，则直接打回，由标注员自行进行修改，并形成质检报告单。

质检报告单也可称为内部质检报告，用于团队内部分析错误原因，质量报告单样例如表 9-1 所示。

表 9-1　质量报告单样例

质量报告单			
项目名称		平台期数/批次	
项目经理		技术支持	
有效数据量		无效数据量	
数据单位		要求合格率	
自检总结（团队填写）			
自检总量		自检抽检率	
自检不合格数量		自检合格率	
自检员		自检时间	
自检分析			
备注			
验收总结			
累计验收次数		验收总量	
验收不合格数量		验收合格率	
验收员		验收时间	
验收分析			
备注			

9.1.4　质量检验方法

质量检验需使用一定的检验方法。对于一般项目来讲，检验方法有多种，而抽样检验和全样检验是最常见的检验方法。而对于数据标注项目，在实际的工作中往往会选择更加符合项目特点的检验方法。下面介绍几种在实际标注项目中常见的检验方法。

1. 逐条抽取检查

该方法是对整个标注项目中所包含的任务逐条检查并确认。采用该方法进行检测，准确率极高，覆盖检查范围最广，尤其适用于场景较为复杂、数据格式主观判断较多、量级不大的数据任务。逐条抽取需要充足的人员配备，同时对于完成时间没有太高要求。

2．抽样检查

抽样检查在不同类型的项目中是最为常见的检查方法。在标注项目中抽样检查分为简单抽样、系统抽样、分层抽样。

（1）简单抽样：该方法要求抽样人员客观地、随机地并且按照一定概率抽取一定数量的样本。在实际项目中，抽样概率与数量往往来自客户的要求。

（2）系统抽样：该方法一般要求每隔一段时间进行检测，然后再从抽取的每个时间间隔的数据样本中进行随机抽样。

（3）分层抽样：此方法适用于对不同类型且拥有多个加工环境的即变量较多的项目进行评估。

3．机器检查

为了提高检查的效率，在实际项目中往往会引入机器检查。机器验证即通过机器学习，包括使用已训练的模型进行检查，或使用迁移学习、在线学习等方法对人工标注的数据做质量检查，实现全自动或者辅助人工质量检查。在实际项目中，大多数情况下是采用机器辅助人工的质量检查方式。通常情况下，机器检查输出的准确率并不能完全代表数据的准确率，机器检查后仍然需要人工进行质检，但机器检查的结果可以在一定程度上反映数据的质量。

9.2 质量标准

不同类型的项目对应不同的质量标准。通常来讲，质量标准可分为通用质量标准和特定质量标准。在数据标注项目中，质量标准是判断数据标注准确度的依据，用于质量控制过程。接下来将以实际工作中涉及的数据标注质量标准，针对语音数据标注、图像数据标注、文本类项目，进行通用质检点的特征描述，同时对特殊质检点进行简单介绍。

9.2.1 语音数据标注

在第 5 章已经对语音数据标注的相关内容做了详细的介绍，在 5.2 节中具体描述了语音数据标注项目的规范。以上提到的语音数据标注项目规范适用于大部分的语音数据标注项目，接下来将在通用规范的基础上，以实际案例为基础详细介绍语音数据标注质量检验标准。同时，语音数据标注项目对质检员要求较高，需处于安静的工作环境，并能够有效地做到眼耳并用，注意力保持高度集中。

1．通用质检点

语音数据标注项目的错误类型一般分为有效性错误、截取错误、文本错误，以上 3 种错误类型常见于各类语音数据标注项目中。有效性错误是指语音数据标注员将不符合语音数据标注规范的无效数据当作有效数据来处理，提交质检后，质检员参照相关质检点对此类错误进行判别。截取错误是指标注员未按照标注规范对静音段进行截取，截取时间过长或过短都不符合语音数据标注规范。文本错误常见于多字、少字、错字等语音转写文本中。有关具体的通用性错误以及相关质检点如表 9-2 所示，在实际项目中根据具体情况可做相应调整。

表 9-2 语音数据标注项目通用质检点

错误类型	质检点	判断
有效性错误	空旷音、回音	无效判为有效
	电流音	
	有效范围内（一般指句子前后各 0.2s 内及句子本身）噪声过大	
	语音失真	
	有效范围内（一般指句子前后各 0.2s 内及句子本身）喷麦严重	
	截幅、消波	
	音量过低、忽高忽低	
	直流偏移、"心电图"、有效范围内上扬下沉	
	半频、静音部分空能量、能量缺失	
	丢帧、跳帧	
	非母语/语言、方言不符/地区、口音错误	
	乱念，导致剩下部分无法单独成句	
	读错，导致字词无法转写	
	中间停顿超过 1s，如果前、后半句都不能单独截出有效句子，按无效数据处理	
	语速过快、一字一顿、结巴、口齿不清、语气夸张	
	一人多录、一号多人	
	有效判为无效	验收阶段，只验收有效数据
截取错误	静音段截取过长	静音段要求截取 0.5s，至多不超过 0.8s，否则算错
	静音段截取过短	静音段要求截取 0.5s，至少不低于 0.2s，否则算错
文本错误	多字、少字	所听即所写
	错字、别字	避免同音字的错误
	数字转写错误	数字不能转写成阿拉伯数字，而要根据实际发音转写
	语气词加口字旁	通用，除非有一些客户明确不要求
	英语：单词、拼读字母、缩略词	英文单词间留空格，但与汉字之间不留；拼读字母、缩略词的字母之间不留空格，但大写
	符号上多余或缺失，导致严重的语法或语义问题	成对符号需要保持完整，如西语成对符号¿?和¡!；单词之间不能缺少空格，不能多余很多空格或不符合语法的符号；连写单词的连字符和单词之间不能有其他符号，如 Welt-Journalist

2. 特殊质检点

标注员在标注过程中需有效识别以下声音，并针对不同类型的噪声使用正确的符号进行标注。质检员在检验过程中重点检查符号与噪声的匹配程度，具体细则如表 9-3 所示。

表 9-3　语音数据标注项目特殊质检点

错误类型	质检点		判　　断
特殊部分	噪声符号	突发噪声	一般指独立噪声，部分项目要求标记为[N]
		持续噪声	一般指包括有效静音段的整体环境噪声，部分项目要求标记为[T]说话内容[T]
		本人发出的声音，如咂嘴	一般指独立噪声，部分项目要求标为[S]，注意喷麦声也标记为此类符号
		其他人声	一般指独立噪声，部分项目要求标记为[P]
	特殊符号	结巴、专有名词、无语义词、听不清、切音等	不通用，特殊项目有特殊要求

9.2.2　图像数据标注

第 3 章、第 4 章已经对图片、视频数据标注做了详细的介绍。由于图像、视频有很多共同的地方，在本章质检环节中，二者可统称为图像数据标注。在实际项目中，图像质检按照一定的维度，如标注框类、关键点类、区域标注类、视频数据标注类（一般是标注框类或区域标注类）、筛选类进行项目分类，不同类别对应不同的质检点。需要特别指出的是，标注员在标注时，要尤其注意关联一致性，例如，在标注框类项目中，同一人头部标注框和身体标注框的对象编码要保持一致；在车道区域这种精细标注类项目中，被分割的车道区域对象编码要保持一致；在视频数据标注项目中，与上述标注框类与精细标注类相同，不同帧但同一辆车的对象编码需一致，同一帧中头框和身体框的对象编码要一致。图像数据标注质检点如表 9-4 所示。

表 9-4　图像数据标注质检点

项目类型	质检点	特征及判断
标注框类	目标框是否贴合	目标框要完整紧贴覆盖目标物，一般不允许切到目标物本身
	目标类别是否正确	例如，小型车是否标成了卡车
	目标属性是否正确	一般指遮挡、截断、朝向、角度（视角），例如，朝向属性是正面
	漏标/多标	
	文本转写	对于标点的转写是否有区分中英文的要求
	关联一致性	例如，头部标注框和身体标注框的对象编码要一致
关键点类	顺序	根据项目要求
	数量	
	位置（等分、贴合）	
	颜色（是否遮挡，遮挡的点是特定颜色的）	
	预估是否合理	需要预估的点，合理即可
区域标注类	目标区域是否贴合	
	目标类别是否正确	
	目标属性是否正确	

续表

项目类型	质检点	特征及判断
区域标注类	漏标/多标	
	文本转写	
	关联一致性	例如，被分割的车道区域对象编码要一致
视频数据标注（一般是标注框类或区域标注）	是否贴合	
	关联一致性	例如，在不同帧，同一辆车的对象编码都是一致的；在同一帧里，头部标注框和身体标注框的对象编码要一致
	属性是否正确	
	多标/漏标	
筛选类	是否符合主题	给定示例图，参照筛选

9.2.3　文本数据标注

第 6 章对文本数据标注内容做了详细的介绍。文本数据标注在生活中应用范围比较广泛，涉及的任务类别较多，而且文本数据标注与其他类型标注相比是一种较特殊的标注类别，其不仅仅包含简单的标框标注，还涉及多音字标注、语义标注、翻译等，对标注员与质检员的要求也相应提高，其所对应的质检点也相对复杂，具体细则如表 9-5 所示。在文本数据标注中，首先是对语料进行筛选检验，不合格的语料就相当于是一个错误的开始，对后期标注产生直接的影响。其次需要对语料中涉及的关键词、分词、拼音、数字进行检验，在实际工作中，每个类型都对应有严格的检验条件。最后，针对文本数据标注中的翻译、情感，包括情感的类别与程度，都是在文本项目中需要重点检验的对象。

表 9-5　文本数据标注质检点

项目类型	质检点	特征及判断
语料筛选	简体、繁体、外语	根据项目要求
	关键词不相符	
	混入广告等非文本内容	
	有敏感词汇的混入	例如，政治色彩、黄色不良信息、隐私等
	错别字、生僻字	需要考虑语料使用对象的年龄、知识水平，例如，针对小学生，字词就应相对简单易懂
	不通顺、不好读	
	句子太长、太短	一般为 4～15 字
	全是拟声词	例如，"叮叮叮"，是不符合要求的
关键词标注	基本要求	对文本中的实体名进行标注
	时间	
	地点	分级标：省、市、区、乡镇、街道，并且要求与现实地名相符合、逻辑相对应
	人物	姓名，正式名和非正式名
	事件	

续表

项目类型	质 检 点	特征及判断
关键词标注	索引	例如，两个明天，标注明天1，明天2
	其他实体	例如，电话号，需要标注；目的，需要标注
分词标注	词性标注	名词、时间词、处所词、方位词、动词、形容词、区别词、状态词、代词、数词、量词、副词、介词、连词、助词、叹词、语气词、拟声词、前缀、后缀、字符串、标点符号
翻译	基本要求	根据项目要求，对文本进行要求语言的翻译，要求符合语法，通顺，无错字词
拼音标注	基本要求	根据正确读音，对文本进行拼音标注
	声调	1/2/3/4/5分别代表阴平、阳平、上声、去声、轻声
	儿化音	例如，"花儿"标为（huar1）
	变调	上声变调，一不变调；协同发音造成的声调的细微变化，如弱读，并非稳定的音系变化，标为本调
	多音字	根据正确发音注音
	方言词汇	按照实际注音，例如，北京方言，"这里"读成"这儿合儿"，标为（zher4 her5）；"那儿哈儿（nar4 har5）"
	方言特色读音或口语发音	按照实际发音注音，如北京方言，"吧唧吧唧（bia1 ji1）"
	字母	文本行大写字母（半角），拼音行小写
数字标注	电文	根据语境判断，如"163"念"幺六三"，则为电文
	序数词	根据语境判断，如"163"念"一百六十三"，则为序数词
情感标注	类别	如高兴、快乐、正常、生气、愤怒、恐惧
	程度	如特别、一般、正常

9.3 质检与验收

9.3.1 质检流程

质检流程包括4个主要阶段，具体流程如图9-4所示。

（1）项目标注质检点确认：本阶段依据《客户标注实施规范》《通用质检点》，通过解读数据规范、参考通用质检点、参考历史项目经验，编写项目质检点，并发送客户确认。

（2）项目质检人员培训：依据与客户确认完成的质检点对质检人员进行培训，培训后进行试做，试做合格后进行质检任务的安排。

（3）输出批次数据质量报告及质量问题解决：质检数据若不合格，输出该批次数据质量报告，且反馈项目负责人的同时附上质检组修改建议，之后反馈到标注团队进行修改，修改完成后进行二次检验，直到合格为止。

（4）项目质量总结报告：数据质量合格后，达到交付要求。团队进行任务复盘，总结项目经验，并输出项目质量报告。

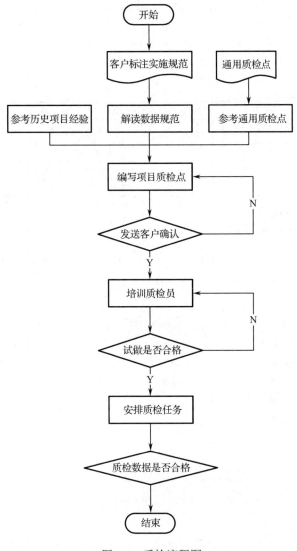

图 9-4　质检流程图

9.3.2　验收原则

项目验收要求与客户在前期对项目提出的《招标文件》以及客户与团队确认的验收标准相一致，在阶段验收或最终验收前由甲方验收专家对该项目所有数据进行逐项验收，并生成验收报告。

9.3.3　验收报告

在验收评审完成后，确定项目符合验收标准，甲方出具《项目验收合格报告》，该报告详尽地记录验收中对各批数据的评价及验收意见。尤其要明确系统在验收中发现的问题和缺陷，以及需要改进的意见和我方对其所做的承诺。主要内容包括：项目基本情况、项目进度审核、批次验收情况、项目验收结论等。如图 9-5 所示为通用验收报告样例。

××××××项目客户验收合格证

××××××项目（合同编号：BJ201700000；订单编号：1234567），合同约定交付物为××，交付数量为××，详细交付情况如下：

每次交付情况及结果							
交付序号	交付数量	数据单位	交付时间	乙方质检结果	甲方验收时间	甲方验收结果	甲方负责人
1						◉ 合格 ○ 不合格	X经理
2						◉ 合格 ○ 不合格	X经理
3						◉ 合格 ○ 不合格	X经理
4						◉ 合格 ○ 不合格	X经理
5						◉ 合格 ○ 不合格	X经理

综上，××××××项目自××××年××月××日至××××年××月××日，已经完成××数量的交付，并且经过甲方验收合格，特此证明。

甲方单位：×××××××公司（签字/盖章）

甲方代表：

验收日期：

乙方单位：×××××公司（盖章）

乙方代表：

验收日期：

图 9-5　通用验收报告样例

在实际工作中，不同的项目类型往往有着不同形式的验收报告。接下来对常见的几类验收报告模板进行简单介绍，对实际项目具有借鉴意义。

1．图片标注验收报告

图片标注验收报告单的形式为通用验收报告单，其包含自检结果总结和验收总结两部分，其依据质检明细进行总结分析，最后形成质量报告单，如表 9-6 和表 9-7 所示。

表 9-6　图片标注质量报告单

质量报告单			
项目名称		平台期数/批次	
项目经理		技术支持	
有效数据量		无效数据量	
数据单位		要求合格率	
自检总结（团队填写）			
自检总量		自检抽检率	
自检不合格数量		自检合格率	
自检员		自检时间	
自检分析			

续表

质量报告单	
备注	

验收总结			
累计验收次数		验收总量	
验收不合格数量		验收合格率	
验收员		验收时间	
验收分析			
备注			

表 9-7　质检明细

账号	标注数量	质检数量	标注框总数	错误框数	属性错误数量	标注框不贴合	漏标数量	有效性错误数量	其他	合格率	链接	问题

2. 语料筛选验收报告

语料筛选验收一般采用辅助抽查的方式，设置固定的抽查间隔，并对不同错误类型进行统计，展现形式更加直观。

3. 语音数据标注验收报告

语音数据标注质量报告单与图片标注质量报告单形式大致相同，包含自检结果总结和验收总结两部分，其依据质检明细进行总结分析，最后形成质量报告单，如表 9-8 和表 9-9 所示。

表 9-8　语音数据标注质量报告单

质量报告单			
项目名称		平台期数/批次	
项目经理		技术支持	
有效数据量		无效数据量	
数据单位		要求合格率	噪声合格率 95%，除噪声合格率 98% 以上
自检总结（项目经理填写）			
累计自检次数		自检总量	
自检不合格数量		自检合格率	
自检员		自检时间	
自检分析			
备注			
验收总结（验收组填写）			
验收次数		验收总量	
验收不合格数量		验收合格率	
验收员		验收时间	
验收分析			

表 9-9　质检明细

账号	标注句数	质检句数	错误句数	截取错误	噪声错误	文本错误	有效性错误	其他	噪声合格率	除噪声合格率	链接	错误标注	正确标注

4．多段落语音验收报告模板

在实际语音采集标注项目中，常见的就是多段落与单句语音采集标注项目。该类项目通常采用抽查检验的方式，依据项目特点设定不同的抽检率，验收报告中主要通过抽检合格率来判断整个项目的合格状态。如表 9-10 所示为多段落语音标注验收报告样例。

表 9-10　多段落语音标注验收报告样例

项目名称	任务类型	要求合格率	验收数	验收结果				
				抽验数	整批合格率/句	错误原因	录音人信息准确率	合格状态
×××	标注	95.00%	699	100	100.00%	文本部分：部分发音错误，拼写错误；非文本部分：部分有效性错误和截取错误	100.00%	验收合格

验收总览模板由 3 部分组成，分别如表 9-11、表 9-12 和表 9-13 所示，覆盖内容全面，体现整个项目的验收情况，按照文本与非文本部分进行分类展示，同时进行整体总结。值得注意的是，报告中涉及的 Y/N 是指这个语音是否为符合要求的口音，如项目需识别本土口音，符合即标记为 Y，否则标记为 N。验收环节中错误可分为硬性错误与软性错误，硬性错误是指语音和文本不一致；软性则是指语音和文本一致，但存在不规范等可以改善的地方，如标点不规范的问题等属于软性问题。

表 9-11　模板 1

任务 ID	任务名称	合格率	题号	段序号	硬性	软性	录音信息准确率
223	【自检】泰语试标-05	100.00%	10	4	0	0	100.00%

表 9-12　模板 2

文本部分（文本验收员填写）					非文本部分（非文本验收员填写）						
口音	Y/N	错误类型	错误原因	硬性	软性	性别	年龄	Y/N	错误类型	错误原因	硬性	软性
泰国				0	0	女	20				0	0

表 9-13　模板 3

整批总结	文本部分	部分发音错误，拼写错误
	非文本部分	部分有效性错误和截取错误

5．单句语音采集标注报告

单句语音采集标注报告与多段落语音验收报告相似，一般采用抽验的方式进行验收，报告中需对整体与抽验部分进行统计分析，验收报告各部分示例分别如表 9-14、表 9-15 和表 9-16 所示。

表 9-14　模板 1

名称	任务类型	合格率	验收数/号	验 收 结 果						
				抽验数/号	合格数/号	整批合格率/句	错误原因	录音人信息准确率	合格状态
××××	标注	95.00%	17	2	0	0.00%	文本部分：参考示例，整体质量高，问题主要是单词拼写错误/缺少开音符号/原文空白；非文本部分：参考示例，大部分是截取错误，一部分有效性错误	100.00%	验收不合格

表 9-15　模板 2

验收部分：17 号					
ID	号段	性别	年龄	地域	设备
22826	G10175	Female	35	法国	iOS
22885	G20238	Male	22	法国	iOS
22885	G10267	Female	52	法国	Android

表 9-16　模板 3

验 收 结 果				
抽验数量	硬性错误	软性错误	平均合格率	录音人信息准确率
0	0	0	0.00%	100.00%

以上提到的不同任务类型对应的验收报告通过最终审批后，将交由办公室进行归档处理，同时将质检过程中涉及的相关资料交还原部门。该验收报告一式两份，其中一份由甲方保存，另一份公司留存，该项目验收工作完成。

9.4　质量总结

本节综合前述不同任务类型验收报告等内容，通过对整个标注阶段涉及的质检问题进行分析与总结，重点输出质量总结报告。该报告用于团队内部复盘，是整个项目中重要的报告之一，对后续的工作具有指导和借鉴意义。如表 9-17 所示是实际工作中项目质量总结报告样例。

表 9-17 项目质量总结报告样例

项目质量总结报告			
项目信息			
项目名称	8000 张 68 点人脸标注项目	项目编号	20191115-558-11-01
项目经理	孙某	质量工程师	牛某
项目质量信息			
要求合格率	99%	抽检比例	10%	质检方式	A 平台终验
质量总结			

一、项目需求

该项目为客户定制的人脸 68 点标注，图片采集分为性别（男、女）、年纪（青年、中年、老年）两个维度，尽可能是正脸照片，平台分为青年男人、青年女人、中年男人、中年女人、老年男人、老年女人 6 种任务。68 个关键点的位置是通过人脸部位（如发髻、眉尖、唇尖）+中垂线（如脸颊、鼻翼、嘴唇上下两侧）+垂线（下巴两侧、下眼皮点、下嘴唇上）的交接位置来进行定位，不涉及可见点/不可见的属性。就年龄而言，老年人的面部变化较为复杂，点位点（眉毛形状、发髻点）不好确定；就整体的面部位置而言，眉毛、鼻翼两侧、面部轮廓上半部分错误较多，嘴巴、眼睛、面部轮廓下半部分错误较少。

二、标注初期情况

因为对关键点的点位认识不够准确，客户反馈发际线点、发髻点、与眉毛平齐的两点、眉毛上部最高点、眉毛下部中间点、眼白点、鼻梁最低点位置不够准确。客户对中垂线点的位置要求很高，促使我们改进模板实现在两点连线的中垂线上取点。同时，客户指出两眼球中心点的连线应该与穿过眼球中心点和下眼皮的交接点的垂线、穿过唇尖两侧最高点和下嘴唇上交接点的垂线、穿过两嘴角的和下巴两侧交接点的垂线相互垂直。经过调整后，首先标注除中垂线外的其他关键点，然后标注中垂线关键点，并对其他点进行校对，关键点标注整体流程加长。

三、标注中期确定问题

1．有些人的眉毛尾部浓密，凸出并在面部轮廓外边的需跟随眉毛走势标在眉毛最外侧，这样点就会相应超出面部轮廓；眉毛两侧要标在虚眉毛位置；重点是眉毛走势，而不是强调面部区域。

2．眼球中心点是指眼球黑色区域的中心位置，因而特殊情况就会预估标注在眼皮上。

四、出现错误较多的地方总结

1．眉毛上下的拐点、眉尖两点处。

2．鼻梁两侧点标得偏外，更多分析塌鼻子和翘鼻子，尽可能贴着鼻子的走势。

3．偶尔有发髻处点不准确、眼球黑色区域中心不准确情况。

4．鼻子下方点顺序错误。

五、总结

项目前期对点位的准确度不够，不支持中垂线功能，出现过多次返修；后期整体质量稳定，不同团队出现过眉毛、鼻翼两侧、鼻头点顺序、发髻点等小错误。

9.5 数据质检与验收案例

接下来将从实际工作选取案例进行简要介绍，以加强对数据标注项目质检流程的理解，案例涉及图片、语音、文本等 3 种数据类别。

9.5.1 人脸 68 点标注质检案例

该项目为人脸 68 点标注项目，如图 9-6 所示是人脸 68 点的具体参考，该项目主要应用于人脸识别、刷脸支付等场景，图片总量为 5.7 万张。该项目涉及的标注规范包括以下 7 个方面。

1．轮廓

　　1 点：左脸最上沿（左眼的两个眼角连线后外延到左脸颊最边沿的点）；

　　2 点：左脸轮廓——左脸最上沿到下巴中心的 8 等分点 1；

　　3 点：左脸轮廓——左脸最上沿到下巴中心的 8 等分点 2；

　　4 点：左脸轮廓——左脸最上沿到下巴中心的 8 等分点 3；

　　5 点：左脸轮廓——左脸最上沿到下巴中心的 8 等分点 4；

　　6 点：左脸轮廓——左脸最上沿到下巴中心的 8 等分点 5；

　　7 点：左脸轮廓——左脸最上沿到下巴中心的 8 等分点 6；

　　8 点：左脸轮廓——左脸最上沿到下巴中心的 8 等分点 7；

　　9 点：下巴中心；

　　10 点：右脸轮廓——下巴中心到右脸最上沿的 8 等分点 1；

　　11 点：右脸轮廓——下巴中心到右脸最上沿的 8 等分点 2；

　　12 点：右脸轮廓——下巴中心到右脸最上沿的 8 等分点 3；

　　13 点：右脸轮廓——下巴中心到右脸最上沿的 8 等分点 4；

　　14 点：右脸轮廓——下巴中心到右脸最上沿的 8 等分点 5；

　　15 点：右脸轮廓——下巴中心到右脸最上沿的 8 等分点 6；

　　16 点：右脸轮廓——下巴中心到右脸最上沿的 8 等分点 7；

　　17 点：右脸最上沿（右眼的两个眼角连线后外延到右脸颊最边沿的点）。

2．左眉

　　18 点：左眉左眉角；

　　19 点：左眉左眉角到左眉右眉角的 1/4 处；

　　20 点：左眉左眉角到左眉右眉角的 1/2 处；

　　21 点：左眉左眉角到左眉右眉角的 3/4 处；

　　22 点：左眉右眉角。

3．右眉

　　23 点：右眉左眉角；

　　24 点：右眉左眉角到右眉右眉角的 1/4 处；

　　25 点：右眉左眉角到右眉右眉角的 1/2 处；

　　26 点：右眉左眉角到右眉右眉角的 3/4 处；

　　27 点：右眉右眉角。

4．鼻子

　　28 点：鼻梁起点（两内眼角连线与鼻子的交点略上一点）；

　　29 点：鼻梁起点到鼻尖（28 到 31）的 3 等分点 1 处；

　　30 点：鼻梁起点到鼻尖（28 到 31）的 3 等分点 2 处；

　　31 点：鼻尖；

　　32 点：左鼻孔最外侧；

33 点：左鼻孔最外侧和鼻子下方之间，而不是在鼻孔的正中间/鼻子的下边界；

34 点：位置应该在鼻子下方，而不是鼻尖；

35 点：鼻子下方和右鼻孔最外侧之间，而不是在鼻孔的正中间/鼻子的下边界；

36 点：右鼻孔最外侧。

5. 左眼

37 点：左眼左眼角；

38 点：左眼上部的左眼左眼角与左眼右眼角（37 到 40）3 等分点 1 处；

39 点：左眼上部的左眼左眼角与左眼右眼角（37 到 40）3 等分点 2 处；

40 点：左眼右眼角；

41 点：左眼下部的左眼右眼角与左眼左眼角（37 到 40）3 等分点 2 处；

42 点：左眼下部的左眼右眼角与左眼左眼角（37 到 40）3 等分点 1 处。

6. 右眼

43 点：右眼左眼角；

44 点：右眼上部的右眼左眼角与右眼右眼角（43 到 46）3 等分点 1 处；

45 点：右眼上部的右眼左眼角与右眼右眼角（43 到 46）3 等分点 2 处；

46 点：右眼右眼角；

47 点：右眼下部的右眼左眼角与右眼右眼角（43 到 46）3 等分点 2 处；

48 点：右眼下部的右眼左眼角与右眼右眼角（43 到 46）3 等分点 1 处。

7. 嘴唇

49 点：左外嘴角；

50 点：上嘴唇上，左外嘴角到上嘴唇上和鼻唇沟的左交点的 1/2 处；

51 点：上嘴唇上和鼻唇沟的左交点；

52 点：上嘴唇上和鼻唇沟的左交点与上嘴唇上和鼻唇沟的右交点的 1/2 处；

53 点：上嘴唇上和鼻唇沟的右交点；

54 点：上嘴唇上，上嘴唇上和鼻唇沟的右交点到右外嘴角的 1/2 处；

55 点：右外嘴角；

56 点：下嘴唇下右半边 1/3 处（即右外嘴角到下嘴唇下 1/2 处的 1/3）；

57 点：下嘴唇下右半边 2/3 处（即右外嘴角到下嘴唇下 1/2 处的 2/3）；

58 点：下嘴唇下，左外嘴角到右外嘴角的 1/2 处；

59 点：下嘴唇下左半边 2/3 处（即左外嘴角到下嘴唇下 1/2 处的 2/3）；

60 点：下嘴唇下左半边 1/3 处（即左外嘴角到下嘴唇下 1/2 处的 1/3）；

61 点：左内嘴角；

62 点：上嘴唇下，左内嘴角到上嘴唇下 1/2 处的 1/2 处；

63 点：上嘴唇下，左内嘴角到右内嘴角的 1/2 处；

64 点：上嘴唇下，上嘴唇下 1/2 处到右内嘴角的 1/2 处；

65 点：右内嘴角；

66 点：下嘴唇上，右内嘴角到下嘴唇上 1/2 处的 1/2 处；

67 点：下嘴唇上，左内嘴角到右内嘴角的 1/2 处；

68 点：下嘴唇上，下嘴唇上 1/2 处到左内嘴角的 1/2。

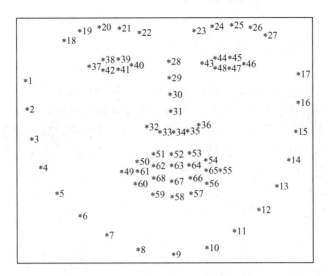

图 9-6　人脸 68 点分布图

　　该项目标注流程符合一般数据标注项目流程，包含清洗、过滤、标注、质检、验收这五大过程。同样，该项目质检流程符合一般数据标注项目质检流程，包含自检即标注员自查、质检组质检、验收这三大环节。通过前面的学习，我们知道质检组质检通常采用抽检的方式。在该项目中，根据团队内部的要求以及项目特性，该项目在质检环节设置 30% 的抽检比例；根据客户要求并结合前期质检反馈的质量情况，在验收环节设置 1%～10% 的抽检比例。该项目按图片张数计算合格率，并设置了 95% 的硬性合格率。该图片标注项目是常见的标注项目，质量标准主要关注点位是否按序号标注、点是否贴合、点的属性是否正确、点的等分，等等，质量标准会根据项目的不同有所调整。完整质检后，该项目产生的质量报告如表 9-18 所示。

表 9-18　质量报告单

质量报告单			
项目名称	人脸 68 点标注项目	平台期数/批次	2657
项目经理	A 经理	技术支持	
有效数据量		无效数据量	0
数据单位		要求合格率	95%（硬性合格率）
自检总结（团队填写）			
自检总量		自检抽检率	
自检不合格数量		自检合格率	
自检员		自检时间	
自检分析			
备注			
验收总结			
累计验收次数	第一次	验收总量	81 张，5508 点
验收不合格数量	23 点	验收合格率	98.86%
验收员	B 验收员	验收时间	2020-09-07
验收分析	存在部分点位不准确、点不贴合、未等分好等情况		
备注			

9.5.2 客服语音数据标注质检案例

该项目目的是为整个数据库提供准确的、逐字的文字记录。客户要求文字记录的顺序与音频文件的时序一致，音频信号及其他语音特征用特殊符号标注。在本项目中，要求语音数据标注员在没有参照文本的情况下将听到的语音文件译成文字，每一条音译结果包含一组文字序列及其他特殊标注符号等。该项目涉及的标注规范包括以下 8 个方面，需要语音数据标注员按照规范要求完成标注工作，其分别是：

（1）语义内容清晰正确；

（2）判断是否有效；

（3）语音情况；

（4）噪声情况；

（5）是否能听清；

（6）判断说话人性别；

（7）是否包含口音；

（8）是否截取有效语音区域。

该项目在标注和质检流程上都没有特殊要求，符合一般流程，与 9.5.1 小节案例图片标注项目流程一致，此处不再赘述。在该项目中，根据团队内部的要求以及项目特性，该项目在质检环节设置 30%的抽检比例；根据客户要求并结合前期质检反馈的质量情况，在验收环节设置 1%～10%的抽检比例。该项目按句子来计算合格率，并设置了 95%的硬性合格率。该语音数据标注项目是常见的语音数据标注项目，质量标准主要涉及文本错误，如多字少字、错别字；符号错误，如噪声符号等；属性错误，如口音错误、性别错误等；截取错误，如语音内容未正确截取或截取不全等。完整质检后，该项目产生的质检报告以及质检明细分别如表9-19 和表 9-20 所示。

表 9-19　质检报告

验收报告单			
项目名称	500 小时任务-批次八、初检	负责人	××
有效数据量	16.643h	无效数据量	3.357h
数据单位	条	要求合格率	95%
内检抽检率	32%	内检合格率	98%
验收总数量	200	验收抽检率	1.10%
验收不合格数量	5	验收合格率	97.50%
验收人员	XX		
验收过程	文本错误 5 条		
验收结论	第一次验收合格		
验收时间	2020-09-30		
备注			

表 9-20　质检明细

链　　接	错 误 类 型	原错误标注	修 改 标 注
http://	文本错误	你说人流量地哪多啊天安*们*	你说人流量地哪多啊天安*门*
http://	文本错误	虽然长*点*丑啊	虽然长*得*丑啊
http://	文本错误	你好，我的*帐*号	你好，我的账号

注：斜体字为错误

9.5.3 3～5 岁中国儿童朗读文本数据标注质检案例

该项目为文本校对项目，校对后的文本将用于 3～5 岁儿童朗读。该项目涉及的标注规范包括以下 10 个方面，要求文本数据标注员按照规范完成标注工作，其分别是：

（1）每句话没有错别字，符合语法规则，易朗读。

（2）对于较长的行，需要换行。每行包含一个句子或短语。一句话包含的字数控制在 10 个以内。

（3）标点符号要正确。句子中间有停顿的地方，需加上正确的标点符号。

（4）删除没有必要的标点符号，删除无关的字。

（5）不能含有英文单词。

（6）不能含有生僻字。

（7）删除全是拟声词的短语、句子。

（8）短语、句子要通顺、完整。

（9）文本不能含有政治、色情、暴力等与幼儿无关的内容。

（10）不满足上述要求的，请酌情修改；无法修改的，请删除。

该项目在标注和质检流程上都没有特殊要求，符合一般流程，可参考 9.5.1 小节中的一般流程。在该项目中，根据团队内部的要求以及项目特性，该项目在质检环节设置 30%的抽检比例；根据客户要求并结合前期质检反馈的质量情况，在验收环节设置 1%～10%的抽检比例。该项目按语句来计算合格率，并设置了 99%的硬性合格率。该文本数据标注项目是常见的文本数据标注项目，质量标准参见标注规范，如错别字、标点符号问题、生僻字等。该项目产生的质量报告（质检报告单）如表 9-21 所示。

表 9-21　质检报告单

文　件　名	验收总句数	错误总句数	错 误 语 料	备　　注	错　误　率
文件 1	3099	8	*茑*为女萝	生僻字	0.26%
			兴致空中	不通顺	
			*獾*大叔	易读错字	
			踩*著*踏板	踩着踏板	
			口*腹蜜*剑	口蜜腹剑	
			楼*坍*了	生僻字	
			哎哎哎	全是拟声词	
			白*鹳*们说	生僻字	

续表

文 件 名	验收总句数	错误总句数	错 误 语 料	备 注	错 误 率
文件 5	2199	16	过生日】	多余符号	0.73%
			九、小花狗	多余字、符号	
			打开个痰盥	生僻字	
			大笤帚	生僻字	
			阿啾一个嚏	生僻字	
			即东海岛和磵州岛	生僻字	
			买个饽饽又不要	生僻字	
			六、打麦蚱	多余符号	
			191 金丝猴	多余字	

注：斜体字为错误

9.6　本章小结

　　本章主要介绍数据标注项目质量相关内容，首先阐述了质量控制的流程与细则，该控制流程遵循过程控制的思想，并对质量监控、质量检验方法进行了介绍，使读者对标注项目的质量控制有了更加全面的认识。然后介绍了文本、图像、语音数据标注项目涉及的质量标准，该质量标准是在符合标准规定的基础上结合大量的项目案例不断丰富而成的，对实际的项目工作具有很强的指导意义。在理解了数据标注项目质量的基础上，对质检流程、验收工作进行了介绍，并对该过程中输出的标志性报告做了详细介绍。最后，通过对 3 个实际案例的介绍，读者可以直观地理解本章的内容，更具有现实意义。

9.7　作业与练习

　　1．为什么要开展数据标注的质量控制？

　　2．请简述质量控制流程及流程细则。

　　3．质量检验的方法都有哪些？

　　4．抽样质检的流程是什么？有什么优点和缺点？

　　5．质量监控有哪些方法？

　　6．语音数据标注的通用质量标准是什么？

　　7．图像数据标注的通用质量标准是什么？

　　8．文本数据标注的通用质量标准是什么？

　　9．如何进行人脸 106 点的质检？

　　10．通过本章内容的学习，你对质量控制优化有何想法？请简述你的观点。

第 **10** 章
工程化数据标注的进度管理

第 9 章介绍了数据标注项目管理的核心目标之一——质量控制，对数据标注项目实施过程中的质量控制流程及相关工作进行了具体阐述。

本章介绍数据标注项目管理的另一个核心目标——进度管理，围绕实际的数据标注项目进度管理工作，结合当前项目管理知识理论体系中的相关内容，对数据标注项目的进度管理过程、方法和原理进行详细说明。

10.1 项目进度管理的定义和实践

10.1.1 物理架构

前面讲项目定义（8.1.1 小节）的时候，提到项目的一个基本特征就是临时性，即项目有明确的时间起点和终点。一个项目需要在其要求的时间期限之内完成，这就是项目的时间目标。

例如，根据数据标注项目的实施流程，数据标注项目实施分为多个阶段，每个阶段都要完成相应的工作，每个工作都要在一定时间内完成，最终项目的所有工作才能在项目要求的截止时间之前完成，才算达成项目的时间目标。

项目的时间目标是一个项目最为重要的目标之一，无法达成时间目标的项目，即使其完成质量再高，也可能是没有意义的项目。因为项目的本质就是需要统筹考虑时间、预算、资源、质量及其他各方面制约条件而进行的工作。

1. 项目进度的含义

项目进度，是指项目进展的先后快慢。项目进度管理是项目管理的核心目标之一，其管理结果的好坏直接影响到项目的质量和成败。

2. 项目进度管理的实施

项目进度管理是指在项目实施过程中，对各阶段的进展程度和项目最终完成期限所进行的管理，是在规定的时间内，拟定出合理且经济的进度计划。在执行该计划的过程中，经常要检查实际进度是否按计划要求进行。若出现偏差，便要及时找出原因，采取必要的补救措施或调整、修改原计划，直至项目完成。其目的是保证项目能在满足其时间约束条件的前提下实现其总体目标。

由以上定义可以看出，项目进度管理包括两部分的工作：

（1）项目进度计划的制订。即根据项目要求的完成时间拟定进度计划。在此过程中必须考虑质量和成本要求，以及其他所有相关的制约条件和可能遇到的风险，而且制订的进度计划必须切实可行。

（2）项目进度计划的控制。在执行项目进度计划过程中必须实施监督项目状态，一旦实际进度和计划不符，需要查找原因。若是实施过程中出现的问题导致和进度计划不符，需要调整项目的实际实施过程，如采用提高效率、增加或调整资源、优化实施安排、使用备用工期等措施进行补救；若是因为计划考虑不周，或者计划和实际实施脱节，则需要根据实际实施情况调整或修改进度计划。

如图 10-1 所示是项目进度管理的主要工作。

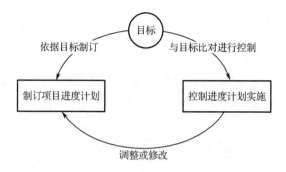

图 10-1　项目进度管理主要工作

整体来说，在项目进度管理中所做的工作，其目的都是为了优化工期，可以多快好省地完成项目。

例如，第 8 章表 8-1 提到的数据标注项目的例子，通常从客户方拿到这个需求后，首先确认的一点就是时间要求。看需求里面的时间要求，即项目的最晚完成时间是 2019 年 5 月 30 日。

接下来就是跟客户确认需求，评估可实施性。评估时主要有两方面的评估：第一是确认当前技术条件下，数据标注操作是否可以实施；第二就是根据公司当前有限资源，是否可以在客户要求时间之内完成，这时主要通过简单地试做来估算完成大致需要的时间。如果根据估算，存在项目时间太紧而无论如何都无法完成的情况，这时就需要跟客户沟通修改时间要求。

经过评估可以实施之后，项目经理就需要制订项目管理计划并启动项目。其中，项目管理计划中包含的重要内容之一就是项目进度计划，后续将根据这个项目进度计划去安排和实施项目。

10.1.2　项目进度管理的实践

项目进度管理是一个动态、复杂、循环往复的工程，其在发展过程中经历了诸多实践，并在当前瞬息万变、竞争激烈的全球市场环境下带有很高的不确定性和不可预测性。

经典进度管理方法的特点是标准化、顺序化和详细计划好的分工。例如，软件开发的瀑布模型，将软件生命周期分为计划、需求、设计、编码、测试、维护六个阶段，每个阶段都以前一个阶段的输出为输入，如果前一个阶段未完成，则下一个阶段不能开始。可以看到，这种方法有很多问题：

（1）开发模型是线性的，客户只有到最终阶段才能看到产品成果，增加开发风险；

（2）早期错误可能到后期测试阶段才发现，可能导致严重后果；

（3）各阶段划分完全固定，资源配置灵活度低，资源利用率低；

（4）各阶段之间衔接需要大量文档及确认工作，增加沟通成本；

（5）需求不明确或者需求不断变化的项目，这种方法完全不可行。

实际上很难对项目进度管理去定义长期范围和一成不变的模式。在实际项目管理过程中，根据具体情境进行有效采用和裁剪更为重要。也就是对项目进度管理进行适应性规划，虽然也制订项目进度计划，但项目开始之后，根据实际的实施情况去调整计划时可以具有灵活变通的余地。

项目进度管理的新兴实践主要包括：

（1）迭代性进度计划：这是一种基于适应型生命周期的滚动式规划，如敏捷开发方法。这种方法在实施之前对需求按照优先级排序并优化，按照优先级完成需求，向客户交付时采用增量交付方式。

这种适应型生命周期在产品开发中的应用越来越普遍，许多项目都采用这种进度计划方法，实际工作中的数据标注项目也大多采用这种进度计划方法。这种方法的好处在于，允许在整个项目生命周期期间对计划进行变更。

（2）按需进度计划：这是一种基于制约理论和来自精益生产的拉动式进度计划概念，根据团队的交付能力来限制团队正在开展的工作。这种方法在资源可用时立即从未完成项和工作序列中提取出来开展，即在资源可用的情况下完成未完成项或者优先级较高的部分。

因为数据标注项目管理通常采用的是敏捷方法，下面简要介绍敏捷项目管理的主要内容。

敏捷一词来源于 2001 年初美国犹他州雪鸟滑雪圣地的一次敏捷方法发起者和实践者的聚会。在这次会议上，他们正式提出了敏捷（Agile）这个概念，并共同签署了《敏捷宣言》。虽然敏捷的概念这时才被提出，但实际上这次会议是对之前几十年中软件开发实践探索的一个总结。

从《敏捷宣言》的内容，便可大致得知敏捷管理更看重的价值所在：

①个体和互动　高于　流程和工作；

②工作的软件　高于　详尽的文档；

③客户合作　高于　合同谈判；

④响应变化　高于　遵循计划。

敏捷项目管理的特点是迭代和适应性方法，依赖于短的面向客户的反馈循环，跨学科团队的自组织，以及正式和非正式的沟通。处理复杂性、不确定性和变更的能力是敏捷项目管理方法的核心优势之一。而数据标注项目往往不确定性较高、处理复杂、需求变更多，所以这也是实际工作中数据标注项目往往采用敏捷项目管理的原因。

敏捷开发的实现很多，其中最为流行的应该是 SCRUM 和 XP，此处重点了解 SCRUM 的工作流程。

以下是 SCRUM 用到的基本术语：

①交付目标（User Story）：客户的业务需求，也就是交付目标。

②任务（Task）：由交付目标（User Story）拆分成的具体任务。

③交付周期（Sprint）：在这个交付周期里，需完成设定好的交付目标。一般需要 2～6 周时间。

④业务需求列表（Backlog）：即交付目标的清单。分为当前周期的业务需求列表（Sprint Backlog）和整个产品的业务需求列表（Product Backlog）。

⑤冲刺评审会议（Sprint Review Meeting）：评审当前周期的团队成果。

⑥冲刺燃尽图（Sprint Burndown Chart）：就是记录当前周期的需求完成情况。

⑦每日工作例会（Daily Meeting）：也称为每日站会（Daily Stand-up Meeting），用于跟踪任务状态，监控当前进度。

⑧发布（Release）：开发周期完成，项目发布新的可用版本。

如图 10-2 所示给出了 SCRUM 的工作流程。

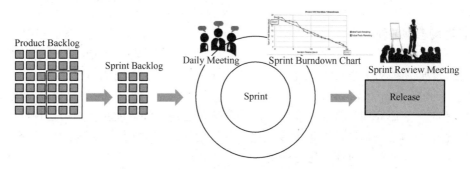

图 10-2　SCRUM 工作流程

项目启动之前，项目经理（SCRUM 工作流程中叫作 Product Owner）按照项目业务需求优先级确定 Product Backlog，并制订整体的项目进度计划。

项目开始实施之后，在每个迭代周期，项目经理和团队会根据需求优先级及需求变动来确定本周期的 Sprint Backlog，细化成 Task 之后，分配相应资源，并开始实施。实施过程中每天都会有 Daily Meeting，团队成员每天更新自己的 Task 状态，团队更新 Sprint Burndown Chart 状态。

本周期 Sprint Backlog 全部完成，团队进行 Sprint Review Meeting，并进行回顾。

如图 10-3 所示是在实际工作中 SCRUM 实施时常见的场景。

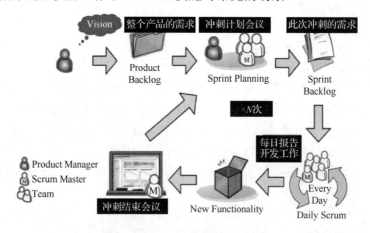

图 10-3　SCRUM 实施场景

在实际的数据标注项目管理中，基本会采用 SCRUM 的工作流程，例如，每天团队全员参加工作例会，更新自己任务状态，项目经理每天更新当前周期的任务状态。但根据具体情况，并不强求每个步骤都按照 SCRUM 的流程走，即整体遵循 SCRUM 的工作流程框架和思路，但在具体实施时比较灵活。

10.2　项目活动分解排序和估算时间

10.2.1　定义活动

从这节内容开始，我们来学习如何制订项目的进度计划。

如图 10-4 所示，制订项目进度计划分为四个步骤：定义活动，排列活动顺序，估算活动持续时间，制订项目进度计划。

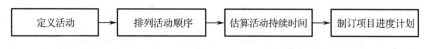

图 10-4　制订项目进度计划的四个步骤

首先需要知道项目总共有哪些工作要做。例如，根据数据标注项目的实施流程，项目实施阶段分为售前、启动、试做、量产、验收、交付和总结，其中每个阶段的工作都要整理和细分，才能知道有哪些具体工作要做，才能针对每件具体工作安排合适的资源去实施。在项目管理概念中，通常把对工作进行整理和细分的过程叫作定义活动，即把待办工作分解为一个个活动的过程。

活动可以理解为项目所有待完成工作的大工作包中的一个小工作单元，逻辑边界相对清晰，交付成果明确。实际实施过程中，对于这样的活动，容易安排和投入资源，输出结果也比较好定义和控制。定义活动做得好，可以最优化资源配置，实现最优工期安排。

那么如何定义活动呢？

和其他很多工作一样，定义活动也最好参考以往类似项目，或者有经验人士的专业意见，这样会少走很多弯路。

另外，常用的技术包括分解和滚动式规划。

分解是把项目范围和项目可交付成果逐步划分为更小、更便于管理的组成部分的技术。在这里要注意几个概念：一是项目范围，也就是客户定义的项目需求的内容，主要包括项目要做哪些事情；二是项目可交付成果，这也是客户定义的，即项目最终交付成果物。在分解过程中，让实际参与项目实施的团队成员参与分解，有助于让分解工作更准确，分解结果更有利于项目实施。

滚动式规划是一种迭代的规划技术，不仅局限于项目工作，它可以应用于任何一种工作的规划中。滚动式规划是详细规划近期要完成的工作，同时在较高层级上粗略规划远期工作。之所以采取滚动式规划，主要原因是在项目生命周期的不同阶段，工作的详细程度会有所不同。在早期阶段，信息还不够明确的情况下，任务分解只能基于当前信息分解到一定水平；而后随着更多信息进一步明确，任务分解也会进一步细化和明确。

如图 10-5 所示是定义活动的示意图。根据项目目标，分解为几大项任务。对每项任务进行分解，得到便于实施的、输出交付成果的一个一个的活动。

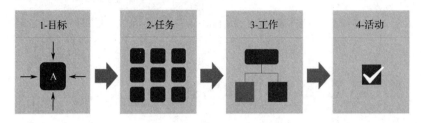

图 10-5　定义活动示意图

对于数据标注项目，其交付一般都是迭代或增量交付的，即其交付成果不是一次性交付的，而是分为多次进行交付。项目经理制订项目进度计划时，会针对每次迭代或增量交付的产出数据，使用滚动式规划和分解技术，来具体定义每个细分阶段需要完成的各项活动。

按照数据标注项目实施流程，每个阶段的工作可以大致分解为如表 10-1 所示的各项活动。

表 10-1　数据标注项目定义活动

阶　　段	活　　动
售前	确认需求 简单试做 评估，报价
启动	制订初步管理计划 启动会 平台开发（如果需要）
试做	需求沟通 小范围生产 质检员质检 验收人员验收 交付
量产	需求沟通（反复沟通） 制订进度计划 批量生产 质检员质检 验收人员验收 交付（增量）
验收	确认验收比例 需求沟通 验收和反馈
交付	确认交付格式和交付方式 交付

10.2.2　排列活动顺序

制订项目进度计划的第二步是排列活动顺序。

排列活动顺序，顾名思义，就是对定义好的各项活动顺序进行排列的过程，是识别和记录项目活动之间关系的过程。

那么，排列活动顺序有什么样的作用呢？

活动和活动之间的关系存在多种情况，对于任意两个活动来说：

（1）它们之间没有先后顺序关系，这时两个活动可以随时开始和停止。

（2）它们之间存在着时间上的先后关系，例如，常见的一个活动结束，另一个活动才能开始，即后一个活动必须以前一个活动的结束为前提。两个活动之间一共有 4 种约束关系，如图 10-6 所示。

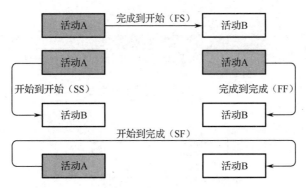

图 10-6　紧前关系绘图法

充分考虑活动和活动之间的逻辑顺序并安排和开展工作，可以在所有项目的制约因素下获得最高的效率。

下面看一下如何排列活动顺序。

常用的一种技术是紧前关系绘图法（Precedence Diagramming Method，PDM）。PDM 是创建进度模型的一种技术，用节点表示活动，用一种或多种逻辑关系连接活动，以显示活动的实施顺序。

通过如图 10-6 所示节点-关系图来描述活动和活动之间的关系，创建数据标注活动的进度模型。其中，最常用的一种关系是 FS，而 SF 则很少用。有时候两个活动之间存在着两种以上的关系，如 SS 和 FF，这时候只需要选择一种影响最大的关系。

另外，在活动排序中需要考虑提前量和滞后量。

提前量是指相对于紧前活动，紧后活动可以提前的时间量。如图 10-7 左侧提前量所示，在新办公大楼建设项目中，景观建筑划分是尾工清单上的一个活动，它可以在尾工清单完成前 2 周开始。

滞后量是指相对于紧前活动，紧后活动需要推迟的时间量。如图 10-7 右侧滞后量所示，撰写技术方案的项目，编写小组可以在撰写之后 15 天开始编辑草案。

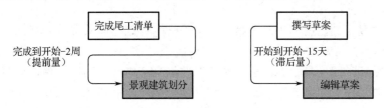

图 10-7　提前量和滞后量示例

至此，对于一个项目，定义了活动，排列了活动顺序，这时可以画出项目进度网络图来表现项目中所有活动的逻辑顺序关系。如图 10-8 所示是项目进度网络图的示例。

图 10-8 表现了项目从开始至结束的所有活动，以及活动之间的时间顺序。其中，H 和 I 之间有 10 天的滞后量，表示为 SS+10；F 和 G 之间有 15 天的提前量，表示为 FS+15。

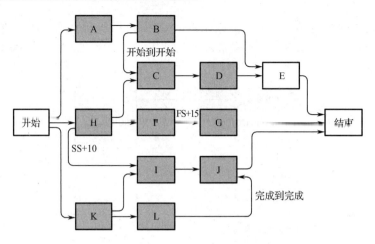

图 10-8　项目进度网络图示例

对于数据标注项目来说，项目实施过程中每个阶段的活动分解完成之后，需要对它们进行排序。例如，对试做阶段的活动——小范围生产、质检员质检、验收人员验收进行排序，如图 10-9 所示。

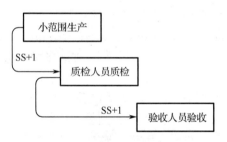

图 10-9　试做阶段活动排序

其实，在真正的数据标注项目实施过程中，不一定会对项目的所有活动绘制进度网络图并输出。但定义完所有活动之后，对活动之间的关系进行确认并排序，这是绝对不可缺少的步骤。可以根据实际情况，以合适的形式记录或输出排序结果，最终将反映到项目进度计划中。

10.2.3　估算活动持续时间

制订项目进度计划的第三步，也是制订项目进度计划之前的最后一步，是估算活动持续时间。

估算活动持续时间，是根据当前资源情况并综合考虑其他制约条件，估算完成活动所需要的时间。此时，一方面需要对活动包含的具体范围、所需资源类型和技能水平做到非常清楚，另一方面需要对当前可用资源的数量、技能及水平、可用时间也要做到非常清楚。

下面介绍几种常用的估算技术。

（1）经验值和专业意见。经验值是依据以前做过的项目进行估算，专业意见是听从有经验人士的专业意见来估算。

因为以前项目是经过时间验证的，因此这种估算往往比较靠谱。然而需要特别注意的一点是，任何项目都是不相同的。例如，表面很类似的语音录制或视频数据标注，如果录制人员或者标注人员水平及培训程度与以前项目差距大，或者赶上外界环境特殊（如天气、疫情等因素的影响），每项活动实施所需花费的时间都和以前项目是不一样的。在估算时，必须尽量考虑到所有的制约因素。

（2）三点估算。对一个活动，估算出 3 个时间：最可能时间、最乐观时间、最悲观时间。两种常用的公式是三角分布和贝塔分布。

三角分布计算公式如下：

$$估算时间=（最可能时间+最乐观时间+最悲观时间）/3$$

贝塔分布计算公式如下：

$$估算时间=（最乐观时间+4×最可能时间+最悲观时间）/6$$

从数学原理上讲，贝塔分布的准确度要比三角分布的准确度高一些。

（3）自下而上估算。就是将活动包含的工作逐步细化，通过自下而上汇总得到活动的估算时间。这种方法也可以用来估算成本。

现在我们来估算数据标注项目每项活动的持续时间。假设以前实施过类似的数据标注项目，按照正常的情况，通常的估算时间可以参考表 10-2。

表 10-2　数据标注项目活动持续时间估算

阶　　段	活　　动	持　续　时　间
售前	需求确认	1～2 天
	简单试做	1～5 天
	评估报价	1～2 天
启动	制订初步管理计划	0.5 天
	启动会	0.5 天
	平台开发	通常 5～10 天
试做	需求沟通	整体 1 周
	小范围生产	
	质检员质检	
	验收人员验收	
	交付	
量产	需求沟通（反复沟通）	不确定，看总工作量
	制订进度计划	
	批量生产	
	质检员质检	
	验收人员验收	
	交付（增量）	
验收	确认验收比例	通常 3 天
	需求沟通	
	验收和反馈	
交付	确认交付格式和交付方式、交付	通常 1～7 天（转换格式等）

10.3　制订项目进度计划

10.3.1　制订项目进度计划的常用技术

定义了活动，对这些活动完成了排序，并且估算了每个活动的持续时间，终于可以制订项目进度计划了。

制订项目进度计划是分析活动顺序、活动持续时间、资源需求和进度制约因素，创建进度模型，从而落实项目执行和监控的过程。制订项目进度计划是项目启动的前提，虽然项目启动之后，进度计划可能因为具体实施情况或者业务变更被调整和修改，但任何项目都必须在启动之前尽可能制订翔实可行的进度计划，以指导后续的项目实施工作。

制订项目进度计划最常用的技术是关键路径法。

关键路径法（Critical Path Method，CPM）用于估算项目的最短工期。面对前面分解完成的项目的所有活动，通过分析项目过程中哪个活动序列安排的总时间长度最少，来预测项目的工期。它用网络图表示各项工作之间的相互关系，找出最长的一条关键路线，这条关键路线上的活动便是项目的关键活动。如果想缩短工期，提高项目效率，可以针对关键活动进行优化，如针对某些关键活动增加资源、提高效率等。

关键路径法产生的目的是为了解决在庞大和复杂的项目中，如何合理有效地组织人力、物力和财力，使用这些有限资源能在最短时间和最低成本下完成项目的问题。关键路径是项目中时间最长的活动顺序，决定着可能的项目最短工期。最长路径的总浮动时间最少，通常为零。

关键路径法分析步骤如下：

（1）将项目中的各项活动视为一个个节点，从项目起点到终点进行排列；

（2）用有方向的线段标出各节点的紧前活动和紧后活动的顺序关系，使之成为一个有方向的网络图；

（3）用正推法和逆推法，根据每个活动的持续时间（DU），计算出各个活动的最早开始时间（ES）、最晚开始时间（LS）、最早完工时间（EF）和最迟完工时间（LF），并计算出各个活动的浮动时间（TF）；

（4）找出所有浮动时间为零的活动所组成的路线，即为关键路径。

以如图 10-10 所示网络图为例，找出关键路径。

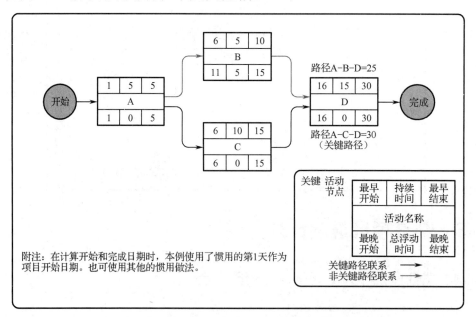

图 10-10　关键路径法示例

第一步，画出表示活动的节点，每个节点表示形式如图 10-11 所示。

第二步，按照排列好的活动顺序，使用带方向箭头的连接线连接各个活动。

第三步，先用正推法求各个活动的最早开始时间（ES）和最早结束时间（EF），然后用逆推法求各个活动的最晚开始时间（LS）和最晚结束时间（LF）。

先用正推法求 ES 和 EF。一般将第一个活动的最早开始时间设为 1（有的设为 0），LS=ES+DU-1，注意最晚开始时间指的是到那一天的结束，所以这里要减去 1。例如，活动 A，最早开始时间第 1 天，持续 5 天，至第 5 天结束，所以其 ES=1，LS=5。正推得知活动 B：ES=6，EF=10；C：ES=6，EF=15；D：ES=16，EF=30。至此，图 10-10 示例中所有活动的 ES 和 EF 推算完成。

最早 开始	持续 时间	最早 结束
	活动名称	
最晚 开始	总浮动 时间	最晚 结束

图 10-11　活动节点表示形式

再用逆推法求 LS 和 LF。从最后一个活动开始，LS=LF-DU+1，TF=LS-ES。从活动 D 开始，其 LF=30，则 LS=30-15+1=16，TF=LS-ES=0。向前逆推，则活动 B：LF=15，LS=11，TF=5；活动 C：LF=15，LS=6，TF=0；活动 A：LF=5，LS=1，TF=0。至此，图 10-10 示例中所有活动的 LS 和 LF 推算完成。

最后一步，找出所有浮动时间为零的活动，是 A、C 和 D。因此，活动序列 A-C-D 就是关键路径。

通过关键路径法得到的最早和最晚的开始和结束日期并不一定就是项目进度计划的开始和结束日期，而只是把既定的参数（活动顺序、活动持续时间、提前量、滞后量和其他已知的制约因素）输入进度模型后所得到的一种结果，表明活动可以在该时段内实施。

基于项目的关键路径，便可以对活动的开始和结束时间进行安排了，进而可以制订整个项目的进度计划。以下简要介绍项目进度计划常见的表现形式。

（1）甘特图（也叫横道图）。甘特图用纵向表示活动，横向表示日期，用横条表示活动自开始至完成的持续时间。它直观地表明活动什么时候开始、什么时候结束，当前实际完成度与计划完成度的对比。

甘特图在实际工作中经常使用，现在有很多项目管理软件可以方便制作甘特图。如图 10-12 所示是甘特图的示例。

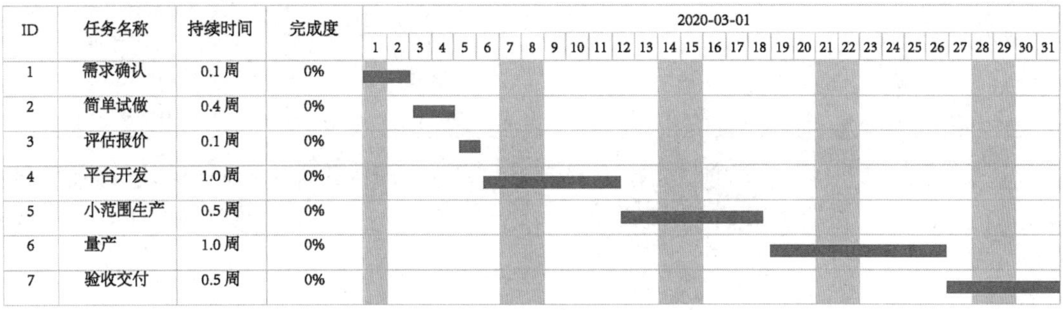

ID	任务名称	持续时间	完成度	2020-03-01
				1 2 3 4 5 6 7 8 9 10 11 12 13 14 15 16 17 18 19 20 21 22 23 24 25 26 27 28 29 30 31
1	需求确认	0.1 周	0%	
2	简单试做	0.4 周	0%	
3	评估报价	0.1 周	0%	
4	平台开发	1.0 周	0%	
5	小范围生产	0.5 周	0%	
6	量产	1.0 周	0%	
7	验收交付	0.5 周	0%	

图 10-12　甘特图示例

（2）里程碑图。里程碑图相当于甘特图的简化，不是列出所有活动，而只是列出主要交付成果的日期，常用于高层管理人员对项目的进度把控。

（3）项目进度网络图。有时用项目进度网络图来表现项目进度计划，它没有时间刻度，纯粹显示活动及其相互关系，有时也称为"纯逻辑图"。如图 10-8 和图 10-10 所示就是项目进度网络图的示例。

10.3.2 数据标注项目进度计划实例

在实际的数据标注项目中，往往由于项目时间急，活动多而杂，制订进度计划之后需求变动频繁，有时候并不一定按照前面讲述的内容那样采用统一规整的表现形式制订项目进度计划。

此处通过实例，讲述实际工作中如何制订数据标注项目的进度计划，以及进度管理中遇到的实际问题。

一般来说，数据标注项目进度计划中占据最大工作量的主要是项目前期的供应商磨合和量产。在磨合期间，需要平台开发人员完成模板开发、调整模板等，这将花费大量时间；量产时，需要考虑验收、数据导出、数据格式转换、交付传输所花费的大量时间。另外，对于需要采集数据的项目，还要考虑采集的数据如何传输的问题。

我们看一个实际的标注项目的例子，项目详细需求见表 10-3。

表 10-3　家电食材采集标注项目需求

项目名称：家电食材采集标注项目
类型：图片采集标注项目
项目周期：1 个月
应用背景和场景：
智能家居中对用户的身体健康进行辅助是家电 AI 的一个发展方向。每种食材有什么特点，营养如何，怎么搭配食用，是家电食材的目标。而第一步是要识别食材。
本项目识别食材的角度是手机拍摄，也就是用户用手机拍照片就能得到该食材的各种信息，如有什么营养、怎么搭配等。
为了识别我们身边的各种食材，本项目应运而生。考虑到项目的实施方便，本项目使用矩形框标注。
规模：100 种食材，每种食材 100 张图，每张图预估 10～15 个标注框。
标注内容及方式（需求、规范）：
对图片上的目标物进行标框，然后选择属性。
第一步，判断数据是否有效。无效是指图片整体模糊，或者没有目标需要标注的食材，或者有两张相似度极高的图片，那么也需要及时反馈。
第二步，判断目标物的轮廓，沿着轮廓外沿紧贴着的方式拉一个矩形框。
第三步，判断是什么物体，选择对应的属性，比如葡萄，那么选择"水果-葡萄"。
验收标准：100 种食材，每种食材 100 张图，每张图都有 30%以上的差异性，同时，标注框按抽检合格率 95%为合格。

为该项目制订项目进度计划，如表 10-4 所示，列出了项目各阶段，每个阶段涉及的工作，以及每项工作需要注意的问题。这里如表 10-4 所示内容划分工作时，模块比较大，没有再细分为各项活动。

表 10-4　数据标注项目活动及注意点

阶　段	分　解	项目经理工作	目　的	备　注
项目初期	项目启动	1. 确认项目编号 2. 项目相关人确定 3. 项目相关资料获取 4. 项目启动会	1. 获取项目基本情况，做好前期项目资料收集 2. 开会告知各部门需要注意的点并告知各部门如何支持	不要漏项目资料
	项目试做	1. 项目试标 2. 确认项目效率 3. 确定规范 4. 项目工具模板确定 5. 项目交付格式确定	1. 找出项目技术修改需求 2. 找出项目疑问 3. 找出项目预算调整需求和依据	1. 模板修改 2. 发销售或客户，主观性问题需要找出可能的困难 3. 效率需要视频
	项目团队	提供外包团队	提供项目团队	1. 要提供大量的备选团队 2. 经过试标确定外包团队
项目中期 其中： 项目量产至项目统计环节在每次迭代中重复进行	项目试产	1. 确定哪些团队要签合同，走合同流程（一般图片一张张过，语音十条十条过，文本二十句过） 2. 进一步确定项目规范疑问说明 3. 确定团队数量和巡检数量	1. 合同团队要走合同流程 2. 规范明确 3. 制订项目周期计划	特别注意哪些是项目中的根本风险，项目运作中必须随时注意
	团队合同	协助确定外包价格和合同	填写合同信息表发资源中心	
	项目量产	巡检每日跟进，确定上一天的数据是否合格。不合格的打回修改	保证质量，发现问题随时沟通	注意：工作量统计要准确，预算可以省，但不可以超
	验收交付	1. 项目上线和导出 2. 项目验收 3. 项目交付	1. 上线项目和导出交付 2. 发放工资，注意预算 3. 验收组 4. 客户	
	流程支持	1. 周报 2. 月报	公司流程事务	1. 格式严谨 2. 细心谨慎
	工资发放	制作	统计预算发放情况	防止出现预算超额
	合同费用结算	发放合同费用	发放签合同的团队费用	1. 务必注意不要发重复 2. 务必写清楚发放内容 3. 发放需要工作量、单价、总费用、验收合格单等材料
	项目监督	1. 随时检查各项工作，考虑可能的问题 2. 严格把控质量、工期、预算 3. 及时发现问题并立即处理	防止出现忽略的风险	1. 严格、细心、坚决 2. 仔细思考要提出的问题和意见
	项目统计	统计项目每一期情况	整体把控项目进度	一定要准确记录，特别是工资表与记录表一一对应

续表

阶　　段	分　　解	项目经理工作	目　　的	备　　注
项目后期	项目结束	1. 客户验收完毕，全部合格 2. 工资发放完毕	1. 整体核对项目情况，确保工资发放完毕 2. 确保项目工期、预算、规范准确 3. 存档项目资料	预算、工作量整理，预算可省不可超

对于表 10-3 所示的需求，因为项目本身需要采集+标注，工期比较紧张，又因为以前执行过类似项目，就没有制订特别详细和严格的进度计划。我们来看一下实际的执行过程。

目标：项目工期 1 个月。

计划：先采集，采集到一半就开始标注。按照推算，25 天可以完成。

实际：实施过程中没有遵守采集和标注同步的计划，花了 20 天采集，10 天时间标注，结果标注数据交付完已经超期了。客户验收时又出了技术漏洞导致修改，最终项目延期半个多月。

可以看到，这是一个未制订严格进度计划导致项目延期的案例，在实际工作中这样的数据标注项目有不少。这也促使我们思考，面对大部分数据标注项目时间要求紧、需求复杂度高的情形，如何通过制订有效、严格同时又灵活的项目进度计划，来指导项目实际实施更加高效。

更多的数据标注项目进度管理的案例，参见 10.4.3 小节相关内容。

10.4　监控进度计划实施

10.4.1　监控进度计划实施的流程

项目经理（项目团队其他成员参与）制订好项目进度计划之后，将合适的资源安排到相应的活动上，项目开始按照进度计划进入真正的运行状态。在整个项目运行阶段，必须持续不断跟踪项目实施的实际进度与进度计划的差异，即必须监控进度计划的实施情况。

只制订进度计划、不监控实际执行情况的计划事实上是无效的计划。制订的进度计划是基于经验和当前制约因素，使用相关技术而估算的项目实施进度，是项目实施的指导性的目标。然而在实际项目实施过程中，总会因为这样或那样的实际因素影响了项目的实施，导致项目延迟（或者项目提前，但延迟的场合多）。这时就需要及时调整实施过程，赶上进度；不能调整实际进度的场合，则需要根据目前的实际情况修改项目进度计划。而且这种使两者一致的调整必须及时得当，不能往后拖，否则就会导致后面项目实施无计划可参照，整个项目实施可能陷入混乱。

如图 10-13 所示是监控进度计划实施的流程。监控进度计划实施需要在整个项目实施期间开展，从项目开始直至项目结束。

按照图 10-13 所示的实施流程，项目启动之后，依据项目管理计划安排项目实施，并按照项目进度计划，有序安排和投入资源执行各个项目活动。执行过程中，不断追踪和确认实际执行情况，并与进度计划做比对。

如果实际执行情况与进度计划一致，则继续按照进度计划实施。

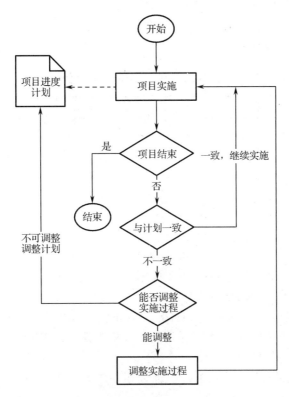

图 10-13　监控进度计划实施的流程

如果执行情况与进度计划不一致，则需确认执行情况存在的具体问题。确认当前情况是推迟还是提前，分析具体原因。可以纠正和调整的场合，拟定纠正措施，调整实施过程并继续按照进度计划执行；无法纠正和调整的场合，考虑所有当前制约因素后修改进度计划，后续按照新的进度计划继续执行项目。

10.4.2　监控进度计划实施的时机和方法

在实际的项目执行过程中，不可能每时每刻监控项目的执行情况。这么做，一方面需要耗费太多精力，另一方面也没有必要。需要有一个规律化的监控时机，使得既能通盘监控到项目实际实施情况，又不至于浪费太多人力物力。

监控到项目的实际执行情况之后，需要比对和进度计划的差异，这是监控项目进度计划实施中最为重要的一环。那么，如何判断项目的实施进度与进度计划是否有偏差呢？

首先搞清楚在什么时候对项目执行情况进行确认。

这其实涉及具体的项目管理沟通，在项目前期制定沟通策略时需要考虑和制定。一个项目执行过程中，必须定期汇总和上报项目实行执行情况及各项进展状况。实际工作中，往往是一周汇总上报一次，同时每个阶段点也都要汇总上报。如表 10-5 所示。

另外，现在项目执行时很多都采用敏捷管理的方式，而敏捷管理强调的正是应对变化。敏捷宣言原则中写道："个体和互动"高于"流程和工具"，"响应变化"高于"遵循计划"。每日工作例会（Daily Meeting）是敏捷 SCRUM 流程中很重要的一部分，那么每天的站会，就是确认项目执行情况的一个重要时机。项目经理可以得知全项目组成员的执行情况，每个项目组成员可以得知与自己相关部分的执行情况。那么项目经理每天汇总可得到项目整体执行情况，项目组成员也可根据其他成员执行情况动态调整自己下一步的进度。

表 10-5　项目汇总上报时机示例

序　　号	报　　告	准　备　人	频　　度	接　收　人
1	项目周报	项目经理	每周一次	项目管理办公室 质量经理
2	项目周报	项目组成员	每周一次	项目经理
3	项目状态报告	项目经理	阶段结束	项目管理办公室 质量经理
4	项目总结	项目经理	项目结束	项目管理办公室 质量经理

下面我们看一下如何判断项目的实际实施进度是否与进度计划有偏离，即图 10-13 的监控进度计划实施流程中，如何判断"是否与计划一致"。常用的技术有不少，这里我们介绍一下挣值分析（Earned Value Analysis，EVA）。

挣值分析是一种数据分析技术，将实际进度和成本绩效与绩效测量基准进行比较，以此推算与计划的偏差程度，以及估算整体进度进展和成本消耗情况。

此处只介绍与进度相关的概念：

（1）计划价值（Planned Value，PV）：计划要完成的工作量的价值，也就是计划要做多少事。

（2）挣值（Earned Value，EV）：实际已经完成工作量的价值，也就是实际做了多少事。

（3）进度偏差（Schedule Variance，SV）：挣值与计划价值之差，公式为 SV=EV-PV。

（4）进度绩效指数（Schedule Performance Index，SPI）：挣值与计划价值之比，反映了项目团队完成工作的效率，公式为 SPI=EV/PV。当 SPI 小于 1 时，说明已完成的工作量未达到计划要求；当 SPI 大于 1 时，则说明已完成的工作量超过计划。另外，还需要对关键路径上的绩效进行单独分析，以确认项目提前还是推迟。

常用进度偏差（SV）和进度绩效指数（SPI）来评价当前进度偏离进度计划的程度。

如图 10-14 所示是某个项目的 EV 数据，从进度的角度看该项目进度落后，从成本的角度看该项目预算超支。

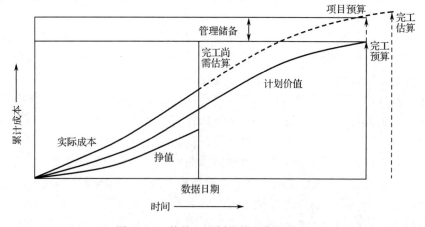

图 10-14　挣值、计划价值和实际成本

10.4.3　数据标注项目进度监控实例

下面以一个实际工作中的数据标注项目为例，来看一下具体如何监控进度计划实施，遇到了哪些实际问题，处理这些问题时的思路以及其中的一些经验和教训。

如表 10-6 所示是一个车辆行人标注项目的需求。这个项目相对较小，且时间要求也比较紧，因此，项目管理过程遵循一切从简的原则。

表 10-6　车辆行人标注项目需求

> 项目名称：车辆行人标注项目
>
> 类型：图片采集标注项目
>
> 应用背景和场景：
>
> 无人驾驶是近年来非常火热的人工智能应用场景，该类 AI 的算法逻辑分成了两大类，2D 和 3D。最初很多厂家都是从 2D 开始入手。该类项目的数据包括对路上的车辆、行人进行标注，对行驶区域进行标注，对道路上的车道线进行标注，对各类指示牌进行标注，对其他障碍物进行标注等。
>
> 本项目是针对路上的行人和车辆进行标注的一个案例。其目的是为了无人驾驶车辆在行驶中能识别道路上的其他车辆和行人，以便采取避让等各类措施。
>
> 规模：1 万张车辆行人图片，标注 10 万框。
>
> 项目工期：14 天
>
> 标注内容及方式（需求、规范）：
>
> 对图片上的车辆和行人进行框标注，然后选择属性。车辆需要区分不同车辆类别和颜色，行人需要区分性别和儿童、青年、成年、老年四种年龄段。
>
> 第一步，判断数据是否有效。无效是指图片整体模糊，或者没有目标需要标注。
>
> 第二步，判断目标物的轮廓，沿着轮廓外沿紧贴着的方式拉一个矩形框。
>
> 第三步，判断是什么物体，选择对应的属性，比如白色 SVU，那么选择"车辆-白色-SUV"。
>
> 验收标准：最终以产出 10 万框为根本需求（例如，一张图只产出 5 个框，那么可以增加到 2 万张图），抽检合格率需达到 97%合格率。

1．根据需求制订简单的进度计划

简单的框图加标 2 级属性，按照 20 秒/个计算。按照项目需求，需要标注 10 万个框。

（1）计算整体工作量：按照一个人每天实际工作 7 小时，得到如下计算结果：

（100000×20）/3600/7=79.37 人天

（2）计算需要资源数量：按照需求中工期 14 天，其中 4 个休息日，实际工作日 10 天。

那么至少需要 79.37/10≈8 人，可以安排 10 个人进行标注，项目工期需要 8 天，有 2 天时间来测试和磨合（培训等），并进行试做。

（3）考虑其他风险，追加资源：考虑到其他风险，加上验收、导出、交付等的时间，考虑安排 15～20 名标注员同时工作。标注员不足的情况下，增加周末工作时间。

（4）制订简化版项目进度计划。

最终制订简化版的项目进度计划见表 10-7。

表 10-7 车辆行人标注项目进度计划

时　　间	项 目 成 果
第 1 天	启动、测试
第 2 天	试做、培训
第 3 天	开始量产
第一周	交付 3000 张
第二周	交付 7000 张

但由于项目风险较多，例如，一张图不是 10 个框，验收和技术在周末来不及处理等，因此，提前和客户沟通了可能存在的风险。

2.监控进度计划实施并纠正问题

项目开始实施之后，很快就出现了实际执行情况和进度计划不一致的情况。

第 2 天，没有如期完成试做和培训；到第 4 天才正式进入量产。这时作为纠正措施，需要用上周末的储备工期。

第一周结束，实际完成了 4000 张，但这个周末验收和技术未及时处理完成，周一就交付给了客户。

第二周到周五时完成了总共 10000 张，但仍然存在验收和技术来不及处理的问题。周末加班多次验收和处理之后，在第三周的周一完成了交付。

这样整个工期比客户需求的工期延后了 1 天。但因为提前和客户沟通过，所以客户也能够满意接受。

这个例子是比较简单的问题处理，在实际工作中，特别是大项目，要不断地将项目执行情况和项目进度计划进行比对。如果发现偏差，就需要采用纠正措施去解决。

再来看一个人脸标注的案例，项目需求如表 10-8 所示。

表 10-8 人脸数据标注需求

项目名称：人脸数据标注
类型：图片标注
应用背景和场景：
人脸识别是应用极其广泛的一种人工智能场景，可以应用在考勤打卡、安检、安防、智能家居等各种场景。对人脸的标注可以从矩形框开始识别，到人脸关键点的具体捕捉每一个部分等。本项目就是一个初步的人脸矩形框标注。
规模：1000 张人脸。
项目工期：10 天
标注内容及方式（需求、规范）：
项目相对规范清晰。客户给的图片基本都是明确的人的照片，把人脸部分拉矩形框标注出来即可。
第一步，判断无效数据，其实这个项目几乎没有无效数据，主要就是没有人脸，或者人脸轮廓分不出来或太模糊。
第二步，沿着人脸的外沿轮廓拉一个矩形框。
第三步，标注是男人还是女人即可。
验收标准：一张图基本就一个框，按框算合格率 98%。

如表 10-8 所示的项目，在项目实施过程中本来一切顺利，按照项目进度计划在执行。在最后收尾阶段，有 200 多个人脸数据需要重新标注。但这时原来合作的外包资源拒绝再对接该项目，一再沟通也无济于事。项目经理也没做其他预案，导致将近一个月没有进展。这时客户特别生气，严令一周之内立即全部完成，换了个外包团队很快就完成了。

这个项目其实在开始制订进度计划时就应该有相应预案，当前外包资源有问题或者无法满足进度计划时，使用备用外包资源。在实际进度发生偏差时应该立即启用预案，更换外包资源，剩下的 200 张人脸数据标注其实很快就可以完成。

在一个项目实际执行过程中，可通过数据标注平台对项目的进度进行实时监控。

如图 10-15 所示，项目经理或项目助理可通过平台的前台广场监控整体任务量；而数据标注员可通过如图 10-16 所示的前台界面查看自己的标注情况；使用如图 10-17 所示的平台后台页面，项目经理或项目助理可以对标注任务的标注、自检、验收情况进行统计和查询。

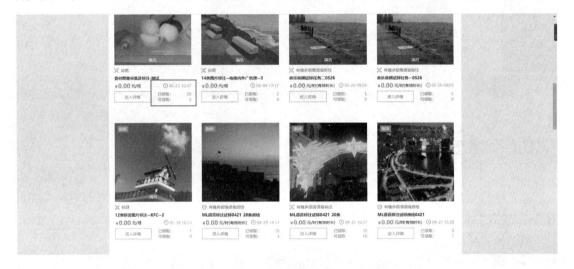

图 10-15　前台广场监控整体任务量

图 10-16　前台个人账号已标注数据详情

图 10-17　后台任务标注、自检、验收统计

10.5　本章小结

本章结合数据标注项目实例，讲述了项目进度管理的过程和理论，以及如何对一个实际的数据标注项目进行进度管理。主要内容包括：

（1）项目进度管理的定义和实践，以及包括哪些主要工作；

（2）如何制订项目进度计划，数据标注项目如何制订进度计划；

（3）如何监控进度计划实施，并列举数据标注项目监控进度案例。

10.6　作业与练习

1．请简述项目进度管理的定义。

2．请说明项目进度管理包含哪些主要工作。

3．请简述制订项目进度计划的四个步骤。

4．如图 10-18 所示为某项目的项目进度网络图，请回答问题。

（1）项目的关键路径是哪一个活动序列？

（2）活动 H 的浮动时间是多少？

（3）若要满足项目目标，项目经理需要确保每个月都能使用固定数量的资源。项目经理应使用哪一个技术？（　　）

A．快速跟进　　　　　　B．资源平滑　　　　　　C．资源平衡　　　　　　D．赶工

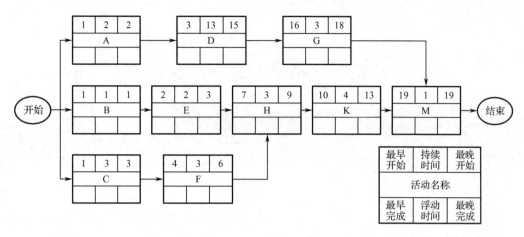

图 10-18　作业与练习 题 3

5．项目活动是什么？如何定义？

6．数据标注项目有哪些阶段和活动？

7．如何制订图片采集标注项目的工作计划？

8．请简述监控项目进度计划实施的流程。

9．项目监控实施的方法有哪些？

10．如何预估数据标注项目的工期？

第 **11** 章
工程化数据标注的系统平台

前面章节讲述了人工智能数据标注的方法和数据标注项目的管理，对人工智能数据标注有了清晰的了解。本章从开发层面讲述数据标注系统，介绍简单的数据标注工具开发技术。

▌ 11.1　数据标注系统概述

数据标注工具是指数据标注员完成标注任务、产生标注结果时所需的工具和软件。

不同的数据类型和标注任务需要不同的标注工具。根据标注的数据类型的不同，数据标注工具可分为文本数据标注工具、图像数据标注工具、视频数据标注工具、语音数据标注工具、3D 点云标注工具等。

标注工具按照自动化程度的不同可分为手动标注、半自动标注、自动标注三种，其中，半自动标注是指人工结合自动化工具进行数据标注。

标注工具应满足以下条件：

（1）易操作性。标注工具应降低标注人员的操作难度，提供交互方式的自有标注。

（2）输出数据的规范性。标注工具的数据导出格式，应满足或可转换到项目指定的格式要求。

（3）高效性。标注工具应保证标注任务的完成效率。

数据标注平台是开展标注任务的集成化、系统化的工作台。标注平台包含标注工具全部功能，并将所有标注环节工具化，实现对标注任务进行高效的全局管理和跟踪。

数据标注平台包含标注工具全部功能，以及团队管理、任务分发、质量审核等环节的模块，且将所有标注环节工具化。规模较大的标注平台可以完成图像、文本、语音、视频、3D点云等不同任务的标注。标注平台需保证保密数据的安全性。

当数据量相对较小、数据类型相对单一、标注周期较短时，宜选择功能单一的数据标注工具进行标注。当标注量较大、数据类型较多、标注难度较大且周期较长时，宜选择数据标注平台进行标注。

在医学、金融和其他关键领域，标注工具或标注平台应满足相关法规要求，具备资质/资格证书、许可证等。例如，当涉及医学伦理标注时，标注工具或标注平台的使用应通过相应机构的伦理委员会的论证流程。

11.1.1　典型数据标注平台系统架构

典型数据标注平台包括基础支撑、标注工具及标注模板、数据生产流程、数据产品管理以及服务平台等，如图 11-1 所示。

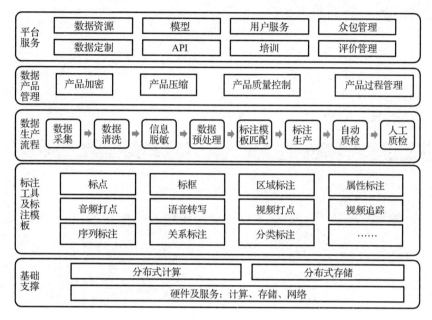

图 11-1　典型数据标注平台系统架构

基础支撑包括分布式计算技术、分布式存储以及硬件与服务，旨在提高数据的处理能力。

标注工具及标注模板是实现标注的工具，包括标点、标框、区域标注、属性标注、音频打点、语音转写、视频打点、视频追踪、序列标注、关系标注、分类标注等，能够实现语音、文本、图像、视频等内容的标注。

数据生产流程描述了通用的数据产品生产过程，在实际的项目和应用中可以增加或减少部分步骤。生产流程步骤包括数据采集、数据清洗、信息脱敏、数据预处理、标注模板匹配、标注生产、自动质检、人工质检。

数据产品管理涉及的技术有数据加密/解密、数据压缩技术、产品质量体系相关技术如监控、产品过程管理如数据产品任务调度等。

平台服务方面涉及的技术包括：

（1）数据资源的服务：提供数据资源的标注服务。

（2）模型服务：利用深度学习技术、迁移学习技术辅助拥有数据的用户建立或优化数据模型。

（3）用户服务：利用机器学习技术进行用户画像及潜在用户分析。

（4）众包管理：研究众包的收益模型，计算相应成本及产出，同时保证众包人数。

（5）数据定制：根据用户的需求进行快速迭代开发，以人为核心、迭代、循序渐进的开发方法。在敏捷开发中，软件项目的构建被切分成多个子项目，各个子项目的成果都经过测试，具备集成和可运行的特征。

（6）API：提供在线及离线的 API，涉及 API 的安全性、API 使用计费等技术。

（7）培训：标注技术等级的划分、培训产品的研发。

（8）评价管理：利用语义分析和理解技术分析用户及众包用户的评论，对整体系统进行反馈。

11.1.2 典型标注工具

1. 单段落语音数据标注工具

单段落语音数据标注工具能够进行语音内容转写、语音属性标注。语音属性包括语音数据是否有效、语音语言情况、噪声情况、语音能否听清、说话人性别、说话人口音以及是否包含噪声。单段落语音数据标注工具界面如图 11-2 所示。

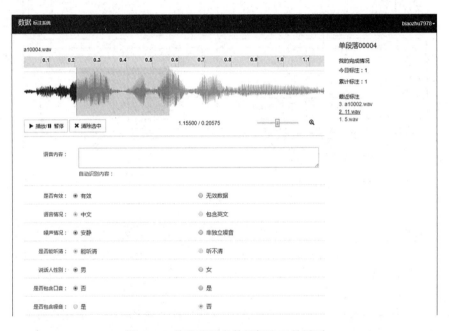

图 11-2　单段落语音数据标注工具界面

此处提供单段落语音数据标注的部分 Java 代码样例：

```java
        //获取语音文件
crowd.dataMark.getFile(encodeURIComponent(source["data"]))
        var file =
crowd.dataMark.getFile(encodeURIComponent(source["title"]));
        //var file = crowd.dataMark.getFileUrl(true);
        if (file.indexOf("http") == -1){
            file = crowd.dataMark.getFile(file);
        }
        wavesurfer.load(file);

        var loop = false;
        var endTime = wavesurfer.getDuration();
        var startTime = 0;

        //启用选择
```

```
            if (wavesurfer.enableDragSelection) {
                wavesurfer.enableDragSelection({
                    color: 'rgba(0, 0, 255, 0.1)',
                    drag: false,
                    resize: false,
                    start: 0,
                    end: endTime
                });
            }
            //选中区域的时候触发播放或者循环播放
            wavesurfer.on('region-click',
            function(region, e) {
                e.stopPropagation();
                //标记开始循环播放
                loop = false;
                wavesurfer.play(region.start);
            });
            //离开选择区域, 重新播放
            wavesurfer.on('region-out',
            function(region, e) {
                //如果需要重新播放
                if (loop) {
                    //先暂停一下, 避免卡死
                    wavesurfer.pause();
                    //从指定位置进行播放
                    wavesurfer.play(region.start);
                }
            });
            //区域已经绘制
            wavesurfer.on('region-created',
            function() {
                //如果已经有绘制选择区域, 清空已选择区域
                //wavesurfer.clearRegions();
            });
            var oldRegion = null;
            //选择区域更新完毕
            wavesurfer.on('region-update-end',
            function(region, e) {
                //设置开始时间
                startTime = region.start;
                if (oldRegion != null) {
                    //如果已经有绘制选择区域, 清空已选择区域
                    //wavesurfer.clearRegions();
                    oldRegion.remove();
                }
                oldRegion = region;
                //暂停
                wavesurfer.pause();
                //跳到开始时间
                wavesurfer.seekTo(startTime);
                //暂停
                wavesurfer.pause();
                //播放
                wavesurfer.play(startTime);
                //需要进行循环播放
                loop = true;
```

```
});
//跳到指定的时间点
wavesurfer.on('seek',
function() {
    loop = false;
});
//播放结束
wavesurfer.on("finish",
function() {
    //需要判断是否重复播放
    if (loop) {
        wavesurfer.pause();
        wavesurfer.play(startTime);
    }
});
/* Progress bar */
(function() {
    var progressDiv = document.querySelector('#progress-bar');
    var progressBar = progressDiv.querySelector('.progress-bar');
    var showProgress = function(percent) {
        progressDiv.style.display = 'block';
        progressBar.style.width = percent + '%';
    };
    var hideProgress = function() {
        $("#progress-bar").remove();
    };
    //当前播放的时间
    var currentTimeDom = $("#currentTime");
    wavesurfer.on('loading', showProgress);
    wavesurfer.on('destroy', hideProgress);
    wavesurfer.on('error',
    function() {
        alert('语音文件加载错误.');
        hideProgress();
    });
    //正在播放时触发
    wavesurfer.on('audioprocess',
    function() {
currentTimeDom.text(wavesurfer.getCurrentTime().toFixed(5));
    });
    //播放完成时触发
    wavesurfer.on("finish",
    function() {
        var time = 0;
        //如果需要循环播放，则需要指定播放的开始时间
        if (loop) {
            wavesurfer.pause();
            time = startTime;
        }
        wavesurfer.play(time);
        wavesurfer.setVolume(0.5);
    });
    //播放暂停时触发
    wavesurfer.on("pause",function() {
    });
    //开始播放时触发
    wavesurfer.on("play",function() {
    });
```

```
                    //语音准备完成
                    wavesurfer.on("ready",function() {
                        //播放
                        wavesurfer.play();
                        var duration = wavesurfer.getDuration().toFixed(5);
                        //时长
                        $("#duration").text(duration);
                        //隐藏加载条
                        hideProgress();
                        if ($("#time-end").text() == "0") {
                            $("#time-end").text(duration);
                        }
                        totaltime = duration;
                        var regionObj = {
                            start: 0,
                            end: wavesurfer.getDuration(),
                            data: null
                        };

                        loadRule(duration);
                    });
                } ());
                //播放暂停按钮事件

    document.querySelector('[data-action="play"]').addEventListener('click',
wavesurfer.playPause.bind(wavesurfer));
                //清空选中事件

    document.querySelector('[data-action="clearRegion"]').addEventListener('c
lick',
                function() {
                    wavesurfer.clearRegions();
                    //还原初始值
                    loop = false;
                    startTime = 0;
                });
                //调节音量

    document.querySelector('[data-action="volume"]').addEventListener('input'
,function() {
                    wavesurfer.setVolume(this.value / 100);
                });
                //移除区域时触发
                wavesurfer.on("region-removed", saveRegions);
                //更新选中区域时触发
                wavesurfer.on('region-updated',function(region) {
                    saveRegions(region);
                    var d = region.start - region.end;
                    if (d == 0) {
                        return;
                    }
                    $("#time-start").text(region.start.toFixed(5));
                    $("#time-end").text(region.end.toFixed(5));
                    var len = region.end - region.start;
                    //选中时长
                    $("#time-duration").text(len.toFixed(3));
                });
                /**
```

```
 * 保存选中区域
 */
function saveRegions() {
    //遍历所有的选择区域
    regions = Object.keys(wavesurfer.regions.list).map(function(id)
{
        var region = wavesurfer.regions.list[id];
        return {
            start: region.start,
            end: region.end,
            data: region.data
        };
    })
}
},
getFormSerizlize: function() {
    var form = $("#markForm").serializeArray().toJson();
    form.filename = _source.title;
```

2. 图像目标框标注工具

图像目标框标注工具能够对图像中的目标对象进行矩形框标注，如图 11-3 所示。

图 11-3　图像目标框标注效果图

此处提供图像目标矩形框标注的部分 Java 代码样例：

```
//初始化关键点标注工具----------------------------------------
(function(){
    var flagArray=all_points;
    var coords=[];

    $("#currentPoint").text(flagArray[0]);

    if(crowd.dataMark.dataResult!=null){
        coords=crowd.dataMark.dataResult.coordiante.split(',');
    }
    if ((coords.length / 2) === flagArray.length) {
        $("#currentPoint").text("完成.");
        //$("#showLine").click();
    };

    $("#viewer1").faceFlag({
        allowCreate: true,
        //defaultCoordinate: defaultCoordinate,
        defaultCoordinate: coords,
```

```
        flagArray: flagArray,
         showNumber:true,
         AuxiliaryPoint:Auxiliary,
         isShowSubline:true,
         onDrawPointEnd: function (i) {
             setCurrentPointName(i);
         },
         onSkiped: function (i) {
             skipLastIndex = i;
             i = i - 1;
             skpiedPointArray.push({
                 key: i,
                 value: flagArray[i]
             });

             $("#skiped").append("<li><span index=\"" + (i + 1) + "\">" +
flagArray[i] + "</span><a class=\"re\" href=\"javascript:;\">重新戳</a></li>");
         },
         //AuxiliaryPoint:
    });

    //清空关键点
    $("#clean-point").click(function () {
        $.faceFlag.clean();
        setCurrentPointName(0);
    });
    //显示辅助线
    $("#showLine").click(function () {
        if($("#showLine").html().indexOf('显示')>=0){
            $('#canvas').css('z-index','5');
            $.faceFlag.showSubline();
            $.faceFlag.setShowSubline(true);
            $("#showLine").html('隐藏辅助线');
        }else{
            $('#canvas').css('z-index','2');
            $.faceFlag.closeSubline();
            $.faceFlag.setShowSubline(false);
            $("#showLine").html('显示辅助线');
        }

    });

    //显示所有编号
    $("#showAllNumber").click(function () {
        if($("#showAllNumber").html().indexOf('显示')>=0){
            $.faceFlag.showAllNumber();
            $.faceFlag.setShowNumber(true);
            $("#showAllNumber").html('隐藏编号');
        }else{
            $.faceFlag.closeAllNumber();
            $.faceFlag.setShowNumber(false);
            $("#showAllNumber").html('显示编号');
        }
    });

    //设置当前坐标点名称
    function setCurrentPointName(pointIndex) {
```

```
                    var text = "完成";
                    if(pointIndex<flagArray.length){
                        text = flagArray[pointIndex];
                    }

                    $("#currentPoint").text(text);
                }
            })();
```

11.2 数据标注平台实例介绍

本节以数据堂（北京）科技股份有限公司的数加加 Pro 标注平台为例，详细分析数据标注系统。

11.2.1 数加加 Pro 标注平台的适用范围

数加加 Pro 标注平台适用于大量非结构化数据需要进行清洗和处理的项目，并支持企业内部人工智能应用的场景。对于数据存在企业机密或客户隐私，不能通过云端标注平台进行加工的企业或团体，数加加 Pro 标注平台可以私有化的方式进行部署，最大程度保证数据的私密性。

如需了解产品的其他相关信息，可联系数据堂的工程师，由他们对提出的问题或疑问进行专业解答。

11.2.2 数加加 Pro 标注平台的产品特性

数加加 Pro 标注平台历经多年的应用和迭代，从简单的手工标注，发展到智能辅助标注。数加加 Pro 私有化部署满足如下特性：

（1）快速部署：采用开源应用容器引擎快速部署，支持横向/纵向扩展，灵活支撑高并发访问；

（2）定制开发：采用前后端分离、微服务架构，可实现快速定制开发；

（3）方便集成：通过标准的开放接口，可快速与数据平台和训练平台集成。

1．数加加 Pro 标注平台的安全性

企业内部的人工智能应用使用的数据，可能是具有敏感性的含有企业机密或者个人隐私的非公开数据，为了安全性考虑，这些数据不能流转到互联网上进行处理，这也是企业选择标注平台私有化部署的一个根本性的需求。

数加加 Pro 标注平台从部署环境、技术约束、系统设计、应用安全等方面采取有效措施，保障系统和数据的安全。

（1）应用安全：通过网络引用安全检测（恶意注入，身份认证，敏感信息泄漏，安全配置错误，不安全的反序列化，失效的访问控制等）；

（2）系统设计：前后端分离的角色管理、多租户的权限管理和组织架构管理；

（3）技术约束：开放授权身份校验，对数据交互标准进行网络地址验权保护，对外服务接口标准化管理；

（4）环境安全：企业的内部网络和服务器，保证数据的绝对安全。

2．数加加 Pro 标注平台的扩展性

数加加 Pro 标注平台是面向企业内部的数据标注平台，考虑到当前和将来可能承受的并发访问量，系统采用微服务分布式架构，通过对服务的横向扩展，使系统迅速响应用户的需求。数加加 Pro 标注平台能够根据客户硬件特点制定相应的部署方案，从而达到性能和扩展的要求。

11.2.3　数加加 Pro 标注平台的产品架构

1．体系结构

私有化数加加 Pro 标注平台构建在企业的基础设施之上，用于语音、图片、视频、文本等企业内部非结构化数据的处理，处理好的数据用于深度学习等模型的训练、支持人工智能应用。应用过程中产生的数据再反馈回数加加 Pro 用于进一步加工，并由此形成闭环，持续提升模型的性能。

私有化数加加 Pro 标注平台的具体标注任务可以是企业内部人员，也可以由标注基地工程师通过安全的网络连接方式（白名单）在监控的环境中进行处理，如图 11-4 所示。

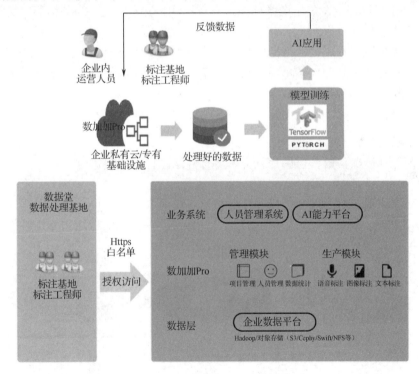

图 11-4　数加加 Pro 的体系架构

2．功能架构

数加加 Pro 标注平台分为标注任务平台（前台）和系统管理平台（后台）两部分。标注任务平台提供智能化辅助下的标注模板，实现高效的数据处理工作；系统管理平台提供标注模板（可配置和定制）、项目管理、任务管理、数据管理、人员管理、绩效管理等，为企业数据产品生产、数据处理、模型训练、数据存储的全生命周期提供服务。其功能架构如图 11-5 所示。

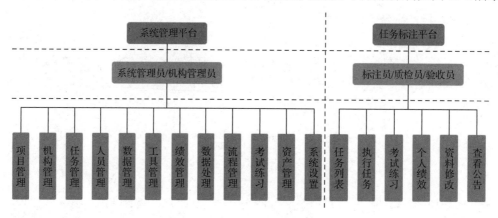

图 11-5　数加加 Pro 的功能架构

11.2.4　数加加 Pro 标注平台的产品优势

1. 丰富的标注工具

数加加 Pro 标注平台覆盖了图像标注、语音标注、文本标注、视频标注等场景，可以支撑的标注任务类型如下：

（1）图像类标注工具，包括目标检测、图片分类、实例分割、语义分割、人脸分割等；

（2）语音类标注工具，包括单段落和多段落，调节语音播放速度，支持语音波形缩放，支持语谱图切换，支持多角色等；

（3）文本类标注工具，包括实体标注、意图标注、分词标注等。

2. 灵活的可配置模板

通用可配置模板覆盖语音、图片、文本等标注场景，能够快速响应业务需求，减少开发和运营成本。

通过可配置模板，对不同的待标注任务按照各自业务分别配置标签和属性，达到复用功能，如图 11-6 所示。例如，可以通过标注框标注模板，对不同的标注物分别进行属性配置来配置出不同的工具。

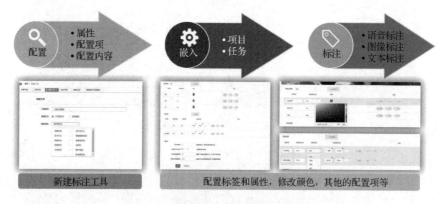

图 11-6　模板配置

（1）人脸标注框标注工具：可设置性别（男、女）、类别（婴幼儿、成人、老人）、肤色（黄种人、白种人、黑种人）等属性；

（2）汽车标注框标注工具：可设置颜色（蓝、红、白）、种类（卡车、公交车、越野车、轿车）等属性。

3．支持智能辅助标注

智能辅助标注是指通过调用算法平台的预识别引擎，标识出图片、视频、文本、音频内容信息，将数据集导入标注平台，支持半自动标注，提升标注效率，如图 11-7 所示。

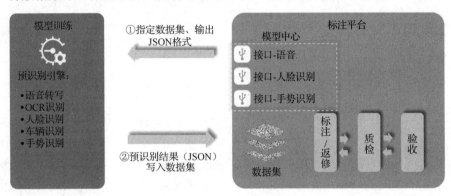

图 11-7　模型中心的预识别引擎

4．支持多租户管理

数加加 Pro 标注平台的一个平台支持为"多个机构"服务。多租户管理可在共用的数据集群使用共同的平台功能，机构之间实现多租户权限分割，平台的所有"服务和数据"相互隔离，如图 11-8 所示。

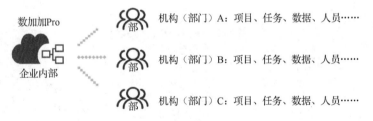

图 11-8　多租户机构图

5．数据集管理

针对原始的非结构化数据以及标注后的数据需要进行有效的管理，以保证企业数据资产的安全。数据集支持平台的数据管理，包括本地数据和共享存储数据（大数据/对象存储等）。

（1）支持数据集来自本地数据；

（2）支持数据集来自共享存储区域（大数据/对象存储的 HTTP 链接）；

（3）支持多种数据源（图片、语音、文本、视频等）；

（4）支持多批次（版本）管理；

（5）支持预识别文件上传。

6．开放的 API 接口

数加加 Pro 标注平台通过标准开放接口的方式和企业内部系统进行数据交互，并对外提供服务。数加加 Pro 标注平台提供三种标准开放接口，实现与企业的数据资产平台和 AI 训练平台的数据对接，如表 11-1 所示。

表 11-1　接口列表

接　口　名	请　求　方	路　　径	请求方式	说　　明
上传数据	数据资产平台	/api/data/{dataSetName}	POST	上传数据集或者索引文件至平台
获取任务状态	能力训练平台	/api/status/{taskId}	GET	获取任务状态（待处理中，处理中，已完成等）
获取结果数据	能力训练平台	/api/result/{taskId}	GET	获取任务标注数据结果集

11.3　本章小结

随着人工智能技术进入产业化阶段，人工智能对于数据集的需求变得更为复杂和庞大，人工智能数据的获取和处理成为人工智能产业的重要一环。同时，在大部分算法开源、硬件日趋便宜的情况下，谁能通过工业化的方式产生更多、更大、更适合应用的训练数据集决定了其人工智能产业应用能否得到快速发展。因此，必须通过工业化的方法来实现低成本高效率的大规模数据产品生产。

本章概述了人工智能数据标注工具与系统，并通过典型数据标注平台的讲述，向读者介绍一款优秀的人工智能数据标注平台应该具备的产品特点及产品优势。随着人工智能数据采集标注过程的流水线化、智能化和自动化，中国正逐渐成为一个人工智能数据的大国和强国。

将传统工业领域中得到验证的技术、方法和流程应用到人工智能数据的采集和加工过程中，将使得生产过程流水线化、智能化和自动化，让数据随手可得、随处可见，更好地支持人工智能产业的发展。

11.4　作业与练习

1. 什么是数据标注系统？
2. 数据标注工具一般应具备什么条件？
3. 数据标注工具都有哪些分类？分别是什么？
4. 数据标注平台一般应具有哪些功能？
5. 如何选择数据标注工具和标注平台？
6. 典型的标注工具可以实现哪些数据标注？
7. 数据标注平台的产品架构是什么？
8. 数据标注的业务流程是什么？
9. 典型的数据标注系统具有哪些产品特点？
10. 典型的数据标注系统有哪些优势？

前面章节讲述了人工智能数据标注的发展、典型的数据标注工具、数据标注的项目管理以及数据标注系统。本章将讲述数据标注的发展趋势。

本章将从人工智能发展趋势、人工智能数据需求的发展趋势、数据标注发展趋势三个层面进行阐述。首先，由于数据标注只是人工智能领域的一部分，因而本章从国际环境和技术理论层面，阐述人工智能的发展趋势；然后阐述人工智能数据需求发展趋势；最后从定制化精细化发展、高度自动化发展、智能化流程化发展以及数据安全与隐私保护四个视角讲述数据标注的发展趋势。

12.1 人工智能总体发展趋势

12.1.1 主要国家和地区高度重视 AI 发展

世界主要经济体高度重视人工智能技术产业，美国早在 2013 年就设立了"推进创新神经技术脑研究计划"，计划未来 12 年投入 45 亿美元支持研发；欧盟提出人脑计划，共有 15 个国家参与；我国也相继出台了《国务院关于印发新一代人工智能发展规划的通知》(国发〔2017〕35 号)、《促进新一代人工智能产业发展三年行动计划（2018—2020 年)》(工信部科〔2017〕315 号)等系列政策，加强对人工智能发展的支持。

人工智能技术发展至今已经形成了相对清晰的生态链，可以划分为基础层、数据层、技术层和应用层四个环节。基础层包括云计算、人工智能芯片以及 5G 等人工智能的基础设施，为人工智能产业提供基础服务；数据层由拥有数据采集和加工能力的数据资产服务企业组成，为技术层的公司提供数据获取、处理和版权服务；技术层由计算机视觉、智能语音、自然语言处理、机器学习等专注于人工智能核心技术的公司组成，为人工智能产业提供核心技术服务；应用层最为丰富多彩，各种应用企业利用人工智能技术嫁接到不同的场景中为终端客户提供服务，典型的场景包括无人驾驶、语音识别、智能家居、智能安防、智能医疗、智能制造、智慧金融等。

在数据层面，我国数据采集场景丰富，加上人工成本相对较低，能够以较低成本获得海量标准化训练数据，较其他国家具有绝对优势。随着人工智能技术渗入各行业，多类型和个性化的数据产品生产任务呈指数增长。近年来，大批人工智能数据服务企业以轻资产（设备及系统）模式切入市场，采用低成本（人力及研发）的方式开展业务，为人工智能产业提供了一定支撑。国内人工智能数据行业的典型企业主要有两类：互联网巨头企业，如百度、腾讯、阿里、京东等，以及新型创新创业科技公司，如数据堂、海天瑞声等。在技术层面，我国稍显落后于美国谷歌和苹果等大型互联网公司，但差距并不十分明显。在应用层面，我国人口众多、环境复杂，能够形成丰富多彩的应用场景，这相较于欧美是具有优势的。整体来看，我国的人工智能具备较大优势，具有较大的发展潜力。人工智能将成为我国经济发展的新焦点，为我国传统和新兴产业带来全新变革的机遇，从而变革原先的产业生态，并诞生新的产业机会，形成全新的经济增长动能。人工智能生态链如图 12-1 所示。

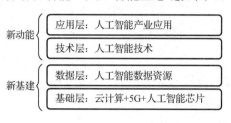

图 12-1　人工智能生态链

12.1.2　有监督学习仍是人工智能的主流

　　数据、算法、算力是人工智能的三要素。20 世纪 80 年代出现的深度学习神经网络算法，当时没有足够丰富的数据支持是其发展受限的原因之一。目前人工智能商业化在算力、算法方面基本达到阶段性成熟，想要广泛落地，解决行业具体痛点，需要大量经过标注处理的相关数据做算法训练支撑，可以说数据决定了人工智能的落地程度。进入落地阶段，人脸识别、无人驾驶等应用成为最大的热门之一，人工智能公司开始比拼技术与产业的结合能力，而数据作为算法的"燃料"，是实现这一能力的必要条件。因此，为机器学习算法模型训练及优化提供人工智能数据采集、标注等基础服务成为这一热潮中必不可少的环节。

　　正如前面所说，机器学习特别是深度学习是现阶段实现人工智能的主要手段。机器学习方法通常是从已知数据中学习规律或者判断规则，建立预测模型，其中深度学习可以通过对低层特征的组合，形成更加抽象的高层属性类别，自动从信息中学习有效的特征并进行分类，而无须人为选取特征。凭借自动提取特征、神经网络结构、端到端学习等优势，深度学习在图像和语音领域学习效果最佳，是当今最热门的算法架构之一。

　　在实际应用中，深度学习算法多采用有监督学习模式，即需要标注数据对学习结果进行反馈，在大量数据训练下，算法错误率能大大降低。现在的人脸识别、自动驾驶、语音交互等应用都采用这类方法训练，对于各类标注数据有着海量需求，可以说数据资源决定了当今人工智能的高度。由于应用有监督学习的人工智能算法对于标注数据的需求远大于现有的标注效率和投入预算，无监督或仅需要少量标注数据的弱监督学习、小样本学习成为科学家探索的方向。但目前无论从学习效果还是使用边界来看，均不能有效替代有监督学习，因此，人工智能基础数据服务将持续释放其对于人工智能的基础支撑价值。

　　深度学习网络越复杂，需要的训练数据和计算资源就越多。谷歌动辄数百亿参数的深度学习网络，需要成百上千图形处理器（Graphics Processing Unit，GPU）训练数周时间，对一般的机构来讲是难以想象的，要运行这样的智能系统面临巨大的成本压力。再如阿尔法围棋这样的人工智能系统，需要海量的棋谱样本进行训练。

　　目前一个新研发的计算机视觉算法需要上万张到数十万张不等的标注图像进行训练，新功能的开发需要近万张图像进行训练，而定期优化算法也有上千张图像的需求。一个用于智慧城市的算法应用，每年都有数十万张图像的稳定需求；语音识别方面，头部公司累计应用的标注数据集已达百万小时以上，每年需求仍以 20%～30%的增速上升；在智慧交通领域，为达到自动驾驶，截至 2019 年底，百度参加北京自动驾驶道路测试累计里程数为 89.39 万千米，累计道路测试车辆 52 辆；在智慧医疗领域，医疗图像的识别在 5GB、10GB、50GB、200GB 不同规模训练数据量下，准确率分别能达到 8%、17%、77%、95%。

科大讯飞应用数万小时不同年龄段、不同地域方言、不同背景噪声等语音数据进行训练，语音识别准确率从 95%提升至 98%以上。根据 IDC 预测，到 2020 年全球将总共拥有 35ZB 的数据量，其中照片、音频、视频、医疗影像等非结构化内容超过 85%。原始数据需要处理后成为样本训练集，才能用于机器学习算法模型的训练与优化。

而且随着移动互联网技术的发展，各类交互数据、传感数据低成本采集和大规模汇聚成为可能。近几年人工智能行业不断优化算法、增加深度神经网络层级，利用大量的数据集训练提高算法精准性，ImageNet 开源的 1400 多万张训练图像和 1000 余种分类在其中起到重要作用。为了继续提高精准度，保持算法优越性，市场中产生了大量的标注数据需求，这也催生了人工智能基础数据服务行业的诞生。

拥有数据就像拥有矿产，是构建起竞争壁垒的关键，这是人工智能界最根本的竞争。业界的共识是"大量数据+普通模型"往往会比"普通数据+高级模型"的效果要好。

如图 12-2 左图所示为在不同场景的数据场景下全领域客服语音字错率的统计图，从图中可以看到，只使用普通话朗读数据训练后，识别模型的字错率是 56.8%；在叠加重口音普通话、普通话自然对话、实网客服语音后，字错率降到了 14.3%；如图 12-2 右图所示为手势关键点相似性识别效果，从图中可以看到，在使用"数据堂 183997 张手语手势关键点数据"时关键点相似性为 68.97%；而当叠加"数据堂 15000 张 18 种手势识别数据""数据堂 164178 张 18 种手势识别数据"后，关键点相似性提升到 80.58%。

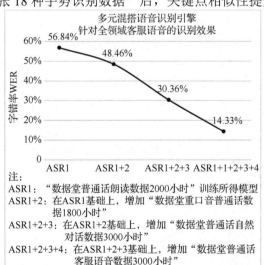
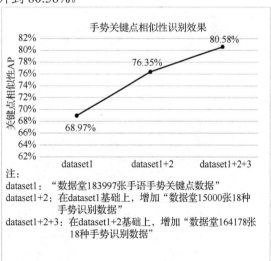

图 12-2 训练数据量及模型效果图

因此，随着人工智能技术及应用的落地转化，人工智能对训练数据的需求达到新的高度。

12.2　人工智能数据发展趋势

12.2.1　人工智能数据需求

人工智能数据需求主要是指为人工智能算法模型训练及优化提供的数据采集、清洗、信息抽取、标注等服务。人工智能数据涵盖智能监控、智能防护、智能安保、智能汽车、智能交通、无人驾驶、语音助理、智能家居、陪护机器人、智能监测诊断、智能医疗、智能仓储物流、智能导购、智能客服、智能投顾、金融监管、智能评测、智能教育、智能认证等诸多领域。其中典型的人工智能数据需求分析如下。

1．自动驾驶应用中的数据需求

自动驾驶技术无疑是时下最热门的研究领域之一，已有谷歌、特斯拉、百度、上海蔚来汽车、小马智行等公司推出自己的无人驾驶汽车。自动驾驶汽车是通过车载传感系统感知道路环境，并根据感知所获得的道路、车辆位置和障碍物信息，控制车辆的转向和速度，从而使车辆能够安全、可靠地在道路上行驶。而提供道路物体识别、路标识别、道路物体精准分割、3D 图像标注、多镜头街景图像标注、轨迹追踪、视觉追踪等数据服务，可以完美帮助车辆实现自动规划行车路线，并控制车辆到达预定目标。

欲使自动驾驶技术真正地落地生产，标准化的自动驾驶数据必不可少。首先需要获取原始的驾驶数据，再进行粗略标注和精细标注，最后形成标准化的无人驾驶数据。这些需要一定规模行车路况的图像数据产品才能训练出精确感知的行车路况，且采集场景需要包括高速、隧道、高架桥等 50 余种，标注类型要求包括车辆、车牌、信号灯等 120 余种，平均每张图片需要有 10 台（个）车辆或行人。

自动驾驶行业，基于面向的应用场景不同，可分为驾驶、泊车两大子域，如图 12-3 所示。其中，驾驶领域数据包括高速道路数据，如车道线、交通指示、车辆、障碍物检测等数据；城市道路数据，如行人、交通指示、车道线、障碍物检测等数据；车库数据，如车位号、障碍物、行人检测等数据。泊车领域数据包括垂直方向数据，如车位、障碍物、行人检测等数据；斜向数据，如车位、障碍物、行人检测等数据；侧方向数据，如车位、障碍物、行人检测等数据。

图 12-3　自动驾驶领域的数据需求

无人驾驶数据可以应用于城市道路自动驾驶、高速路自动驾驶、限定道路自动驾驶等应用场景。无人驾驶数据及其标准化的推出将会为无人驾驶技术提供充足的训练集，对现在的汽车行业产生颠覆性的影响。

2．语音识别应用中的数据需求

语音识别已应用在医疗领域，诸如紧急语音求助、医患对话存档、呼叫中心的对话听写等；在智能车载领域，语音识别可以帮用户实现语音控制 GPS 导航、信息收发、电话接打、社交网络更新；可穿戴设备通过语音控制可以实现打电话、发信息、查路线、叫车等；在教育领域，语音识别可以减少众多语言和方言的差异化，也可以集成语音翻译、语音识别和语音合成技术来实现中英同声翻译，用以辅助学习。

语音识别作为人机交互的入口，让人类与机器通过语言进行交流的梦想变成了现实。语音识别就好比"机器的听觉系统"，该技术让机器通过识别和理解，把语音信号转变为相应的文本或命令。在人工智能快速发展的今天，语音识别开始成为智能应用设备的标配。语音识别设备的开发需要大量的高标准语音数据，需要覆盖全国各大方言区域，采集各地主要语种语料，需要从多种生活化语音录制场景中筛选出高标准语音数据，为智能语音识别系统提供多样的语音数据支持。同时，需要提供主要语种平行语料、全领域客服语音数据、特定场景噪声数据、语音助手实网语音数据来构成包罗万象的智能语音数据库，包括重口音普通话、方言、少数民族语言、主流外文等语种，采集设备需涵盖主流设备（Android、iOS）。语音识别数据可用于同步翻译、机器人语言训练、手机助手、车载智能交互、智能客服等应用场景。

3．人脸识别应用中的数据需求

人脸识别技术应用十分广泛，可通过人脸验证驾照、签证、身份证、护照，接入控制设备存取、车辆访问、智能 ATM、电脑接入、程序接入、网络接入等，安全反恐报警、登机、体育场观众扫描、计算机安全、网络安全等，监控公园监控、街道监控、电网监控、入口监控等，以及智能卡用户验证。

人脸识别是利用分析比较人脸视觉特征信息进行身份鉴别的计算机技术，人脸识别系统所涉及的相关技术包括人脸采集、人脸定位、人脸识别预处理、身份确认以及身份查找等。其中，人脸定位、预处理和认证的学习算法都需要海量的人脸图像数据作为训练样本。这些样本应覆盖欧、美、亚、非等主要人种不同年龄不同环境下多姿态的人脸图像，筛选高品质图像并做关键点位标注。人脸数据还包含监控视频人脸标注，为人脸识别提供高精准数据。

人脸识别技术的发展需要提供多种类型的人脸图像数据，包括一人多照图像数据、各类表情姿态图像数据、覆盖全年龄段人脸图像及视频数据和监控视频类人脸图像数据等。此外还需要定制专属人脸图像数据。人种分布于黄种人、白种人、黑种人，具有多角度、多光照、多姿态、跨年龄等多采集方式，采集设备涵盖高倍相机、相机阵列、3D 照相机等多种设备，标注内容包括关键点、脸廓、发髻、情绪等。人脸识别数据可应用于银行身份认证、高铁进站核验、智能安防等场景。

4．智能家居应用中的数据需求

在物联网大力发展的时代，智能家居产品进入爆发期。有报告称全球智能家居市场规模将在 2022 年达到 1220 亿美元，年均增长率预测为 14%。智能家居的出现将颠覆人类的日常生活场景：当您还在熟睡时，轻柔音乐缓缓响起，卧室窗帘自动拉开，温暖的阳光轻洒入室，呼唤你开始新的一天；当你起床洗漱时，营养早餐已经做好，餐毕，音响自动关机，提醒您赶快上班；智能家居家庭远程监控系统，轻松实现通过因特网对家庭的远程监控，实时监控孩子在家中的情况；智能家居防盗系统具有室内防盗、防抢、防火、防燃气泄漏以及紧急求助等功能。

智能家居系列数据包含儿童语音识别、多语种混合识别、老人语音识别、远场语音识别和方言语音识别等系列数据，主要应用于智能音箱、智能家电、儿童故事机、陪伴机器人等产品研究领域。

5. 智能安防应用中的数据需求

近年来，中国安防监控行业发展迅速，视频监控数量不断增长，在部分一线城市，视频监控已经实现了全覆盖。不过，相对于国外而言，我国安防监控领域仍然有很大成长空间。截至目前，安防监控行业经历了四个发展阶段，分别为模拟监控、数字监控、网络高清和智能监控时代。每一次行业变革，都得益于算法、芯片和零组件的技术创新，以及由此带动的成本下降。因而，产业链上游的技术创新与成本控制成为安防监控系统功能升级、产业规模增长的关键，也成为产业可持续发展的重要基础。

智能安防需要实现视频内容的实时分析，检测运动对象，识别人、车属性信息，并通过网络传递到后端人工智能的中心数据库进行存储。汇总的海量城市级信息，再利用强大的计算能力及智能分析能力，人工智能可对嫌疑人的信息进行实时分析，给出最可能的线索建议，将犯罪嫌疑人的轨迹锁定由原来的几天缩短到几分钟，为案件的侦破节约宝贵的时间。其强大的交互能力，还能与办案民警进行自然语言方式的沟通，真正成为办案人员的专家助手。

面对不同的对象，智能安防数据可分为人体、车辆、场景三类数据，如图12-4所示。其中，人体数据包括局部特征数据，如人脸、生物特征数据；整体特征数据，如检测、跟踪、属性、步态、行为等数据；群体特征，如异常行为、群体事件等。车辆数据包括多车辆特征数据，如车流量、车祸、拥堵等数据；整体特征，如车辆检测、车辆跟踪、车辆属性等数据；局部特征数据，如车牌、安全带、驾驶员行为数据等。

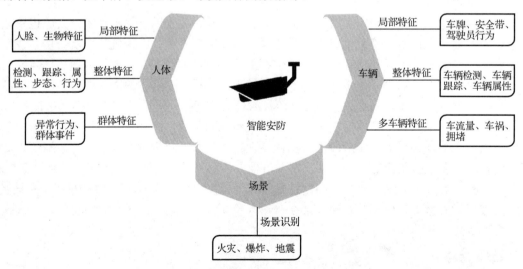

图12-4　智能安防领域的数据需求

智能安防数据可用于入侵报警系统、视频安防监控系统、出入口控制系统、BSV液晶拼接墙系统、门禁消防系统等。

6. 智能制造应用中的数据需求

　　智能制造是一种由智能机器和人类专家共同组成的人机一体化智能系统，它在制造过程中能进行智能活动，诸如分析、推理、判断、构思和决策等。通过人与智能机器的合作共事，可扩大、延伸和部分地取代人类专家在制造过程中的脑力劳动。智能制造的应用将极大提升自动化的概念和内涵，使之扩展到柔性化、智能化和高度集成化，从而促进智能制造的进步，如通过深度学习训练制造专家系统，分析、发现生产线的故障；通过神经网络学习生产原料控制等。如图 12-5 所示为智能制造产品数据样例，通过对图中目标的分析，可以快速分析故障。

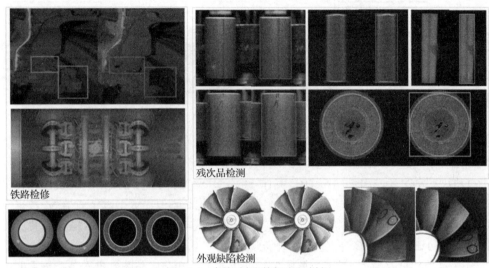

铁路检修

残次品检测

外观缺陷检测

图 12-5　智能制造数据产品样例

7. 智能交通应用中的数据需求

　　智能交通系统是未来交通系统的发展方向，它是将先进的信息技术、数据通信传输技术、电子传感技术、控制技术及计算机技术等有效地集成运用于整个地面交通管理系统而建立的一种在大范围内、全方位发挥作用的，实时、准确、高效的综合交通运输管理系统。随着交通卡口的大规模联网，汇集了海量车辆通行记录信息，利用人工智能技术，可实时分析城市交通流量，调整红绿灯间隔，缩短车辆等待时间等举措，提升城市道路的通行效率。

8. 人工智能数据需求的持续增长趋势

　　通过前述分析可知，无人驾驶、语音识别、人脸识别、智能家居、智能安防、智能制造、智能交通等领域中都需要大量的数据采集、加工处理及数据服务。不仅如此，随着 5G、物联网设备的普及，智能交互场景越来越丰富，每年都有更多的新增场景和新需求方出现，对于标注数据的需求也是逐步增长的。5G 普通应用之后，整个人工智能行业数据量将会向横、纵拓展。横向拓展是人工智能从科技公司走入各行各业。纵向的拓展则是随着通信、芯片等基础设施的发展，在物联网潮流下，硬件、传感器数量持续增长，相应的数据量持续增长，各行业、各场景都将经历更深程度的数字化。

　　未来数据标注的重要性也许还会跨上一个新台阶。在现有以监督学习为主的技术环境下，数据量爆发意味着标注需求的爆发。结合市场来看，如图 12-6 所示，随着人工智能商业化发展，人工智能基础数据服务需求步入常态化，存量市场具有较为稳定的需求源头，而增量市场随着应用场景的丰富以及新型算法的诞生，拥有更广阔的想象空间。

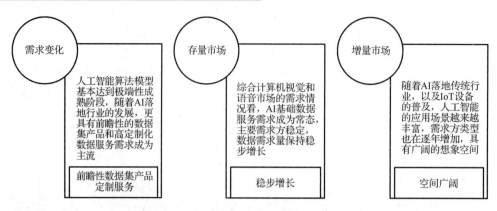

图 12-6 人工智能对数据资源服务的需求趋势

12.2.2 人工智能数据市场规模

PC、互联网、移动设备的兴起宣告了数据时代的来临，物联网的发展更使线下业务产生的大量数据被采集起来，数据量呈指数式增长。据 IDC 统计，全球每年生产的数据量将从 2016 年的 16.1ZB 猛增至 2025 年的 163ZB，其中 80%～90%是非结构化数据。过去计算机主要处理结构化数据，人工智能模型却以处理非结构化数据见长，但"玉不琢不成器"，数据经过清洗与标注才能被唤醒价值，这就产生了源源不断的清洗与标注需求。我国每年需要进行标注的语音数据超过 200 万小时，图像则有数亿张。

艾瑞咨询通过对中国 AI 基础数据服务行业中主要需求方、品牌数据服务商、主要中小型数据供应商等多方调研描绘市场情况（如图 12-7 所示），数据显示，2019 年中国人工智能基础数据服务行业市场规模为 30.9 亿元，其中图像类、语音类、自然语音处理类数据需求规模占比分别为 49.7%、39.1%和 11.2%；根据需求方投入情况和供应方营收增长情况推算，预计 2025 年市场规模将突破 100 亿元，年化增长率为 21.8%。从整体增速来看，行业发展较为稳健，下游人工智能行业持续发力将形成长期利好。

图 12-7 2019—2025 年中国 AI 基础数据服务行业市场规模

12.2.3　人工智能数据需求特点

随着人工智能技术的不断发展，人工智能在不同领域的应用不断深入且发挥着重要的作用。人工智能技术发展所需的三大基本要素包括数据、算法、算力，其中数据的重要性显而易见，高质量的标注数据包含更加准确的信息，从而提高算法的辨识度。

以深度学习为例，深度学习算法的效果与数据规模、数据质量等有很大关系。算法容量越大就意味着算法需要更多的数据。而数据质量更是直接影响到算法效果，高质量的数据是提升机器学习算法的重要一环。因此，总的来说，通常情况下数据越多越有利，数据越精准越好。现阶段工业界相对来说比较好的结果还是通过监督学习而来，很多都需要大量的人工标注数据。

从新一代人工智能发展的角度上看，人工智能数据呈现以下特点：

（1）数据量大。为了建模的准确性，需要一定规模的数据量。数据量越大，覆盖的问题范围增大，依据数据创立的模型也就越准确。在可能的情况下，数据量尽可能地增大，因此，大量的数据需要进行标注。

（2）数据类型繁杂。随着传感器的精度和类型的变化，采集的数据类型也是增加的。例如，在自动驾驶中使用的激光雷达数据，就是近期出现的比较新的数据类型。

（3）多模数据组合标注。在同一个时空限定范围内，不只有一种类型的数据，而是需要对多种类型的数据同时进行标注。例如，相同时空条件下，语音、视频、文字同时进行标注。

（4）数据安全性不断提升。人们对数据安全的意识不断增强，在进行数据产品生产和标注的同时，数据涉及个人隐私或存在个人隐私泄露的可能时，都需要谨慎处理，规避未知风险和社会问题。

由此可见，人工智能数据的需求量巨大，各种新的要求也不断涌现，需要研发新的技术、新的数据产品生产平台、新的运营模式来应对人工智能数据产品生产井喷的时代。

12.3　数据标注发展趋势

12.3.1　定制化精细化发展

正如前面所述，当前人工智能发展出现了细分化、多模态以及专业化特征。时至今日，人工智能从业公司的算法模型经过多年的打磨，基本达到阶段性成熟。随着人工智能行业商业化发展，更具有前瞻性的数据集产品和高定制化数据服务需求成为主流。当前人工智能已经进入技术落地阶段，应用场景涉及安防、金融、家居、交通等各大行业。而未来在数据标注行业，从业者也将随着人工智能行业而一同进入细分市场追逐阶段。同时，多模态也成为人工智能技术发展的一个特征。所谓多模态，是对多维时间、空间、环境数据的感知与融合。例如，当前的自动驾驶需要雷达+摄像头才能跑得更稳，安防行业需要摄像头+雷达红外射频才能感知得更精准、更真实。

相应地，这些新变化对于数据标注行业也形成了一定的影响与方向指引。需求端算法模型不断优化，应用场景要求不断提升的趋势下，机器学习所需求的数据质量和精度将会越来越高，未来能提供高质量标注数据的公司才拥有市场真正的核心优势。人工智能已经不再仅仅是做人脸检测，而是细化到视线追踪、微表情检测等。例如，现在做一个人脸目标检测框标注项目，人脸的目标检测框精度要求在 5 像素以内，又或是整批数据精确度需在 97%或者99%以上。人工智能从感知智能到认知智能的跨越，需要的数据维度会更多，这可能催生更精细的数据标注需求——如对一段对话数据的标注，不仅要知道对话内容、语义，可能还需要标注谈话者身份、情绪变化等。

数据标注行业发展到现在已经不是简单的目标检测框标注、关键点标注就能满足需求，市场提出了更高的要求。首先从标注的复杂程度看，以无人驾驶的汽车标注框为例，以前是只需要标注基本轮廓就可以了，现在不只是从 2D 平面进化到 3D 立体，还要标注车头的方向。还有数据标注的另一个典型应用——智能安防行业，常用的标注任务为图像数据标注中的人脸标注和行人标注。人脸标注可用于识别住户或来访者的身份，行人标注用来统计一定区域里的人群数量，并判断该区域是否出现过于拥挤的现象，以避免出现踩踏事件。但是随着技术的进步，居民对智能安防系统提出了更高的需求，希望能从以往的被动防御走向主动预警。为此，现有的标注任务已经不能满足这一需求，需要出现更加专业和更加细化的标注内容。

不同的应用场景对应不同的标注需求，细分领域专业化程度更高。例如，自动驾驶领域主要涉及行人识别、车辆识别、红绿灯识别、道路识别等内容，而智慧安防领域则主要涉及面部识别、人脸探测、视觉搜索、人脸关键信息点提取以及车牌识别等内容，这对数据服务供应商的定制化标注能力提出了新的挑战。随着人工智能应用的不断落地和普及，涉及医疗、教育等专业化程度较高的企业将有更多的生存机会。因为有些标注项目还需要专业人士来完成，如涉及金融、医疗等行业的数据标注项目。从人员要求方面看，之前是有初高中文化足以胜任数据标注这份工作，现在则普遍要求专科本科的学历。不同的行业应用对数据标注的任务存在一定的差异性，现有的标注任务还不够细化，无法满足行业的新技术需求。

语音合成技术已经广泛应用于人们的日常生活中，如手机助手、智能客服、智能音箱、语音导航都是其应用场景。目前语音合成的主流方式可以分为波形拼接合成和参数合成两种，其中，参数合成是利用文本参数和声学参数间形成映射模型，从而完成文本内容向语音转化的过程。所以，在有限样本数据的情况下，参数合成语音成为众多智能语音算法团队的首选。随着深度学习在语音领域的突破，利用神经网络取代传统映射建模的参数合成方式，在合成效果上更进一步，逐渐减少了合成语音的机械感。在语音合成中，人工智能公司着重于映射模型算法的创建和训练，而语音片段数据和相应的声学参数标注则交由数据服务商提供，其间数据服务商需要对录制的发音人语音片段进行音素、韵律、音节边界、音素边界、词性、重音、声调等内容进行标注，然后切分、截取音素边界；并且，在项目初期需要向客户展现合成样例，在项目交付时需校验合成效果，这就要求数据服务商不仅要掌握专业的声学知识、数据标注经验，还要拥有语音合成的算法能力。

12.3.2 高度自动化发展

数据标注主要应用于数据采集和数据处理环节。在数据采集中，无论是图像还是语音数据都会出现重复样本和不合格样本，人工通过抽查或者遍历每一个样本的方式校验，在准确率、成本把控和时效性方面都有较大不足；而通过使用计算机视觉和语音识别技术对采集到的样本进行初步识别，可以在短时间内达到 90%以上的校验正确率，实现几倍于人力的工作效率。目前，已有公司将其研发的语音识别设备直接用于声音收录阶段，省去了校验后的返工流程，进一步减少执行阻力。在数据处理环节中，标注员需要对图像数据中每一个目标对象进行目标框标注或关键点标注，目标边界需要勾描得十分精准，进行语音数据标注时需要聆听每一个词语的发音，判断并转写其语义，这对于标注员在长时间、多任务下的专注力有着极高要求。在此环节应用人工智能，可以对图像数据进行场景分割，以及人脸和物体识别，对于语音数据进行语音识别、文字转写和自然语言理解的预处理操作，自动完成标注后，再由人工进行校对，不仅降低了标注难度，还变相提高了生产力。目前人工智能尚不能完全取代人力，清楚认识其价值，并积极应用到人机协作中，将成为人工智能基础数据服务行业精细化管理中鲜明的竞争壁垒。

人工智能数据需求的规模和专业度现在已经达到了较高的程度，未来将会更高。目前尽管数据标注工具能够在一定程度上帮助标注员完成标注任务，但是整体的标注效率仍然较为低下，完全依赖人工处理数据已经不现实。因此，需要企业有很强的自动数据处理的技术能力，不断研发出自动数据处理的技术和工具。该领域包括数据自动化采集、清洗、标注、转换和包装等算法。

随着人工智能技术的发展，数据标注工具需要从只支持人工标注逐渐转化为人工标注+智能辅助标注的方法。其基本思路为：基于以往的标注，可以通过人工智能模型对数据进行预处理，然后由标注人员在此基础上做一些校正。以图像数据标注为例，标注工具首先通过预训练的语义分割模型来处理图像，并生成多个图像片段、分类标签及其置信度分数。置信度分数最高的片段用于对标签的初始化，呈现给标注者。标注者可以从机器生成的多个候选标签中为当前片段选择合适的标签，或者对机器未覆盖到的对象添加分割段。人工智能辅助标注技术的应用，能够极大地降低人力成本并使标注速度大幅提升。目前已经有一些数据标注公司开发了相应的半自动化工具，但是从标注比例来看，机器标注只占 30%左右，而人工标注占比达到 70%左右。因此，数据标注工具的发展趋势是开发以人工标注为主、机器标注为辅的半自动化标注工具，同时减少人工标注的比例，并逐步提高机器标注的占比。

2019 年，华为云发布升级版的一站式人工智能开发管理平台 ModelArts 2.0，只需人工标注一小部分数据，它就可以帮你标注剩余数据，后续的模型生成、调优、部署等流程全部自动化完成。首先，ModelArts 对数据进行智能数据筛选，用人工智能的方式自动过滤和筛选出对训练模型无效的数据。例如，在视觉类场景中，失焦、过度曝光的图像，以及从业务场景上看有些不符合要求的也不能参与标注。ModelArts 能够快速筛选出 40%不可用的数据，而且误筛率极低。同时，ModelArts 可以加速企业在 AI 方面的净化过程。举例来说，训练一个 OCR 的单据模型，只需要几张原始图像，使用字据扩充到数千张，可以节省 80%的人力，同比业界最好的 91%精度高出 5 个百分点，达到 96%，并且自动化完成模型训练，一键部署。华为云 ModelArts 2.0 将业界传统的主动学习进行升级，首次提出混合智能标注技术，可以让标注效率获得至少 5 倍以上的提升。

又如视频数据标注自动化方面，人工智能软件公司 Neurala 正在利用新的自动视频注释工具推动其头脑建设者（Brain Builder）深度学习平台发展，该工具可以显著加快准备用于创建神经网络的数据所需的时间。由于添加了视频注释，头脑建设者（Brain Builder）的数据标记过程速度更快。视频注释的工作原理是在视频内容中标记"感兴趣的对象"，以便训练 AI 算法。首先，人们在视频的第一帧中将标签应用于感兴趣的对象，可以是人、汽车、产品缺陷或其他东西。此后，视频注释工具可以开始在后续帧中自动注释该对象，从而加速准备该视频以用作训练数据的过程。该公司解释说，如果 5 个人进入一个框架，他们将在一个用户标记第一帧后自动注释。该公司表示，与传统的视频注释方法相比，这种功能可以节省大量时间，这需要手动标记每个进入框架的新人。

Neurala 表示，除了节省时间，AI 辅助视频注释还可以提高工作效率。用户可以注释 10 秒视频的一帧并获得 300 个注释的输出；而使用传统的注释方法，如果要达到相同的效果，则需要用户手动标记 300 个不同的图像。该公司表示，所有这一切都可以为使用 Neurala Brain Builder 平台的客户节省大笔开支。据估计，用户现在可以以传统方法的一半成本注释视频，每小时约为 6750 美元，而使用传统方法则每小时为 13500 美元。

12.3.3 智能化流程化发展

数据标注的难点主要来源于两个方面：速度与质量。速度慢了就无法满足模型训练的需求；而太快就会影响质量，质量低了就会影响模型的准确性。在资源有限的情况下，速度与质量往往"鱼和熊掌不可兼得"。

合理的生产流程是解决这个难点的方法之一。数据标识速度慢，或质量低，其实很多时候不是技术问题，而是流程问题。数据从采集到产出，首先要被"筛选"，分发到数据标识人员的手上，然后被标识，标识的结果再被传回来，最后还需要抽检，保证质量。这些步骤中很多地方需要改进。例如，哪类数据应该被筛选？质量不合格的标识该怎么办？是否要退回重做？重做又需要时间，不重做就意味着需要更多的数据。

随着 AI 基础数据需求多样化，以及复杂程度的提升，以往项目经理"人管人"的管理方式和使用单一工具应对单一需求的执行方式在能力和效率上都显得捉襟见肘。尤其对于品牌数据服务商而言，客户类型丰富、数据需求多样、并发项目众多，仍使用传统方式，将会因产能天花板的压力而限制发展规模，如单纯扩大人员团队又会陷入重资产运营和边际效益低的漩涡，难以快速确立行业地位以面对下一阶段的竞争。因此，拥有一套自主研发，贯通数据库设计、数据采集、数据处理、质量检测、质量控制和数据安全管理等各环节于一体，并且能对图像、文本、语音、视频以及点云数据做到一站式加工处理的管理和执行一体化平台，能在提升人机协作效率、扩大产能，灵活可变地增加标注能力之外，准确地把控每一环节的数据安全和质量问题，将全公司综合实力集中体现出来，是实现人力驱动向技术驱动的关键一步。

人工智能对数据的依赖已经从小规模、低质量逐渐过渡到大批量、高效率、低成本的阶段，个体化、小作坊式的数据产品生产方式已经无法满足现有数据需求，迫切需要通过工业化、流程化、规模化数据产品生产提升数据标注的效率。人工智能数据在不同的领域，有着不同的加工与处理服务特定需求；而不同时期的人工智能数据，也会发生变化。因此，需要采用工业 4.0 的方法论，通过任务拆分和工序制定，把这些需求变成相对标准的原子需求，从而降低后续流程实施、工具开发、质检等环节的难度，提高生产效率。数据产品生产方式将实现流水线作业、规模化生产模式，极大地提高复杂项目实施能力与整体业务效率。

但国内部分数据标注公司的生产方式停留在小规模、人工的阶段，成本和质量无法满足人工智能技术发展的要求。一是缺乏有效的智能辅助平台，纯人工方式成本高而效率低。大部分企业采用纯人工方式进行数据标注和处理。相对于有效智能辅助工具集支撑，或者机器预处理、人工修订校正的人机交互模式，人工方式的培训难度大、服务效率低，初期或者长时间作业下更加明显。二是缺乏灵活配置的数据模板和工具集，难以适应不同数据和个性化需求。目前，人工智能数据类型多、处理需求差异大，大部分数据服务企业仅针对客户需求开发固定模板和简单工具，适配性不好，新项目和需求需要重新开发和投入，造成时间和资源的浪费。三是缺乏"工业流水线"的作业及管理模式，无法服务于批量数据、多任务处理的复杂项目。大部分数据服务企业采用类似小作坊模式，依靠经验进行项目分工和任务调度，不能很好进行复杂项目的拆解、工序及任务设计、任务组合等操作，无法满足批量多数据和多任务处理需求。总体而言，国内人工智能数据暂未形成成熟的行业标准规范，人工智能数据产品生产、数据产品与训练服务远不能满足人工智能科研机构、企业的需求，整体服务能力不高。

数据堂人工智能实验室研发出"基于人在回路（Human-in-the-loop）智能辅助标注技术"，并荣获该项技术专利。简单来说，人在回路的核心是将人工处理的数据教给机器学习，机器将学习结果反馈给人工进行再校对，不断重复以上过程来提升准确率。智能数据处理技术在 AI 数据标注作业时，在数据准备、预处理、质检、交付等环节都可以发挥作用。基于人在回路的智能辅助标注技术，提出了"智能数据柔性制造"的观点，循环迭代、逐渐增强，显著提高数据产品生产效率，减少人工出错率，引领国内人工智能数据处理方式变革。数据智能化处理技术主要包括预识别技术、数据预处理、数据脱敏、数据质量评估以及应用在客户端工具上：

（1）预识别：包括语音识别、目标检测、关键点检测、多目标跟踪、人脸检测、发音词典等，可为标注减少 10%～30%工作量。

（2）数据预处理：包括数据筛选、数据去重、关键帧抽取、语音端点检测、文语对齐等，为采集和筛选降低 50%～60%工作量。

（3）数据脱敏：包括人脸脱敏、文本脱敏、语音特征生成、GAN 数据生成等，为数据交付降低 80%～90%工作量。

（4）数据质量评估：包括语音数据产品训练评估、模型训练等。

（5）客户端工具：包括交互式抠图客户端、视频数据标注工具等，为复杂和连续数据标注工作效率提升 30%。

12.3.4　重视安全与隐私保护

一些金融机构和政府部门格外关注外包标注数据的安全性，但是一些互联网企业为了降低标注成本，可能将用户私人社交内容标注工作层层转包给其他国家的合同工。据路透社报道，脸书（Facebook）公司将部分的数据标注工作外包给了印度威普罗公司，该公司雇用了260 多名工人，按照 5 个类别对用户发布的私人帖子进行标注。鉴于脸书公司之前在数据安全上的表现，数据标注的外包行为引起了许多用户的担忧，进而引发了用户对隐私信息泄露的忧虑。

为了保证数据标注平台中数据的安全性和隐私不被泄露，可以考虑采用数据治理、数据分割、数据安全传输和区块链等技术。数据治理是指对数据采集、数据清洗、数据标注到数据交付生命周期的每个阶段进行识别、度量、监控、预警等一系列管理活动，并通过改善和提高组织的管理水平确保数据在一个可控环境下使用；数据分割是指将涉密的待标注数据拆分成多个部分，分别指派给没有关联的不同团队，并且用数据接口的方式来传输数据，避免客户的数据被直接打包并互相传送，以便尽可能地提高安全性；待标注的数据在分发和交付时都会涉及数据传输，为了解决数据传输过程中存在的被盗、暴露和复制等安全性问题，就需要设计和开发出一个安全的标注数据传输框架，该框架需要提供数据加密、数据压缩和自动数据发送等功能。

此外，基于区块链和多方安全计算（MPC）的数据标注平台采用强加密算法以及分布式技术来保障数据的安全，而且由于实现了社区自治，标注人员直接与提供标注需求的企业对接并获得标注报酬，避免标注任务的层层转包。平台一旦建设完成，全网节点均是平台的维护成员。区块链技术的使用可以避免企业用户（上传数据的账户）恶意搜集数据，也能防止个人用户（标注人员账户）批量搜集数据。

多方安全计算（MPC）在解决数据隐私问题的同时，数据孤岛的困境也能得到缓解，因为一部分数据孤岛现象存在正是基于数据隐私的考虑。尤其对于以海量数据作为训练根基、正在隐私保护合规中寻求落地的人工智能技术来说，这将是一个好消息。

多方安全计算（MPC）的提出者和重要奠基人，第一位华人图灵奖获得者姚期智先生所在的清华大学交叉信息研究院，有一支团队正在探索 MPC 的实际应用。这个团队通过综合运用密码学多种理论和协议，结合计算机工程技术，研发出了一个软硬件结合的多方安全计算平台。据介绍，这个计算平台可以在多方输入且不暴露输入信息的情况下进行密文计算，最终得出与明文一致的密文计算结果，可支持涵盖人工智能算法训练在内的几乎全部计算类型和多种数据格式。目前已经在金融行业多方联合风控、多方联合建模，能源行业风电效率优化，政府领域电子政务等场景有具体落地和试点项目。

12.4　本章小结

目前人工智能发展依旧火热，并且仍以有监督学习的模型训练方式为主，这就对标注数据有着强依赖性需求。并且，随着 AI 商业化进程的演进，数据规模和市场越来越庞大，更具有前瞻性的数据集产品和高定制化服务成为 AI 基础数据服务行业的主要服务形式。

数据标注的准确性决定了人工智能算法的有效性。数据标注不仅需要有系统的方法、技术和工具，还需要有质量保障体系。但数据标注目前存在标注效率低下、标注结果质量参差不齐、数据标注缺乏安全性以及标注任务还不够细化等问题。

因此，数据标注有以下发展趋势：数据标注越来越朝着高质量、精细化、定制化的方向发展；数据标注受人工智能的影响，自动化程度越来越高；数据标注生产更加智能化和流程化，智能数据柔性制造，效率越来越高；数据标注中越来越重视安全性与隐私保护。

12.5　作业与练习

1. 简述人工智能的发展趋势。
2. 随着人工智能的发展，人工智能数据逐渐具有哪些特点？
3. 简述人工智能数据的发展趋势。
4. 简述数据标注的发展趋势。

5．我国的人工智能数据有哪些优势？

6．新基建的发展对人工智能及数据有什么影响及推动？

7．数据量级与智能程度之间存在怎样的联系？

8．数据自动化标注流程都有哪些？

9．数据智能化标注工具都有哪些？

10．请简述《数据安全法》的出台对人工智能及数据有哪些影响。

序　号	一级分类	二级分类	产　品　名　称	数　据　量	产　品　描　述
1	语音	基础识别	1505 小时普通话手机采集语音数据	1505 小时	该数据由 6278 位分布于广东、福建、山东、江苏、北京、湖南等全国 33 个省级行政区的中国发音人参与录制。其中，男性 2980 人，女性 3298 人，录音内容为常用口语句子。录音环境包含安静环境和噪声环境。标注文本均由专业标注人员转写校对，准确率不低于 98%。数据已取得被采集人的授权
2	语音	基础识别	1025 小时重口音普通话手机采集语音数据	1025 小时	2000 余名中国本土发音人参与录制，南方为主，并覆盖部分北方重口音省份，男女均衡。语音均采用较重口音的普通话录制，富有地域特点。录音内容丰富，涵盖手机语音助手交互、智能家居命令、车载命令词、数字等多种类别。人工转写文本，准确率不低于 97%。数据已取得被采集人的授权
3	语音	基础识别	1351 小时普通话自然对话语音数据（手机+录音笔）	1351 小时	1950 名发音人参与录制，以自然方式进行面对面交流，针对给定的数个话题自由发挥，领域广泛，语音自然流利，符合实际对话场景。人工转写文本，准确率不低于 97%。数据已取得被采集人的授权
4	语音	基础识别	700 小时四川方言自然对话手机采集语音数据	700 小时	1400 名四川本地发音人参与录制，以自然方式进行面对面交流，不限制话题进行自由发挥，领域广泛，语音自然流利，符合实际对话场景。人工转写文本，准确率不低于 95%。数据已取得被采集人的授权
5	语音	基础识别	1652 小时粤语手机采集语音数据	1652 小时	该数据包括 4888 名来自广东省的发音人，在安静的室内环境下的录音数据。录音内容广泛，覆盖 50 万句常用口语语句，包括微博高频词、日常用语等。句子平均重复次数 1.5 次，平均句长 12.5 字。人工转写文本，准确率不低于 95%。数据已取得被采集人的授权
6	语音	基础识别	1032 小时上海方言手机采集语音数据	1032 小时	该数据包括 2956 名来自上海的发音人，在安静的室内环境下的录音数据。录音内容广泛，包括多领域客户咨询、短信、数字、上海 POI 等。语料无重复，平均句长 12.68 字。人工转写文本，准确率不低于 95%。数据已取得被采集人的授权

续表

序　号	一级分类	二级分类	产品名称	数　据　量	产品描述
7	语音	智能家居	1535 小时中英混读手机采集语音数据	1535 小时	该数据由 3972 名中国本土人员参与录制,口音覆盖七大方言区。录音文本均为中英混合句子,涵盖通用场景及人机交互场景,内容丰富,转写精准。可用于改善语音识别系统对中英混读语音的识别效果。准确率不低于 97%。数据已取得被采集人的授权
8	语音	智能家居	3255 小时中国儿童手机采集语音数据	3255 小时	发音人均为 6～12 岁儿童,人数约 9780 人,口音覆盖七大方言区。录音文本包含作文故事、数字等儿童常用句子,以及车载、家居、语音助手的交互,精准契合实际应用场景。所有句子均由人工转写,准确率不低于 97%。数据已取得监护人的授权
9	语音	基础识别	800 小时美式英语手机采集语音数据	800 小时	1600 名美国母语发音人参与录制,口音正宗。录音文本由语言专家参与设计,以交互场景为导向,涵盖交互、车载、家居、通用等多类别,内容丰富。文本经过人工校对,准确率不低于 97%。数据已取得被采集人的授权
10	语音	基础识别	831 小时英式英语手机采集语音数据	831 小时	1606 名英国本土发音人参与录制,口音正宗。录音文本涵盖通用、交互、车载、家居等多类别,内容丰富。文本经过人工校对,准确率不低于 95%。数据已取得被采集人的授权
11	语音	基础识别	1800 小时德语手机采集语音数据	1800 小时	3600 名德国本土发音人参与录制。录音文本由语言专家参与设计,涵盖通用、交互、车载、家居等多类别。文本经过人工校对,准确率不低于 95%。数据已取得被采集人的授权
12	语音	基础识别	768 小时法语手机采集语音数据	768 小时	1536 名法国本土发音人参与录制。录音文本由语言专家参与设计,涵盖通用、交互、车载、家居等多类别,内容丰富。文本经过人工校对,准确率不低于 95%。数据已取得被采集人的授权
13	语音	基础识别	1440 小时意大利语手机采集语音数据	1440 小时	2880 名意大利本土发音人参与录制,意大利口音正宗。录音内容涵盖通用类、交互类、车载命令类、家居命令等多类别,内容丰富。男女各 50%,录音文本由语言专家参与设计,文本经过人工校对,准确率不低于 95%。数据已取得被采集人的授权
14	语音	基础识别	10000 人中文数字串手机采集语音数据	10000 人	10000 名录音人使用普通话参与录制,人员性别分布均匀,覆盖 18～60 岁各个年龄段。每人朗读 30 句 4～8 位数字串。文本经过人工校对,准确率不低于 99%。可用于声纹识别任务。数据已取得被采集人的授权

续表

序 号	一级分类	二级分类	产品名称	数据量	产品描述
15	图像视频	手机应用	23349 人多色人种人脸多资产数据	23349 人,每人 29 张图片	数据集包括黑种人 7413 人,白种人 3871 人,棕色人 924 人,印度人 6365 人,黄种人 4776 人。每个人采集 29 张图像(覆盖不同光照、姿态和场景)。数据可用于人脸识别相关任务。数据已取得被采集人的授权
16	图像视频	手机应用	2470 人 12580 张跨年龄人脸采集数据	2470 人,12580 张	2470 名中国人参与采集,每人提供 4~15 张自己不同年龄段的照片。数据可用于跨年龄人脸识别等任务。数据已取得被采集人的授权
17	图像视频	手机应用	1066 人活体检测数据	1066 人	1066 名中国人参与采集,采集场景包括室内和室外。数据涵盖男性女性,年龄分布为少年到老人,以中青年为主。数据包括多姿态、多表情、多对抗样本。数据可用于刷脸支付、远程身份验证、手机刷脸解锁等任务。数据已取得被采集人的授权
18	图像视频	手机应用	26129 人多人种 7 种表情识别数据	26129 人,182903 张图片	业界最大的一人 7 种表情数据集,包括黄种人、白种人、黑种人、棕色人种,每个人都采集成套的 7 种表情:正常、高兴、惊奇、悲伤、愤怒、厌恶、恐惧。既可用于表情识别,也可以用于同一人的脸部动作识别。数据已取得被采集人的授权
19	图像视频	智能驾驶	1003 人驾驶员行为采集数据	1003 人	1003 名中国人参与采集。驾驶行为包括危险驾驶行为、疲劳驾驶行为和视线偏移行为。在采集设备方面,采用了可见光和红外双目摄像头。数据可用于驾驶员行为分析等任务。数据已取得被采集人的授权
20	图像视频	手机应用	314178 张 18 种手势识别数据	314178 张,18 种手势	数据涵盖多种场景、18 种手势、5 种拍摄角度、多年龄段、多种光照条件。在标注方面,标注 21 关键点(每个关键点有可见、不可见属性)、手势类别和手势属性。数据可用于手势识别、人机交互等任务。数据已取得被采集人的授权
21	文本	机器翻译	514 万组中英平行语料数据	514 万组	514 万组中英双语句子对齐的平行语料,覆盖书面语和口语,可用于机器翻译任务
22	文本	自然语言理解	5 万条中文口语化句法标注数据	5 万条	业内第一个针对口语化句子的句法标注树库。句子覆盖娱乐、科技、时尚、体育、文化等各个领域,人工进行短语结构和依存句法的标注

1. Dopamine——基于 TensorFlow 的强化学习框架

Dopamine 是一款快速实现强化学习算法原型的研究框架，基于 TensorFlow 实现，旨在为研究人员提供一种简单易用的实验环境，能够满足用户对小型、便于访问的代码库的需求，用户可以很方便地构建实验去验证自身在研究过程中的想法。

项目链接：https://github.com/google/dopamine

2. TransmogrifAI——用于结构化数据的端到端 AutoML 库

TransmogrifAI 是一个基于 Scala 编写、运行在 Spark 上的 AutoML 库，由 Salesforce 开源。本项目旨在通过自动机器学习技术帮助开发者加速产品化进程，只需几行代码，便能自动完成数据清理、特征工程和模型选择，然后训练出一个高性能模型，进行进一步探索和迭代。

项目链接：https://github.com/salesforce/TransmogrifAI

3. OpenNRE——神经网络关系抽取工具包

OpenNRE 是一个基于 TensorFlow 的神经网络关系抽取工具包，由清华大学计算机系刘知远老师组开源。本项目将关系抽取分为四个步骤：Embedding、Encoder、Selector 和 Classifier。

项目链接：https://github.com/thunlp/OpenNRE

4. TensorFlow Model Analysis——TensorFlow 模型分析开源库

TFMA 是一个来自 Google 的开源库，用于帮助 TensorFlow 用户对所训练模型进行分析。用户可以使用 Trainer 里定义的指标，以分布式方式评估大量数据的模型。这些指标可在不同的数据片段上进行计算，并在 Jupyter Notebooks 里实现结果可视化。

项目链接：https://github.com/tensorflow/model-analysis

5. GraphPipe——通用深度学习模型部署框架

GraphPipe 是由 Oracle 开源的通用深度学习模型部署框架，旨在帮助用户简化机器学习模型部署，并将其从特定框架的模型实现中解放出来的协议和软件集合。GraphPipe 可提供跨深度学习框架的模型通用 API、开箱即用的部署方案以及强大的性能，目前已支持 TensorFlow、PyTorch、MXNet、CNTK 和 Caffe2 等框架。

项目链接：https://github.com/oracle/graphpipe

6. ONNX Model Zoo——通用深度学习预训练模型集合

本项目汇集了各类深度学习预训练模型，模型均为由 Facebook 和微软推出的 ONNX（Open Neural Network Exchange）格式，该格式可使模型在不同框架之间进行迁移。每个模型均有对应的 Jupyter Notebook，包含模型训练、运行推理、数据集和参考文献等信息。

项目链接：https://github.com/onnx/models

7．基于深度学习 106 点人脸标定算法

本开源人脸标定算法，包含人脸美颜、美妆、配合式活体检测和人脸校准的预处理步骤。该项目 Windows 工程基于传统的 SDM 算法，通过修改开源代码，精简保留测试部分代码，优化代码结构。Android 代码基于深度学习，设计了高效的网络模型，该模型鲁棒性较好，支持多人脸跟踪。目前深度学习算法在人脸标定方向取得了良好的效果，该项目旨在提供一种较为简单易用的实现方式。

项目特点：

（1）106 点，人脸轮廓描述更加细腻；

（2）准确度高，逆光、暗光情况下依然可以取得良好的标定效果；

（3）模型小，跟踪模型 2 MB 左右，非常适合移动端集成；

（4）速度快，Android 平台代码在 Qualcomm 820（st），单张人脸 7ms；

（5）增加多人脸跟踪。

项目链接：https://github.com/zeusees/HyperLandmark

8．MagNet——基于 PyTorch 的深度学习 API

MagNet 是一个基于 PyTorch 封装的高级深度学习 API，旨在减少开发者的模板代码，提高深度学习项目开发效率。

项目链接：https://github.com/MagNet-DL/magnet

9．NLP.js——基于 Node.js 的通用 NLP 工具包

NLP.js 是一个基于 Node.js 的通用自然语言处理工具包，目前支持分词、词干抽取、情感分析、命名实体识别、文本分类、文本生成等多种任务。

项目链接：https://github.com/axa-group/nlp.js

10．Texar——基于 TensorFlow 的文本生成工具包

Texar 是一个基于 TensorFlow 的文本生成工具包，支持机器翻译、对话系统、文本摘要、语言模型等任务。Texar 专为研究人员和从业人员设计，用于快速原型设计和实验。

项目链接：https://github.com/asyml/texar

11．Evolute——简单易用的进化算法框架

Evolute 是一个简单易用的进化算法框架，定义了个体、种群等基础结构体，并且实现了进化算法中常见的算子 Selection、Reproduction、Mutation、Update。

项目链接：https://github.com/csxeba/evolute

12．Task-Oriented Dialogue Dataset Survey——任务驱动对话数据集合辑

本项目是一个任务驱动对话数据集合辑，汇集了包含 Dialog bAbI、Stanford Dialog、灵犀数据、DSTC-2、CamRest676 和 DSTC4 等多个经典任务驱动对话系统的研究数据集。

项目链接：https://github.com/AtmaHou/Task-Oriented-Dialogue-Dataset-Survey

13．智东西——智能产业专业媒体

智东西专注报道人工智能主导的前沿技术发展和技术应用带来的千行百业产业升级。聚

焦智能变革，服务产业升级。智东西是智能产业的专业媒体（微信公众号）。

微信号（公众号）：zhidxcom

14．新智元——智能产业专业媒体

智能+中国主平台，致力于推动中国从"互联网+"迈向"智能+"新纪元。重点关注人工智能、机器人等前沿领域发展，关注人机融合、人工智能和机器人革命对人类社会与文明进化的影响，领航中国新智能时代。

微信号（公众号）：AI_era

15．CSDN——专业开发者社区（之"百万人学 AI"）

中国专业 IT 社区 CSDN（Chinese Software Developer Network）创立于 1999 年，致力于为中国软件开发者提供知识传播、在线学习、职业发展等全生命周期服务。旗下拥有：专业的中文 IT 技术社区——CSDN.NET；移动端开发者专属 App——CSDN App、CSDN 学院 App；新媒体矩阵微信公众号——CSDN 资讯、程序人生、GitChat、CSDN 学院、AI 科技大本营、区块链大本营、CSDN 云计算、GitChat 精品课、人工智能头条、CSDN 企业招聘；IT 技术培训学习平台——CSDN 学院；技术知识移动社区——GitChat；IT 人力资源服务——科锐福克斯；高校 IT 技术学习成长平台——高校俱乐部。

网址：https://www.csdn.net/

人工智能的产业生态与技术图谱

人工智能（AI）、机器学习（ML）、深度学习（DL）的关系如图 C-1 所示。

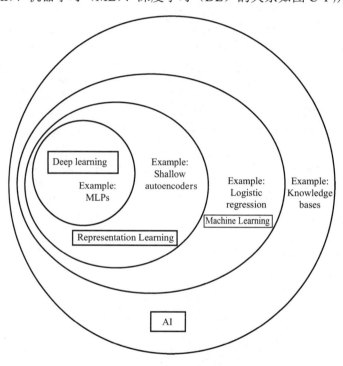

图 C-1　人工智能、机器学习、深度学习的关系

人工智能可看作人的大脑，是用机器来诠释人类的智能；机器学习是让这个大脑去掌握认知能力的过程，是实现人工智能的一种方式；深度学习是大脑掌握认知能力过程中很有效率的一种学习工具，是一种实现机器学习的技术。所以，人工智能是目的、是结果，机器学习是方法，深度学习是工具。

人工智能分类：

（1）弱人工智能：特定领域，感知与记忆存储，如图像识别、语音识别；

（2）强人工智能：多领域综合，认知学习与决策执行，如自动驾驶；

（3）超人工智能：超越人类的智能，独立意识与创新创造。

如附图 C-2 所示，人工智能产业链有三层结构，分别是基础层、技术层、应用层。基础层以硬件为核心，专业化、加速化的运算速度是关键，包括大数据、计算力和算法；技术层专注通用平台，算法、模型为关键，开源化是趋势，包括计算机视觉、语音识别和自然语言处理；应用层与产业场景的深度融合是发展方向。

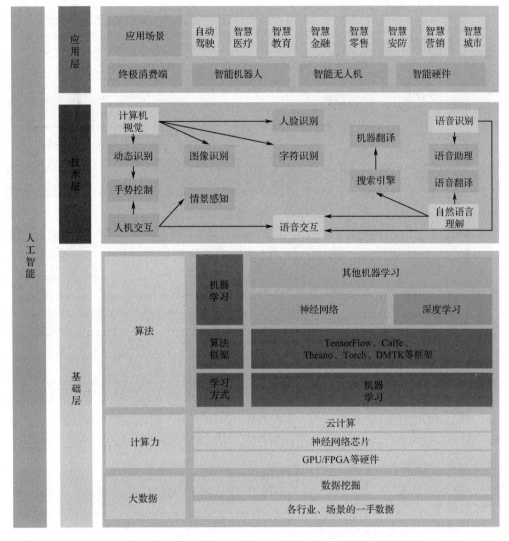

图 C-2 人工智能产业链的三层结构

人工智能技术图谱如图 C-3 所示。

人工智能技术应用领域包括：

（1）互联网和移动互联网应用：搜索引擎、内容推荐引擎、精准营销、语音与自然语言交互、图像内容理解检索、视频内容理解检索、用户画像、反欺诈。

（2）自动驾驶、智慧交通、物流、共享出行：自动驾驶汽车（传感器、感知、规划、控制、整车集成、车联网、高精度地图、模拟器）、智慧公路网络和交通标志、共享出行、自动物流车辆和物流机器人、智能物流规划。

（3）智能金融：银行业（风控和反欺诈、精准营销、投资决策、智能客服）、保险业（风控和反欺诈、精准营销、智能理赔、智能客服）、证券基金投行业（量化交易、智能投顾）。

（4）智慧医疗：医学影像智能判读、辅助诊断、病历理解与检索、手术机器人、康复智能设备、智能制药。

人工智能技术图谱	数学基础	微积分、线性代数、概率统计、信息论、集合论和图论、博弈论
	计算机基础	计算机原理、程序设计语言、操作系统、分布式系统、算法基础
	机器学习算法	机器学习基础 → 估计方法、特征工程
		线性模型 → 线性回归
		逻辑回归
		决策树模型 → GBDT
		支持向量机
		贝叶斯分类器
		神经网络 → 深度学习 → MLP、CNN、RNN、GAN
		聚类算法 → k均值算法
	机器学习分类	有监督学习 → 分类任务、回归任务
		无监督学习 → 聚类任务
		半监督学习
		强化学习
	问题领域	语音识别、字符识别（手写识别）、机器视觉、自然语言处理（机器翻译）、自然语言理解、知识推理、自动控制、游戏理论和人机对弈（象棋、围棋、德州扑克、星际争霸）、数据挖掘
	机器学习架构	加速芯片 → CPU、GPU、FPGA、ASIC、TPU
		虚拟化容器 → Docker
		分布式结构 → Spark
		库与计算框架 → TenorFlow、scikit-learn、Caffe、MXNET、Theano、Torch、Microsoft CNTK
		可视化解决方案
		云服务 → Amazon ML、Google Cloud ML、Microsoft Azure ML、阿里云ML
	数据集	计算机视觉 → MNIST、CIFAR 10 & CIFAR 100、Image Net、LSUN、PASCAL VOC、SVHN、MS COCO、Visual Genome、Labeled Faces in the Wild
		自然语言 → 文本分类数据集、WikiText、Question Pairs、SQuAD、CMU Q/A Dataset、Maluuba Datasets、Billion Words、Common Crawl、bAbi、The Children's Book Test、Stanford Sentiment Treebank、Newsgroups、Reuters、IMDB、UCI's Spambase
		语音 → 2000 HUB5 English、Libri Speech、Vox Forge、TIM IT、CHIME、TED-LIUM: TED
		推荐和排序系统 → Netflix Challenge、MovieLens、Million Song Dataset、Last.fm
		网络和图表 → Amazon Co-Purchasing和Amazon Reviews、Friendster Social Network Dataset
		地理测绘数据库 → OpenStreetMap、Landsat8、NEXRAD
	其他相关AI技术	知识图谱、统计语言模型、专家系统、遗传算法、博弈算法（纳什均衡）

图 C-3　人工智能技术图谱

（5）家用机器人和服务机器人：智能家居、老幼伴侣、生活服务。

（6）智能制造业：工业机器人、智能生产系统。

（7）人工智能辅助教育：智慧课堂、学习机器人。

（8）智慧农业：智慧农业管理系统、智慧农业设备。

（9）智能新闻写作：写稿机器人、资料收集机器人。

（10）机器翻译：文字翻译、声音翻译、同声传译。

（11）机器仿生：动物仿生、器官仿生。

（12）智能律师助理：智能法律咨询、案例数据库机器人。

（13）人工智能驱动的娱乐业。

（14）人工智能艺术创作。

（15）智能客服。

......

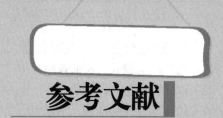

参考文献

[1] 新华社. 习近平向国际人工智能与教育大会致贺信.（2019-05-16）[2020-06-22]. http://www. xinhuanet.com/politics/leaders/2019-05/16/c_1124502111.htm.

[2] 腾讯研究院，中国信息通信研究院互联网法律研究中心，等. 人工智能：国家人工智能战略行动抓手. 北京：中国人民大学出版社，2017.

[3] 张鑫，王明辉. 中国人工智能发展态势及其促进策略. 改革，2019，（9）：31-44.

[4] 吴文俊. 初等几何判定问题与机械化证明. 中国科学（数学），1977，20（6）：507-516.

[5] 吴文俊. 初等微分几何的机械化证明. 科学通报，1978，（9）：523-524.

[6] 钱学森. 开展思维科学的研究. 大自然探索，1985，4（12）：31-52.

[7] 继燕. 中国人工智能学会成立. 自然辩证法通讯，1981，（6）：7.

[8] 华南. 计算机普及要从娃娃抓起——邓小平寄语青少年科技创新. 中华儿女，2014，（16）：26-28.

[9] 蔡自兴. 中国人工智能 40 年. 科技导报，2016，34（15）：14.

[10] 习近平. 在中国科学院第十七次院士大会、中国工程院第十二次院士大会上的讲话.（2014-06-10）[2020-06-22]. http://cpc.people.com.cn/n/2014/0610/c64094-25125594.html.

[11] 新华社. 政府工作报告（全文）.（2015-03-16）[2020-05-28]. http://www.gov.cn/guowuyuan/2015-03/ 16/content_2835101.htm.

[12] 搜狐网. 三部委联合发布《机器人产业发展规划（2016—2020 年）》.（2016-04-28）[2020-05-28]. https://www.sohu.com/a/72271010_142324.

[13] 艾瑞咨询. 2020 年中国 AI 基础数据服务行业研究报告.

[14] 蔡跃洲. 新人工智能对经济的潜在影响.（2020-04-03）[2020-05- 28]. http://www.cssn.cn/skjj/skjj_jjyw/202004/t20200409_5111747.shtml.

[15] Jian.1990. 普华永道：抓住机遇——2017 夏季达沃斯论坛报告.（2017-06-27）[2020-06-25]. https://www.useit.com.cn/thread-15778-1-1.html.

[16] 21 世纪经济报道. 中国人工智能规划出炉，2030 年带动产业超 10 万亿.（2017-07-21）[2020-05-28]. http://money.163.com/17/0721/05/CPRJA91O002580S6.html.

[17] 国务院. 国务院关于印发新一代人工智能发展规划的通知.（2017-07-20）[2020-05-28]. http://www.gov.cn/zhengce/content/2017-07-20/content_5211996.htm.

[18] 张旭. 关注人工智能对社会的影响. 民主与科学，2019，（6）：39-42.

[19] 吕鹏. 人工智能的社会影响和红利发挥. 可持续发展经济导刊，2020，（6）：20-22.

[20] 〔美〕J. 利博维茨. 人工智能对社会的影响. 〔英〕信息时代，1989，（3）.

[21] 郑容坤，汪伟全. 人工智能政治风险的意蕴与生成. 江西社会科学，2020，40（5）：217-225.

[22] 傅莹. 人工智能对国际关系的影响初析. 国际政治科学，2019，4（1）：1-18.

[23] 24 小时编程自习室. 什么是弱人工智能强人工智能超人工智能.（2019-03-29）[2020-05-28]. https://zhuanlan.zhihu.com/p/60772490.

[24] 江南蜡笔小新. AI 三大主义：符号主义、联结主义、行为主义.（2020-03-22）[2020-05-28]. https://blog.csdn.net/ftimes/article/details/105024813.

[25] iFlyAI. 人工智能-图像识别.（2019-04-18）[2020-05-28]. https://blog.csdn.net/iFlyAI/article/details/89379357.

[26] SIGAI. 三维深度学习中的目标分类与语义分割.（2019-10-21）[2020-05-28]. https://zhuanlan.zhihu.com/ p/46742217.

[27] 佚名. 点云深度学习研究现状与趋势.（2020-05-18）[2020-05-28]. https://cloud.tencent.com/developer/article/1629326.

[28] 蔡莉，王淑婷，等. 数据标注研究综述. 软件学报，2020，31（02）：302-320.

[29] 李兆堃. 基于 Kinect 体感技术的人机交互环境. 数字技术与应用，2013，（9）：65-66.

[30] tarzhou. 亚马逊外包平台的 50 万劳工：人工智能的背后，无尽数据集的建造.（2016-12-20）[2020-05-28]. https://blog.csdn.net/starzhou/article/details/53761872.

[31] 唐金辉. 视频语义标注的若干问题研究. 合肥：中国科学技术大学，2008.

[32] 汪萌. 基于机器学习方法的视频数据标注研究. 合肥：中国科学技术大学，2008.

[33] 田若坪. 基于人工标注的视频检索系统的设计与实现. 北京：北京交通大学，2015.

[34] 李学朝. 基于内容的体育视频描述、管理和浏览研究与实现. 北京：中国科学院大学，2003.

[35] 王锟朋，钟汇才. 基于子空间聚类的视频人脸数据自动标注. 电子设计工程，2019，27（21）：164-170.

[36] 谭永强. 基于多源域迁移学习的视频内容标注方法研究. 武汉：武汉理工大学，2019.

[37] 宋彦. 视频语义标注方法和理论的研究. 合肥：中国科学技术大学，2006.

[38] KF_Guan. 3D 点云语义分割——实现场景理解的关键.（2020-07-03）[2020-8-5]. https://blog.csdn.net/KF_Guan/article/details/107109439.

[39] 王琪龙，李建勇，沈海阔. 双目视觉-激光测距传感器目标跟踪系统. 光学学报，2016，（9）.

[40] zzj 张. 激光 SLAM 算法学习（一）——激光 SLAM 简介.（2019-05-25）[2020-05-28]. https://blog.csdn.net/ qq_34675171/article/details/90552793.

[41] 万鹏. 基于 F-PointNet 的 3D 点云数据目标检测. 山东大学学报（工学版），2019，49（05）：98-104.

[42] 〔美〕Project Management Institute（项目管理协会）. 项目管理知识体系指南（PMBOK 指南）第六版. 北京：电子工业出版社，2017.

[43] 刘鹏. 数据标注工程. 北京：清华大学出版社，2019.

[44] 顾炯炯. 云计算架构技术与实践（第 2 版）. 北京：清华大学出版社，2016.

[45] 韩纪庆，张磊，郑铁然. 语音信号处理（第 2 版）. 北京：清华大学出版社，2013.

[46] NA. Praat: Doing Phonetics by Computer. Ear & Hearing，2011，32（2）：266.

[47] 潘涛，高兰德. 基于 Praat 的情感语音分析. 自动化与仪器仪表，2015，（05）：188-189.

[48] 尚利峰，蒋欣，陈晓. 自然语言对话关键技术及系统. 中国计算机学会通信，2018，014（009）：11-18.

[49] 技术杂谈哈哈哈. 概述知识图谱在人工智能中的应用.（2018-07-05）[2020-05-28]. https://blog.csdn.net/gitchat/article/details/80934786.

[50] gqixl. COCO 数据集的标注格式.（2018-02-07）[2020-05-28]. https://blog.csdn.net/gqixf/article/details/79280224.

[51] https://cloud.tencent.com/product/asr/

[52] https://ai.baidu.com/tech/speech/

[53] http://www.jinglingbiaozhu.com/

[54] http://www.cs.columbia.edu/~vondrick/vatic/

[55] https://www.oschina.net/p/vatic/

[56] https://www.longmaosoft.com/

[57] 智东西微信公众号

[58] 新智元微信公众号

[59] 讯飞 AI 大学微信公众号

[60] https://www.americanentrepreneurship.com/

[61] https://www.mckinsey.com/

[62] https://www.bloomberg.com/

[63] https://www.zhihu.com/

[64] http://www.cad.zju.edu.cn/

[65] https://cloud.tencent.com/

[66] 中国电子工业标准化技术协会. 团体标准：信息技术 人工智能面向机器学习的数据 标注规程（T/CESA 1040—2019）.

[67] 数据堂（北京）科技股份有限公司. 人工智能场景及数据概览（2019）.

[68] 数据堂（北京）科技股份有限公司. 客户端操作手册（2019）.